大学生嵌入式技术

DAXUESHENG QIANRUSHIJISHU

实训教程

SHIXUNJIAOCHENG

主　编 ◎ 丁晓波

副主编 ◎ 陈慈发　胡 钢

中国出版集团

世界图书出版公司

广州·上海·西安·北京

图书在版编目(CIP)数据

大学生嵌入式技术实训教程 / 丁晓波主编. —广州:世界图书出版广东
有限公司,2012.10
ISBN 978-7-5100-5354-2

Ⅰ.①大… Ⅱ.①丁… Ⅲ.①微型计算机—系统设计—高等学校—教材
Ⅳ.①TP360.21

中国版本图书馆 CIP 数据核字(2012)第 238451 号

大学生嵌入式技术实训教程

责任编辑	赵 泓 吴小丹	
封面设计	陈 璐	
出版发行	世界图书出版广东有限公司	
地　址	广州市新港西路大江冲 25 号	
电　话	020-84459702	
印　刷	武汉三新大洋数字出版技术有限公司	
规　格	787mm×1092mm　1/16	
印　张	17	
字　数	350 千	
版　次	2012 年 10 月第 1 版　2012 年 10 月第 1 次印刷	
ISBN	978-7-5100-5354-2/TP · 0013	
定　价	36.00 元	

前　言

大学生嵌入式技术实训教学,是提高学生创新能力和实践动手能力的重要教学环节。由于嵌入式技术涉及面广,技术门槛较高,这一教学环节需要提供开放的实践环境,教师参与指导,以实训的方式开展创新教学活动,能充分发挥学生的主动性和积极性,通过开放、自由的学习方式加强学生自我管理、自我培养的能力,加强理论与实践相结合的能力,培养学生的实践创新能力,以更好地适应当前人才市场的需求。

(一)本教材的主要目标

随着计算机技术的发展,嵌入式技术在各个领域已经得到了广泛的应用,现代社会已经进入了后 PC 时代,人们的衣、食、住、行都与嵌入式技术密切相关。当代大学生要认识到这种发展趋势,同时也应该积极紧跟技术发展步伐,成为社会发展的引领者和推动者。但是,目前的大学教育中普遍重视理论教学,对实践教学的重视程度不够,投入的师资力量也较为薄弱,这使得学生的实践能力不足,也影响了对理论知识的掌握和应用。

本教材以嵌入式技术为主导,介绍了主流的8位51单片机,32个ARM处理器为代表的嵌入式应用技术。教材以仿真实验的方式入手,结合一定的工程实践和实验硬件平台实例,使读者既可以比较容易地通过计算机仿真方式,以极低成本学习嵌入式开发技术,又可以通过结合实际硬件环境对相关技术有更为深刻的理解。教材中也简要介绍了嵌入式系统的基本开发过程,以及常用的开发工具,以帮助读者快速掌握相关开发手段和基础,为进一步开展相关的产品设计和研制工作打下实践基础。

(二)教材基本结构

本教材分为上下两部分。

第一部分为基础部分,包括第1至第5章。第一章主要介绍了嵌入式系统的基本概念、开发方式;第二章对典型的8位单片机作了介绍;第三章介绍了在嵌入式系统中常用的外部装置或设备的相关知识;第四章介绍了51单片机在 PC 机上的仿真工具和仿真实例;第五章介绍了以51单片机和 AVR 单片机为主控芯片的应用系统开发实例。

第二部分为提高部分,包括第6至第8章。第六章主要介绍了高档嵌入式处理器的相关技术和常见的嵌入式处理器;第七章以 ARM7 单片机仿真实例的方式,介绍了ARM 处理相关功能模块的应用和程序开发方法;第八章以一个 ARM9 实验平台为基础,介绍了具有一定功能的应用系统开发实例。

本实训教学以工程实践能力培养为主要内容,但任何实践都离不开理论的依据和指导。所以在开展本教学内容之前应完成相关理论知识的学习,只有具备了一定的基础理论知识,在进行实践学习过程中才会有的放失,做到事半功倍。否则,缺乏相关理论指导,不但会影响实践的进展和实施,更可能会因为缺乏必要的理论储备而走弯路。与本实训相关的主要理论课程包括:模拟电路、数字电路基础,微型计算机技术,单片机技术,C 语言程序设计技术,操作系统基础,嵌入式技术基础等。

(三)致谢

在本书的编写过程中,王三槐、张国庆同学为书中部分代码做了实现和验证工作,夏权、陈星宇、覃玉红、刘毓寒同学为资料收集和整理投入了大量时间和精力,在此表示感谢。

同时,还要衷心感谢所有为本书的编写和出版提供了帮助的人们。

由于本书成稿时间仓促,加上受编者水平所限,不当之处在所难免,欢迎读者批评指正。

编　者

2012 年 8 月

目　录

第一章　嵌入式系统概述

本章主要介绍嵌入式系统的基本概念。通过本章的介绍,读者应明确嵌入式系统的定义,了解嵌入式技术涉及的相关知识领域和嵌入式系统的软硬件结构特点。

1.1　嵌入式系统简介

1.1.1　嵌入式系统概述

在我们的日常生活、学习中,随处可见一些具有信息处理或逻辑处理功能的电子产品。这些产品与传统的电灯、电风扇不同,传统的电子产品供电后只能按单一的方式工作,不具有信息的接收和处理功能,而这些新的电子产品能够却完成一定的信息处理和加工功能。比如手机可以存储电话号码,电子词典能够作词语翻译,MP3/MP4 能够把压缩后的数字音乐/视频解码后播放,甚至是饭卡、身份证也能够标识身份、传递信息,还有人们每天使用的键盘、鼠标、打印机、复印机等,这些具有信息处理功能的电子产品极大地方便了人们的工作、学习、生产等各种活动,离开了它们很难想像我们的生活会变成什么样子。这些产品虽然大小各异,形态不同,功能千差万别,但是从产品的技术手段上看,都可以归于一个类别,那就是嵌入式系统。更准确地讲,这些系统实际上应该被称为嵌入式计算机系统,既然它们是计算机系统,那么能够具有信息处理和加工功能,相信大家也就没什么可奇怪的了。可是这些产品真的都属于计算机系统么? 这可以从两个方面来理解。

首先,从计算机的体系结构上来看。目前人们使用的计算机都是按照 1940 年冯·诺依曼提出的体系结构设计实现的,这种设计结构被称为冯·诺依曼体系结构,其设计思想主要包括以下三点:

(1)以二进制形式表示指令和数据;

(2)程序和数据事先存放在存储器中,计算机在工作时能高速地从存储器中取出指令并加以执行;

(3)由运算器、控制器、存储器、输入设备和输出设备五大部件组成计算机系统。

虽然经过了 60 多年,也有不少关于非冯·诺依曼体系结构的计算机研究成果出现,但目前冯·诺依曼结构仍然是计算机的主流系统结构。

微型计算机由微处理器、输入/输出(I/O)接口和存储器通过一定的公共线路(总线)连接在一起组成。其基本结构如图1-1所示。

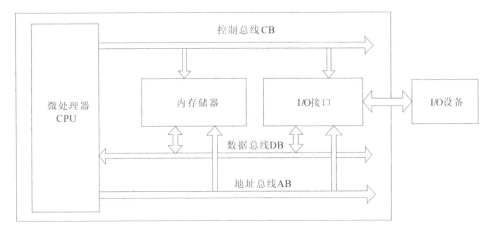

图1-1 微型计算机基本体系结构

对照冯·诺依曼体系结构,看一下具有信息处理和加工功能的嵌入式产品是否满足这些基本特性:

(1)任何一种嵌入式产品,其内部的信息表达和处理都是以二进制方式来完成的;

(2)任何一种嵌入式产品,其内部的数据和程序都是存储在存储器中,由处理器在执行时读取执行的;

(3)任何一种嵌入式产品,其内部一定有中央处理单元、存储器及输入输出的部件或装置。

由此可见,嵌入式产品是符合计算机系统的体系结构的。

其次,从计算机系统的基本组成上来看。计算机系统的基本组成包括硬件和软件两部分,硬件构成设备的外在实体,而软件则构成设备的加工逻辑和处理流程,这也是嵌入式产品与传统电子产品最容易区别之处。传统的电子产品通常是由纯硬件构成,一旦硬件生产完成,其功能和处理方式也就固定下来,如果要改变一个操作顺序和动作方式,需要重新构建硬件。嵌入式产品则不然,嵌入式产品可以在不改变硬件的情况下,通过调整其内部软件来改变对外界的响应过程和处理方式。

通过以上的分析可以看出,嵌入式产品就是一种计算机系统,只不过由于其应用领域和功能的不同,其形态、体积,以及各个部分所占的比例与通用的计算机设备有较大差异而已。既然是计算机系统,那么就应该有相应的计算机专业,为什么还需要单独开设一门嵌入式课程来学习呢?这是因为与传统的计算机系统相比,嵌入式计算机系统具有一些特殊性,这些特殊性体现在以下方面。

(1)技术密集。嵌入式系统不具有通用性,每一个领域的产品,只为这一个领域服务。这种针对性使得嵌入式系统的开发,不仅要掌握计算机的相关技术,还需要掌握微电子技术、通信技术和相关应用领域的技术等知识。因此嵌入式技术是一个技术密集、不断创新的知识集成系统，也是一个面向特定应用的软硬件综合体。

（2）系统具有专用性，与应用相关性高。嵌入式系统中的嵌入指的就是，在这种系统中计算机不以独立的计算部件形式存在，需要根据用途与一定的外围设备结合，形成一个完整的系统。计算部件只是整个系统的一个核心组成。为了保证专用性，嵌入式系统的硬件、软件都需要专门设计，以力争在满足应用目标的前提下使系统尽可能精简。

（3）具有实时性。嵌入式系统通常都是实时系统，有一定的时限要求，也就是响应时间的要求。当响应时间无法满足时，可能会导致系统无法正常工作，甚至是灾难性后果。

（4）系统应具有高可靠性。嵌入式系统的使用环境差异较大，有时工作环境十分恶劣，而设备一旦出现故障，则可能造成很大的损失，因此，对其可靠性的要求远高于通用计算机。

（5）功耗开销限制。很多嵌入式系统属于便携或者移动设备，往往采用电池供电。这使得设备的功耗开销受到严格限制，在系统设计时必须考虑这种限制，以保证系统的可用性。

（6）特殊的开发方式。嵌入式系统自身往往不具备开发条件，只能在通用计算机上进行软件的设计和开发，然后将程序放到嵌入式系统中去运行、验证。这使得其开发过程变得十分困难，而且需要特殊的开发方式。往往是在 PC 机上开发，然后下载到嵌入式设备运行，并将运行结果通过一定的通信方式传送给 PC 机，以便于调试和修改。这种开发方式被称为交叉开发，相应的开发工具被称为交叉编译器、调试器。

（7）系列资源受限。嵌入式系统由于受到成本、体积、功耗等方面的限制，使得系统上的资源（包括存储器、I/O 接口、工作频率）较为紧缺，因此软、硬件的设计都需要进行细致的规划，以充分利用有限的资源。

（8）无垄断。与通用计算机领域的一家独大的形式不同，由于应用领域广泛，嵌入式系统具有更多的可塑性，因此也使得嵌入式系统充满了竞争、机遇和创新。不同的公司只能提供一个领域或几个领域的产品，不可能覆盖所有的领域以及所有的合作对象，所以也就不存在少数公司和少数产品垄断市场的局面。而且，由于应用需求的不断变化，对于嵌入式系统的要求也在不断变化，这极大地推动了嵌入式领域的创新和竞争。

由此可见，掌握嵌入式系统开发技术，对于立足现代 IT 产业具有十分现实的意义。

1.1.2　嵌入式系统与计算机技术

什么是嵌入式系统？什么是嵌入式技术？嵌入式系统与计算机技术有什么关系呢？在产业界和学术界，对于嵌入式系统的定义都有各自的表述。在国内比较流行的较为完整和规范的定义是这样描述的：嵌入式系统是以应用为中心，以计算机为基础，软件硬件可裁剪，适应应用系统对功能、可靠性、成本、体积、功耗严格要求的专用计算机系统。由此可见,嵌入式系统是一种计算机系统。那么嵌入式技术就是计算机技术吗?这句话对也不对,对的是嵌入式技术的基础是计算机;不对的是嵌入式技术还应该包括具体应用领域中的其他技术,可能包括如微电子学、电子工程、自动控制、通信技术、射频识别技术、传感器技术等。

所以计算机技术只是嵌入式技术的核心技术之一,计算机相当于一个工具,利用这个工具与具体应用领域相关技术的结合,开发出的专用计算机系统就可以看做是嵌入式系统。因此,嵌入式技术除了需要掌握计算机技术外,还需要掌握其他的相关专业技术,才能解决实际问题,完成嵌入式系统的设计与开发。

对于嵌入式系统的理解,最主要的一点在于认识它的三个基本要素,即专用、嵌入、计算机。

所谓专用,是指嵌入式系统的功能通常具有一定的专用性。如打印机就是一个典型的嵌入式系统,它的作用就仅限于打印输出;再比如鼠标和键盘,也属于嵌入式系统,它们的作用就只限于输入坐标或者键盘值。也就是说,嵌入式系统虽然是一种计算机系统,但是它是计算机与特定软硬件结合后为特定目标开发的计算机系统,通常不具有一般意义上计算机的通用性。

所谓嵌入,是指嵌入式系统的硬件样式已经脱离了通用计算机的样子,通常以一种设备或装置的形式出现在人们面前。如飞机就是一种复杂的嵌入式系统,驾驶者的每一次操作都是在计算机的帮助下完成,但是人们并没有注意到计算机技术的存在;家里的空调,甚至无法让人将之与计算机联系到一起,但是离开了计算机,它根本就不能运转。

所谓计算机,是指从技术的角度看,嵌入式系统就是一台计算机,只是样式发生了很大的变化。按照冯·诺依曼体系结构,计算机的基本组成里面包括五个部分,即运算器、控制器、存储器、输入和输出。这些在嵌入式系统里都能够一一找到,只是与人们通常所见有所不同而已。比如前面提到的打印机,由于采用微处理器作为核心控制器,因此运算器、控制器、存储器自然没有问题,那么输入输出是什么呢? 输入就是打印机上的各种状态的检测和使用的按键操作,或者是打印电缆上传送来的数据;输出则是对打印机械的控制和打印动作的实现。

由此可见,掌握嵌入式技术的核心在于掌握计算机技术,但是,如果没有相关学科的基本知识和对一定应用环境的认识,是很难开发出与实际应用相关的嵌入式计算机系统的。本书将以计算机技术为主,对其他相关领域不作详细介绍,建议读者在学习本书内容的同时,结合模拟电路、数据电路及传感器相关资料学习,以提高对系统设计的认识和理解。

从嵌入式产品上看,它们普遍具有以下特征:一是价格敏感;二是资源受限;三是有较低的功耗;四是实时性要求高;五是集成度高。因此,在进行学习和设计时应把握这几个特征,尽可能满足这几个方面的要求,否则可能会出现大马配小车的尴尬。

1.1.3 嵌入式系统与单片机技术

嵌入式系统已经是现在在工业界和学术界较流行的一个词汇,似乎与早期的单片机系统已经有了天壤之别,于是初学者往往会认为单片机技术是不是有点过时了,嵌入式系统学习就要从复杂的 32 位处理器系统和嵌入式系统操作系统入手。应该说这种观点是比较偏激和冒进的,我们可以从系统的定义和系统结构来认识一下嵌入式系统和单片机。

前面已经介绍了嵌入式系统是嵌入的、专用的计算机系统。从这个定义看,有几点是可以肯定的:第一,在定义中没有对性能作任何的描述和要求;第二,没有对软件环境作明确的要求限制;第三,没有要求硬件组成得包括多少外部设备。因此,一个嵌入式系统只要符合计算机的基本体系结构,软硬件为特定领域设计,作为一个装置或设备的一部分解决特定问题,就可以看做是一个嵌入式系统。

那什么是单片机呢? 它与我们熟悉的 PC 机有何不同?

从冯·诺依曼体系结构上看,计算机应该包括五个部分,即运算器、控制器、存储器、输入和输出。在我们的 PC 机中,运算器和控制器集成在一个单体集成电路芯片中称为 CPU,而存储器是作为总线上的一个部件安装在主板上,输入和输出则是通过接口芯片与 CPU 通信。因此在 PC 机的系统中,对于硬件系统的认识我们关心这样几个方面:

(1)CPU 的工作原理;

(2)内存与 CPU 联接的方法;

(3)输入和输出接口与 CPU 联接的技术。

在这里,输入和输出设备如何与接口相联、如何完成接口通信任务是我们不太关心的内容,因为通信接口是相对简单而且灵活的。

与 PC 机中 CPU 只包括计算机系统的运算器和控制器两个部件不同,**单片机往往包括运算器、控制器、存储器和一定数量的输入输出接口甚至是输入输出设备**,如通常用的 I/O 口、A/D 转换口、通用串行通信口等。也就是说,单片机从结构上看已经可以算得上是一个计算机硬件系统了,只要加上合适的软件就可以独立运行。而 PC 机的 CPU 是不可能脱离计算机主板而运行程序的。

另外,在 PC 机的硬件系统设计中,我们要更关心如何实现 CPU 与内存的联接,与输入输出接口芯片的联接问题。在单片机的硬件系统设计中,我们要更关心如何利用单片机的各种接口线路与外围器件或设备进行数据交换。这样既提高了系统设计效率、减小系统体积,又提高了系统的可靠性,降低了开发风险和成本。所以单片机正是以单芯片的计算机形式出现在设备或装置中,并实现设备或装置的智能化控制,这完全符合嵌入式系统的定义和特点。因此可以认为,以单片机为核心设计的装置或设备都可以算作是嵌入式系统。现在比较流行的说法是,32 位嵌入式应用的处理器被称为嵌入式处理器,一般都集成了包含一定容量的 RAM、I/O 接口等资源。只是由于集成开销的原因,很多嵌入式处理器并不包括大容量 RAM 和程序存储器。而我们通常所说的单片机指的是 8 位或 16 位的嵌入式微处理器。从实质上看,单片机与嵌入式处理器之间并没有根本性的差异,只是性能差异而已。嵌入式处理器可以看做是一种性能较高、可扩展性更大的单片机。

当然,现代嵌入式系统硬件除了使用单片机外,还大量使用 ASIC 和 SOC 等器件,这些器件不是在单一的硬件平台上进行软件开发,而是采用编程控制硬件的方式提供功能和性能更为高效的解决之道。对于这种器件的使用,需要电子工程和可编程器件技术有足够的认识和理解。

1.1.4　嵌入式系统与电子创新实践

由于以计算机为代表的信息技术飞速发展,计算机已经成为现代社会不可或缺的重要工具,并且这种工具的存在已经远远超过了人们的想象。在现代城市中,大到天上的飞机、水里的轮船、飞驰的火车,小到人们随处可见的手机、MP3、智能公交卡,都无不体现着嵌入式技术的神奇。当代大学生进行实践创新活动当然离不开人们的学习、生活、生产,只有这样的实践创新才具有现实意义,而这一切都与嵌入式技术密切相关。因此,嵌入式技术作为一项基本知识,是电类专业大学生进行电子创新实践的必修课。

1.2　嵌入式系统的发展历史

从 1960 年代开始,以晶体管和磁芯存储为基础的计算机就开始应用于航空、航天和工业控制领域,形成了嵌入式系统的雏形。第一个使用以计算机为核心的设备是奥托内蒂克斯公司为美国海军舰载轰炸机研制的多功能数字分析仪。

1961 年,第一次批量生产的嵌入式系统 Autonetics D-17 出现,该设备是用于"民兵"导弹系统的发射控制器,使用晶体管作为基本逻辑部件,用硬盘作为主存储器。到 1966 年,该产品被使用集成电路的计算机替代。这种新型计算机采用与非门集成电路,相同功能的部件价格从原来分离器件的 1000 美元降到了 3 美元,成本的大幅降低促使这些集成电路被广泛投入商业应用。

1962 年,美国的一个乙烯工厂首次实现了工业装置中的直接数字控制,开创了计算机系统在工业控制领域的先河。

美国的阿波罗登月计划不仅是航天史上的奇迹,也是嵌入式系统发展史上的一个里程碑。阿波罗导航系统被认为是首个现代的嵌入式系统,该系统能够提供人机交互和飞行器导航。

在 1960 年代后期,嵌入式系统开始被用于控制电话的电子式机械交换系统,被称为"存储程控控制"系统。存储控制逻辑的思想由此产生,硬件逻辑被软件逻辑所取代,并成为一次观念上的突破。

1970 年代，单片机的出现为嵌入式系统的繁荣提供了一个良好的基础。1976 年，Intel MCS-48 系列 8 位单片机的出现，标志着单片机的问世。随后，以此为基础开发的 8051 系列单片机，成为应用最为广泛的 8 位单片机，并一直沿用至今。与此同时，摩托罗拉（Motorola）公司推出了单片机 68HC05，智陆（Zilog）公司则推出了 Z80 单片机。这些单片机很快被用于家用电器、医疗设备、仪器仪表、交通运输等领域，带动了嵌入式系统的快速发展。

单片机成本的不断下降，也刺激了其他传统产品升级换代的神经，原本采用电位器、可变电容等器件控制的旋钮式开关控制设备逐渐被更低成本、更加多样化的微控制器所取代，而这一趋势一直延续到了今天。

为实现数字信号的实时处理，1982 年开始诞生了专用的数字信号处理器 DSP（Data Signal Processor）。DSP 芯片的出现为实现数字信号高速处理提供了更为便捷的手段，也使得越来越多的任务可以由计算机来完成，实现更加高速、准确、自动化地处理。

可以将嵌入式系统的发展历程归纳为四个阶段。

第一阶段在 1970 年代之前。这是嵌入式系统的萌芽阶段，以单芯片为核心的可编程器件构成控制器，具有监测、伺服、指示设备配合的功能。这类系统大部分用于专业性强的工业控制系统中，一般没有操作系统支持，通过汇编语言编程实现控制功能。其特点是，系统结构和功能单一，处理效率较低，存储容量小，用户接口少，开发成本高。

第二阶段是 1970—1980 年代。这个阶段开始以嵌入式微处理器为核心部件，再加上简单的操作系统。大多数嵌入式系统使用 8 位微处理器，以汇编语言开发为主，不需要复杂嵌入式操作系统支持，具有功能较为单一、通用性较弱，系统开销小、成本低、效率高的特点。这个阶段，在一些高端的应用中，操作系统有一定实时性、兼容性和扩展性，用户界面不够友好。

第三阶段是从 1980 年代末到 1990 年代后期。这个阶段，以嵌入式操作系统为标志的嵌入式系统开始大规模应用。其主要特点是，采用专业化的嵌入式操作系统，以高级语言进行系统开发，操作系统内核小、效率高，具有高度模块化和扩展性；能运行在各种不同类型的微处理器上，兼容性好，功能丰富。

这个阶段的嵌入式系统发展最为迅速，应用领域已经远远超出了工业控制等传统领域，开始走向人们的日常生活。嵌入式的产品成为人们不可或缺的生活用品的一部分。

第四个阶段从 1990 年代末开始，这个阶段的嵌入式系统以网络化和 Internet 为标志。随着通信技术和网格覆盖的不断发展，越来越多的嵌入式设备开始加入到网络中，成为网络信息系统的一员。信息的网络化和共享化，已经成为这个时代不可抗拒的发展潮流。无线射频技术、电子标签技术、自组网技术、近距离无线通信技术、海量信息管理技术等，使得通过数字方式来感知世界成为可能，而这也成为未来嵌入式发展的一个重要方向。

1.3　嵌入式系统分类

嵌入式系统可以有不同的分类原则和方式,最为常用的分类方式有以下几种。

(1)按系统中微处理器的位数进行划分,可以分为 8 位、16 位、32 位,甚至是 64 位的系统。

(2)按应用的领域或类型划分,可以分为军用系统、工业用系统和民用系统。在这三种类型中,军用系统对于可靠性和抗恶劣环境的要求最高,而民用系统对于易用性、可维护性和标准化要求更高。

(3)按嵌入式系统的复杂度划分,可以分为无操作系统控制的嵌入式系统、小型操作系统控制的嵌入式系统、大型操作系统控制的嵌入式系统。由于系统的复杂程度越高,其开发的难度越大,对于操作系统的要求就越高,因此,嵌入式系统中所用操作系统的复杂程度可以反映出嵌入式系统的总体复杂程度。

(4)按嵌入式系统的响应时间划分,可以分为硬实时系统和软实时系统。硬实时系统对于响应时间的限制严格,要求系统必须能够在规定的时间内对一些事件进行响应,否则可能产生严重后果。而软实时系统,虽然也规定了响应时间要求,但这种响应即使有一定的延误,也不会导致灾难性的后果。

1.4　嵌入式系统的应用领域

在后 PC 时代,正如人们所预期的那样,嵌入式系统已经无外不在。在我们身边随处可见嵌入式的例子。

作为一种以非计算机形式存在的计算机系统,无论形态上发生什么样的变化,其最终还是要体现出计算机所特有的信息处理和加工的优势。这种优势在传统产品中应用可以带来巨大的产业价值和社会价值。嵌入式系统最典型的应用包括几个方面。

1.4.1　在自动控制领域的应用

无论是一个小型的自动温度控制系统,还高档的自动数字钻床,都是嵌入式系统一展身手的大好平台。自动控制系统是嵌入式系统最早得以应用的舞台,现在仍然是其最为活跃的应用领域。随着现代传感器和各类执行机构的发展,自动控制领域中,嵌入式系统已经深入到应用的每一个环节。例如一台现代化的家用汽车,其内部的自动控制系统就多达几十个,有发动机系统、刹车系统、动力平衡、安全气囊等。

1.4.2　在实时信号处理系统中的应用

实时信号处理系统要求系统的硬件和软件具备处理大量数据的能力,并保证在足够短的时间内完成处理;同时,这些系统还对体积、功耗、稳定性等方面有着严格的要求。这些系统对信号处理的时间要求极高,如多媒体数据的压缩/解压工作、通信链路中的信号处理等,最常见的例子就是我们熟悉的 MP3/MP4 播放器。

1.4.3 在普适计算系统中的应用

普适计算将使具有计算和连网能力的计算设备变成一种获得计算的途径。人们使用计算资源就如同使用水和电一样,只要有水龙头,接入水管就可以放出水来;只要有一盏灯,接入电网就可以点亮;而只要有一台能够联网的计算设备,就可以在任何地方获取需要的计算资源。这种能够联网的计算设备就是一种嵌入式系统,它可以是一张卡片、一个手机,也可能是任何一种你身边的物品。

1.4.4 在个人消费电子产品中的应用

嵌入式系统的小型化、智能化、操作便利化、价格低廉等优势,使得个人消费电子产品已经成为嵌入式系统应用最为广泛的领域。从手持式游戏机、个人数字多媒体产品、手机,到平板电脑、数码相机、数字录像机等,都是嵌入式系统应用的天下。而且由于这类产品更新换代速度快,消费群体巨大,因此也成为嵌入式系统消费的一个巨大市场。与此同时,不断更新的市场需求也推动着这类产品的快速发展。

1.4.5 在智能家电产品中的应用

传统家电产品通过采用嵌入式系统的改造,可以使原有的产品获得新的生命力和更强的市场竞争力。嵌入式系统将传统家用电子产品变得更加智能和便于使用,未来还将带领这些产品走向更为广阔的领域。如智能化的电视产品,已经具有上网点播、收发邮件、浏览网页等功能。

1.4.6 在仪器仪表中的应用

仪器仪表的智能化也是嵌入式系统应用中的一个十分重要的领域。由于仪器仪表需要处理各种信息来反映待检测对象的情况,并且往往需要反复比较和均衡,这些操作依靠手工完成不但效率低,而且精度还会受到影响。有些高速信号,人工甚至根本无法完成,只能借助于仪器设备。而嵌入式系统在这一方面具有高速度、高精度、高灵敏度、高灵活性等优势,已成为现代仪器仪表智能化的最佳解决方案。

1.4.7 在其他方面的应用

除了以上的应用领域外,嵌入式系统的应用领域还包括:在未来物联网的环境下也有着极为广泛的应用前景,如低功耗的智能标签、智能网关系统、数据采集系统等;在军事领域的应用,如情报收集、武器系统、电子侦察等;在通信领域的应用,如网络交换设备、路由设备、终端设备等;在电网管理领域的应用,如智能电网、远程抄表、分时电表等。嵌入式系统的应用几乎已经渗透到了每一个角落,可以说只要有电的地方就有可能使用嵌入式技术。

1.5   嵌入式系统的软硬件结构

作为一种专用的计算机系统,嵌入式系统通常是由嵌入式硬件系统和嵌入式软件系统两部分组成。由于嵌入式系统的应用相关性特点,不同嵌入式系统的具体硬件和软件构成具有一定的差异性。但从宏观上来看,一般嵌入式系统的软硬件组成具备一定的共性。

1.5.1   嵌入式系统的硬件组成

嵌入式系统基本硬件结构符合冯·诺依曼体系结构,即运算器、控制器、存储器、输入和输出。不过嵌入式系统与通用 PC 相比,有个突出的变化,就是在嵌入式系统中这几个部分的配置比例和重要性差别较大。嵌入式处理器往往只是系统中成本较低的部分,而某些外部设备才是系统的主角和重点。比如鼠标、键盘、触摸屏等输入装置,嵌入式微处理器只是为了管理输入信号、形成输出数据而设计的一个装置,其设计的重点在于外面信息的采集和转换,而不是其计算的功能。

嵌入式系统的基本硬件结构如图 1-2 所示。

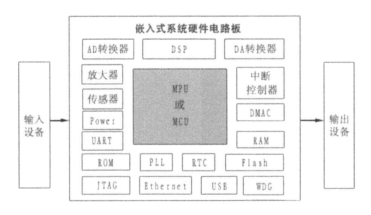

图 1-2   嵌入式系统基本硬件结构图

嵌入式系统硬件以嵌入式微处理器为核心,外围电路或设备通过一定的形式与嵌入式微处理器连接,然后进行数据或控制信息的交换。这些外围电路或设备主要包括各种 I/O 接口控制器电路(例如中断控制器、DMA 控制器、液晶屏控制器、JTAG 调试接口、串口、以太网口、USB、A/D 或 D/A 转换器等)、时钟电路、各式总线,以及 RAM、

ROM、闪存、键盘、发光二极管(LED)、液晶屏(LCD)、触摸屏、手写笔等。

随着半导体技术的迅猛发展,硬件设计越来越多地采用 SOC 技术和专用集成电路(Application-Specific Integrated Circuit,ASIC)技术来实现,或者采用具有知识产权(Intellectual Property,IP)的标准部件或半定制设计来实现,特别是市场容量大的产品更是如此。在许多嵌入式硬件设计中,一些专用控制逻辑越来越多地采用现场可编程门阵列(Field Programmable Cate Array,FPGA)或复杂可编程逻辑器件(Complex Programmable LogicDevice,CPLD)芯片来设计。一些专用功能如加密、图像压缩、视频编解码,也采用基于 SOC 技术的芯片来实现。从板级电路设计到处理器加 ASIC 或 SOC 已成为硬件设计的潮流和发展趋势。现在,许多嵌入式产品如 PDA、手机、数码相机、MPEG 播放器等,虽然体积小巧,但功能强大,其中很重要的原因在于使用了 ASIC 和 SOC 技术。

1.5.2 嵌入式系统的软件组成

嵌入式软件可以分为两大类:含操作系统的嵌入式软件与不含操作系统的嵌入式软件。如图 1-3 所示,图 1-3(a)给出了 NOSES 的软件结构,这也是 8 位单片机常用的软件结构。在这种结构中,监控程序循环执行各个例程,如果外部设备发出中断请求信号,则立即停止监控程序的运行,转而执行中断服务子程序(ISR)。中断服务子程序在运行过程中,如果需要访问硬件,则通过驱动程序、硬件初始化指令(段)、硬件使能指令段(段)或者硬件激活指令(段)进行。

图 1-3(b)和图 1-3(c)另外根据嵌入式系统中使用的操作系统的不同分为小型操作系统和大型操作系统。小型操作系统可以只完成多任务调度和任务间的协调通信等管理,而不需要考虑动态内存分配、文件系统支持、统一设备管理等一系列问题,这种操作系统往往用于 8 位或 16 位系统中。而大型操作系统的功能则与 PC 机上的功能相似,不但能够为多进程运行提供支持,还可以支持动态的任务管理、动态内存管理、支持文件系统、统一的设备管理和操作接口,以及良好的用户界面支持,这种操作系统往往用于 32 位甚至 64 位系统中。

(a)NOSES 软件结构

(b)SOSES 软件结构

(c)LOSES 软件结构

图 1-3 按照技术复杂度分类的三种嵌入式系统软件结构示意图

嵌入式系统的软件结构主要可以划分为以下几个层次。

• BSP:它是介于硬件和上层软件之间的底层软件开发包,为各种嵌入式电路板上的硬件提供统一的软件接口。它将具体硬件设备和软件分离开,便于软件移植,是一种硬件抽象层(Hardware Abstract Layer,HAL),类似于 PC 机系统中的 BIOS。这个部分通常由硬件开发者来提供,在一些简单操作系统中可以利用 BSP 的功能完成硬件设备驱动并提供给应用程序使用。

• 硬件驱动程序:这是与操作系统接口相关的一个软件功能部分,与 BSP 或 HAL不同的是,它所提供的机制和应用接口由操作系统决定而不是由硬件开发者决定,因此属于操作系统的一部分。硬件驱动程序的开发者既要了解硬件控制过程,又要熟悉操作系统中对设备管理和设备 I/O 接口的规范。

• 实时操作系统内核:负责管理嵌入式系统的各种软硬件资源,完成任务调度、存储分配、时钟、文件与中断管理等,并提供文件、GUI、网络以及数据库等服务。

• 嵌入式中间件:位于嵌入式操作系统、数据库与应用软件之间的一种软件,使用嵌入式操作系统提供的基本功能与服务,并为上层应用系统提供运行开发环境,如 JA-VA 虚拟机。

• API 及组件(构件):为嵌入式系统应用软件提供各种编程接口库(LIB)以及第三方软件或 IP 构件。

• 应用系统(软件):嵌入式系统的应用软件。

当然,并不是所有嵌入式系统都包括这六个层次的软件结构,根据系统规模和用途的不同,设计者可以根据需要选择合适的软件层次结构来实现嵌入式系统软件。

1.6 嵌入式系统的相关研究领域

1.6.1 与嵌入系统相关的主干学科

嵌入式系统具有典型的多学科交叉融合的特点。构成嵌入式系统技术领域的核心学科主要有四个,分别是微电子学、计算机科学与技术、电子工程学、自动控制学。嵌入式硬件开发集中在集成电路设计及片上系统设计,其广泛使用 EDA 工具,大量采用硅知识产权核,以实现低功耗和高性能。这些涉及微电子学领域的理论和技术。嵌入式处理器的体系结构设计、嵌入式操作系统和应用程序则都需要借助计算机科学与技术的理论。嵌入式系统的 AD/DA 转换、内部时序控制、外部设备逻辑设计离不开电子工程学的理论和技术。嵌入式系统的稳定性和可靠性分析、传感器和执行机构的设计需要借助于自动控制学的指导。

1.6.2　与嵌入式系统相关的技术

与嵌入式系统关系密切的技术领域主要有普适计算、人机交互、多媒体技术、无线传感器网络、信息安全、数据库等。

1.普适计算

普适计算(Pervasive Computing)又称为普存计算(Ubiquitous Computing)或普及计算,最早由前施乐帕克研究中心(Xerox PARC)首席科学家马克·维瑟(Mark Weiser)在1991年提出。这个概念强调和环境融为一体的计算,而计算机本身则从人们的视线中消失。在普适计算的模式下,人们能够在任何时间、任何地点以任何方式进行信息的获取与处理。

普适计算为未来的应用描绘了许多美好的场景,例如一个喜欢丢三落四的学生,常常会把他的个人用品落在学校,而一个小型无线终端通过信息链就可以很容易向他发出告警,从而提醒他及时处理。嵌入式系统的迅速发展正在为这种愿景的实现提供技术支持。

2.人机交互

嵌入式系统是一个计算机系统。为了能够有效控制和使用嵌入式的设备,必须要实现人机交互问题。嵌入式系统中的人机交互具有一些特殊性,即软件轻量化、输入输出设备的小型化、输入输出方式的多样化和便捷化。比如苹果手机之所以热销,一个十分重要的因素就是其人机交互手段的创新和便利,而这正成为一种趋势。

3.多媒体技术

人们对于以单纯的文字和简单的声光信号来表达信息的方式已经不再感到满意,微处理器技术的快速发展,也使多媒体展示成为现实。嵌入式多媒体技术包括硬件和软件两个方面,硬件方面要求芯片拥有极低的功耗、极高的处理速度、足够低的成本等。而软件方面则希望功能更多样化,压缩和解压算法更高效,能够尽可能占用少的硬件资源等。研究的重点有:多媒体数据适用的文件系统和数据库系统、DSP处理程序、多媒体服务系统管理软件、手持设备媒体数据库等。

4.无线传感器网络

无线传感器网络是一种特殊的自组网,主要适合组网困难和人员不能接近的区域及临时场合。它集成了传感器、嵌入式计算机、网络和无线通信四大技术,其特点是无须固定网支持、抗灾能力强、组网迅速,可广泛应用于环保、交通、工业、军事等领域。研究的重点包括自组网络协议、近距离无线通信芯片、传感器等。

5.嵌入式系统信息安全

由于使用嵌入式设计联网可以进行电子商务、数据库访问、网页浏览、收发电子邮件、远程控制、手机支付等多种业务,因此,越来越多的嵌入式系统开始实现联网功能。

在给人们带来方便快捷的同时,嵌入式系统中的信息安全问题也日益突显,嵌入式系统信息安全成为影响嵌入式应用的重要技术之一。嵌入式系统信息安全技术包括密码系统设计、身份认证设计、进程间通信保护机制等。

6.嵌入式系统数据库

运行在嵌入式系统上的数据库称为嵌入式数据训。嵌入式数据库的特点是简单、小巧、性能高、可移动性好。虽然不需要独立运行的数据库引擎,但是由于嵌入式数据库在移动环境和实时环境下运行,因此在技术上强调数据复制、数据一致性、数据广播、数据装入优化、故障恢复、高效率事务处理等。

1.7 嵌入式系统的发展现状与趋势

1.7.1 嵌入式系统的发展现状

随着半导体技术的发展,嵌入式微处理器得到了快速的发展,不同用途、不同性能、可满足不同需要的嵌入式处理器达到上千种之多。低端的处理器产品在功耗上更低,执行效率更高,集成的外围部件性能更好,价格也更加低廉。新型的高端处理器也日益丰富,传统通用处理器中的流水线技术、哈佛结构、精简指令集技术等得到广泛采用,双核多核嵌入式处理器也已经在应用中大量使用。而基于 ASIC 和 SOC 的专用器件和 IP 核产品,也被广泛应用于信息家电、消费电子、智能家居、工业生产等方面。

在嵌入式软件方面,嵌入式操作系统(RTOS)、集成开发环境、IP 构件库、嵌入式网络协议栈、嵌入式移动数据库及嵌入式应用程序设计等方面都有了很大发展。商业化的 RTOS 达到上百种,甚至一些传统的通用操作系统也通过改造加入到嵌入式操作系统的阵营,如 RTLinux 就是在传统 Linux 操作系统上的一种改造。各种用于嵌入式软件开发的集成开发环境也被大量用于系统开发过程中,如安谋国际科技股份有限公司(ARM)的 RVDS,美国风河系统公司(WindRiver)的 Tornado,瑞典爱亚公司(IAR System)的 IAR,以及凯尔软件(Keil Software)公司的 uVision 等。除了操作系统和集成开发工具外,用于实现人机交互的图形用户界面也得到大量应用,如 QT、MiniGUI 等。

随着嵌入式系统的深度应用,嵌入式系统软硬件开发过程中存在的制约因素也日益突显,主要是对嵌入式系统的开发成本、开发周期以及开发难度产生影响。这些影响包括以下几个方面。

(1)从事嵌入式系统开发的门槛较高。嵌入式系统开发涉及的知识面广、综合性强、实践性强,而且由于学科发展速度快,学习难度大,难以形成一个简单明确的知识体系。开发人员需要具备相当的软硬件知识,特别是要了解和掌握目前广泛使用的处理器体系结构,并能够熟悉掌握一种或几种 RTOS 及开发工具的使用。

(2)嵌入式系统设计受成本、功耗和上市时间等多种因素的制约,其设计方法涉及软硬件协同设计、系统级设计、数字系统设计、模拟系统设计等多个方面和不同层次,涉及系统需求描述、软硬件功能划分、系统协同仿真、优化、系统综合等多个方面的问题,要求开发人员掌握计算机系统结构、操作系统,甚至 SOC 系统设计、EDA 工具等多领域知识。

(3)嵌入式硬件平台和软件平台种类繁多,选择、学习和掌握具有一定难度,没有统一的开发标准,使得在不同平台上开发的应用移植难度较大。嵌入式工程师在掌握一个系列微处理器平台后,往往不愿意转到另一个类型的微处理器平台上。

(4)开发环境和开发工具的抽象程序较低,这在很大程度上影响了开发的成本和进度,使得产品的上市时间推迟。

1.7.2　嵌入式系统的发展趋势

近年来,随着微电子技术和计算机技术的不断发展,"后 PC 机时代"的轮廓已经逐步显现,嵌入式领域呈现出快速发展的势头。考虑到"后 PC 机时代"的新特征及微电子技术的发展现状,嵌入式系统将呈现出以下几个方面的发展趋势。

(1)开放式平台架构,更易于与其他系统整合。由于微电子技术的发展,嵌入式系统的应用方式正在从多片系统向单片系统甚至片上系统的方向发展,这需要嵌入式处理器内核的架构具有良好的开放性能,以利于系统整合。

(2)体积越来越小,性能越来越高,成本越来越低。现在的集成电路已经达到纳米级的设计程序,这使得微处理器的体积、功耗、性能在芯片一级得到极大优化,同时也得益于工业化生产的高效率,致使成本不断降低。

(3)应用趋向多元化,小批量、快速定制化服务成为重要趋势。嵌入式系统的应用将随着其应用面的扩大而不断呈现多元化的发展,这使得小批量、快速定制服务成为一种重要的解决方案。

(4)嵌入式操作系统从可用型、通用型向可定制型、优化型转变,可定制嵌入式操作系统是嵌入式操作系统的发展趋势。

(5)集成开发环境的开放性、抽象程度更高,调试工具和手段更方便易用。嵌入式开发需要采用交叉式的开发和调试过程,开发工具的好坏对于开发周期、开发难度、开发质量具有较大影响,更为开放、抽象程度更高、更易使用的开发工具,以及更便利的调试工具和手段将成为趋势。

(6)应用软件跨硬件平台直接使用成为一种趋势。嵌入式系统由于软硬件定制的特点,使得应用软件几乎无法实现跨硬件平台的直接使用,这对于嵌入应用是一个重大障碍。但是随着 ANDROID 将虚拟机技术引入到嵌入软件中,使得嵌入式应用程序可以直接跨硬件平台使用,这将极大地推动智能终端设备的普及。

1.8 嵌入式系统开发步骤和方法

嵌入式系统上的软件开发过程与普通基于 PC 机系统上的软件开发具有很大的区别。PC 机上进行程序开发,程序直接在 PC 机的内存中,由 PC 机的 CPU 运行,可以通过观察 PC 机上 CPU 的运行状况来了解程序的正确与否,并通过反复的运行、调试、修改达到设计目标;在嵌入式系统上进行软件开发,情况将发生很大变化,虽然其开发都是反复的代码编写、运行、调试、修改等步骤,但是由于受到资源的限制,嵌入式硬件上无法直接进行软件编写和调试工作,软件需要在 PC 机(称为主机 HOST)上进行编写,生成可执行代码,并通过 PC 机进行调试。但是可执行代码需要传送到嵌入式实验箱或开发板中(称为目标机 TARGET),而调试时需要查看的运行情况又需要通过一定方式传送到主机上,并反复修改、下载、调试,最终达到设计目标。

因此,嵌入式的实验在步骤上将比传统的 PC 软件开发更加复杂和困难。在嵌入式系统的开发环境下,其基本开发步骤如下:

(1) 编辑,通过代码编写完成程序的基本设计工作;

(2) 编译,通过编译工具将 C/C++源程序编译为目标代码;

(3) 链接,将目标代码链接形成完整的 ELF 或 HEX 可执行文件;

(4) 下载,通过下载或烧写的方式将链接好的二进制可执行文件下载到目标机上;

(5) 调试,通过一定的调试手段对目标机上的程序进行调试,通过各种调试手段查找代码的错误或问题,为进一步修改提供支持。

嵌入式系统的开发过程至少包括以上五个步骤,这五个步骤在程序设计过程将不断反复,最终完成符合设计目标的程序设计。

第二章 单片机技术概述

本章主要介绍单片机的技术特点和发展历史,对常用的 8 位单片机作了一定的描述和说明,同时也对单片机的应用领域作了一定的介绍,使读者对不同类型的 8 位单片机的基本编程结构有所了解,对单片机在嵌入式应用中的地位有所认识。

2.1 单片机特点和技术发展

单片机自 1970 年代诞生以来,发展迅速。目前各半导体厂商几乎都生产单片机产品,单片机根据结构和指令系统的不同有几十种之多,型号更是数不胜数,特别是为特定应用领域设计和开发的单片机型号更是数量巨大。随着集成电路技术的发展和人们对电子产品性能的要求不断提高,作为电子产品的一个核心部件,单片机正朝着面向多层次用户发展,以多品种、多规格的方式满足各种需要。

2.1.1 单片机的主要特点

单片机是将运算器、控制器、存储器以及 I/O 接口集成在单个芯片中的计算机硬件。相对于通用计算机而言,具有以下特点。

1.集成度高,体积小

之所以叫做单片机,就是因为将计算机的主要部件集成到一个芯片中,构成一个具有相对完整结构的硬件部件,能够满足特定应用领域需要的计算硬件需求。因此,相对于传统计算机结构而言,单片机具有很高的集成度和很小的体积。

2.抗干扰,稳定性好

单片机将主要运算部件集成到芯片内部,外界干扰相应减小。由于部件之间的连接被集成到一个稳定的芯片中,因此,其系统稳定性也得到了保障,减小了系统的故障率。而且由于体积小,也便于采取电磁屏蔽等相关措施,提高系统的稳定性。

3.功耗低

单片机采用集成工艺后,只需要较低的电压和极小的电流就可以推动其工作,从而满足了手持或移动设备通过电池供电的需要。而且由于其低功耗模式的设计,一些单片机在睡眠或待机状态下所需电流只是正常工作的 1% 甚至 0.1%。

4.使用方便

由于单片机内部可以集成所需的各种工作部件,因此在设计特定产品时只需要选择合适的单片机就可以满足应用设计需要。在进行系统设计和应用开发时,硬件的设计变得十分方便快捷。

5.极高的性价比

单片机采用集成化设计,而且用软件逻辑代替了硬件逻辑,实现了以较小的代价就可以获得在传统方式下需要大量硬件才能完成的功能。这使得采用单片机的应用系统的设计紧凑,体积小,成本低,具有极高的性价比。

2.1.2 单片机的发展历史

单片机伴随着集成电路的出现而出现,它的产生与发展和微处理器的产生与发展大体上同步,可以分为 4 个阶段。

第 1 阶段(1974—1976 年):初级单片机阶段。1974 年,美国仙童公司(Fairchild)研制出世界上第一台单片微型计算机 F8,深受家用电器和仪器仪表领域的欢迎和重视,从此拉开了研制单片机的序幕。这一时期生产的单片机制造工艺落后、集成度很低,通常采用双片结构。典型产品有仙童公司的 F8 和莫斯特卡公司(Mostek)的 3870 等产品。

第 2 阶段(1976—1978 年):低性能单片机阶段。这一时期生产的单片机虽然已能在单块芯片内集成有 CPU、并行接口、定时器、RAM 和 ROM 等功能芯片,但 CPU 功能还不强,I/O 的种类和数量少,存储容量小,只能应用于比较简单的场合。这一时期的典型产品有英特尔公司(Intel)的 MCS-48,包括 8048、8748 和 8035,强化型 8049、8039 和 8050、8750、8040,简化型 8020、8021、8022,专用型 UPI-8041、8741 等。

第 3 阶段(1978—1983 年):高性能单片机阶段。在这一阶段推出的单片机普遍带有串行接口,有多级中断处理系统,16 位定时器/计数器;片内 RAM、ROM 容量加大,且寻址范围可达 64KB,有的片内还带有 A/D 转换器接口。这一时期的典型产品有英特尔公司的 MCS-51,摩托罗拉公司的 M6805 和智陆公司的 28 等。这类单片机的应用领域极为广泛,各公司通过对其结构与性能进行优化和改良,目前仍然是应用量最大的一个类型。在国内,英特尔的 51 单片应用量最大,掌握 51 单片机的技术人员也最多,而且由于一些公司对 51 单片机的优化,使其具有更好的性能和更广泛的应用环境,因此仍然具有较强的生命力。

第 4 阶段(1983 年至今):16 位及以上单片机和超 8 位单片机并行发展阶段。此阶段的主要特征是,一方面发展 16 位及以上单片机和专用单片机;另一方面不断完善高档 8 位单片机,改善其结构,以满足不同用户需要。16 位以上的单片机由于具有更大的地址空间,更强的指令系统,更高的运行频率,和更多样化的外围接口,使得在很多高端应用领域受到青睐,特别是 32 位单片机的字长达到 32 位,具有极高的运算性能。随着家用电子系统、多媒体技术和 Internet 技术的发展,32 位甚至 64 位单片机的生产前景看好。这一时期典型产品有 ARM 内核的各类 32 位单片机,MIPS 结构的各类 32 位单片机,摩托罗拉公司的 M68300 系列等。在这一阶段,很多 8 位单片机具备了一些新的强大的功能,如直接存储器存取(DMA)通道、特殊串行接口、脉宽调制(PWM)、捕捉定时器/计数器等。

虽然从技术上看,32 位、64 位单片机有着更高的性能和更强大的功能,16 位、32 位及 64 位单片机在今后会越来越受到人们的重视,但这并不意味着它们会代替 8 位单片机的应用。因为在许多场合,8 位甚至 4 位单片机就足以完成相关功能,没有必要采用 16 位甚至 32 位单片机。这样一方面会增产品成本,延长开发周期,而且还可能引入不必要的风险和开销。因此,在今后相当长的一段时间内,16 位、32 位及 64 位单片机会不断扩大其应用范围,但却并不能代替 8 位机。另外,由于 8 位单片机在性能价格比上占有明显优势,而且现在的 8 位增强型单片机在速度和功能上也已经可以与 16 位单片机相媲美,所以,8 位单片机仍将在今后的一段时间里占有较大的市场份额。

2.1.3 单片机的发展趋势

随着应用需求的不断提高,单片机也得到了快速的发展。从单片机的发展历史和现状来看,其发展趋势正朝着大容量、高性能、低价格、高度集成、专业化、多品种、接口功能优化、低功耗等方向发展。

1.CPU 功能增强

单片机内部 CPU 功能的增强,集中体现在数据处理速度和精度的提高以及 I/O 处理能力的提高。通过改进 CPU 的内部结构、增加数据总线宽度、采用流水线结构来加快运算速度等优化措施,很多单片机已经达到 1MIPS/MHz 的性能。

2.单片机容量增加、内部资源丰富

单片机内存储器容量进一步扩大,以往片内 ROM 为 1～8KB,RAM 为 64～256B,现在片内程序存储器可达 64KB,甚至几百 KB,片内 RAM 也达到几 KB,甚至几十 KB,并可通过外接存储器扩大容量。而且由于使用了 FLASH 技术作为片上的程序存储器,极大地方便了研发人员,使得开发周期大为缩短。由于集成大量功能部件,使得单片机的 I/O 接口变得非常丰富,很多应用中根本不需要外加扩展芯片。甚至在一些 8 位单片机中都引入了 BOOTLOADER 加载区用于启动实时操作系统,这将大大提高产品的开发效率和单片机的性能。

3.引脚功能多样

随着单片机内部资源的增多,所需的引脚也相应增加。为了减少引脚数量,提高应用的灵活性,单片机中普遍采用引脚功能复用技术,即一个引脚可以具有几种功能,由用户根据需要进行设置和使用。同时,一些新的工业标准也在单片机中得到广泛采用,如 12C 总线、SPI 接口、CAN 总线、USB 总线接口等,使得单片机与外界通信的能力得到极大提高,而且一些单片机提供了在线可编程的技术,使得通过软件升级的方式实现设备升级成为一种十分方便的手段。

4.专业性强体积小

为了适应各个领域的应用需要,单片机的品种类型越来越丰富,特别是专用单片机,通过采用工业化批量生产,其价格也低得惊人。因此,专用单片机在很多领域得到广泛使用,通过改变内部功能部件数量和性能,在内核 CPU 不变的情况下满足特定应用目标的需求,就可以生产出新的产品。于是面向专用领域的超微型化单片机应运而生,这类单片机具有体积小,功能单一,面向特定应用,价格低廉,功耗极低等优势,在很多领域应用广泛,如电子玩具、小型电子产品、计算机外围设备等。

5.更低的电压和功耗

由于采用 CMOS 制造工艺,单片机在工作电压和功耗等方面得到长足发展。另外由于采取了一系列省电技术,使得单片机的功耗越来越低。这使得以电池供电的单片机产品,越来越多的被开发出来,并在各个领域得广泛应用。

6.更便捷的开发支持

嵌入式产品的开发具有一定的特殊性,软件的运行和调试在开发机(宿主机)上编写后,须加载到嵌入式硬件(目标机)上运行,以观察和测试软件的性能和功能是否达到预期。这要求嵌入式开发有良好的开发工具和硬件支持。现在一些单片机已经在其内核中加入了 USB 的固化代码,可以通过 USB 方式直接将程序写入 FLASH 或加载程序的目的,从而简化开发过程,提高开发效率。

2.2 单片机的应用领域

在现代的数字化世界中,单片机已经大量地渗透到我们生活的各个领域,几乎很难找到没有单片机踪迹的领域。导弹的导航装置、飞机上各种仪表的控制、计算机的网络通信与数据传输、工业自动化过程的时实控制和数据处理、生产流水线上的机器人、医院里先进的医疗器械和仪器、广泛使用的各种智能 IC 卡、小朋友的程控玩具和电子宠物等都是典型的单片机应用。由于单片机芯片的微小体积、极低的成本和面向控制的设计,使得它作为智能控制的核心器件被广泛地用于嵌入到工业控制、智能仪器仪表、家用电器、电子通信产品等各个领域中的电子设备和电子产品中。单片机的主要应用领域有以下几个方面。

1.智能仪表

单片机广泛应用于各种仪器仪表中,使仪器仪表智能化,从而提高它们的测量速度和测量精度,加强控制功能,简化仪器仪表的硬件结构,便于使用、维修和改进。用单片机改造原有的测量和控制仪表,能促进仪表向数字化、智能化、多功能化、综合化、柔性化发展。如温度、压力、流量、浓度显示、控制仪表等,通过采用单片机软件编程技术,使长期以来测量仪表中的误差修正、非线性化处理等难题迎刃而解。目前国内外均把单片机在仪表中的应用看成是仪器仪表产品更新换代的标志。单片机在仪器仪表中的应用非常广泛,例如数字温度控制仪、智能流量计、红外线气体分析仪、氧化分析仪、激光测距仪、数字万能表、智能电度表,各种医疗器械,各种电子秤、皮带秤、转速表等。不仅如此,在许多传感器中也装有单片机,形成所谓的智能传感器,用于对各种被测参数进行现场处理。

2.机电一体化产品

单片机与传统的机械产品相结合,使传统机械产品结构简化、控制智能化,构成新一代的机电一体化产品。机电一体化产品是指集机械技术、微电子技术、自动化技术和计算机技术于一体,具有智能化特征的机电产品,这是机械工业发展的方向。单片机的出现促进了机电一体化的发展,它作为机电产品中的控制器,能充分发挥其体积小、可靠性高、功能强、安装方便等优点,大大强化了机器的功能,提高了机器的自动化、智能化程度。例如,在电传打字机的设计中,采用单片机取代了近千个机械部件;在数控机床的简易控制机中,采用单片机可提高可靠性及增强功能,降低控制机成本。

3.家用电器设备

由于单片机价格低廉、体积小,逻辑判断、控制功能强,且内部具有定时器/计数器,所以广泛应用于家电设备。例如洗衣机、空调器、电冰箱、电视机、音响设备、VCD/DVD机、微波炉、电饭煲、恒温箱、高级智能玩具、IC卡、手机、电子门铃、电子门锁、家用防盗报警器等。家用电器涉及到千家万户,生产规模大,配上单片机后其成本降低,深得用户的欢迎,前途十分广阔。

4.工业控制领域无处不在

由于单片机的I/O接口线多、位操作指令丰富、逻辑操作功能强,所以特别适用于工业过程控制,可构成各种工业控制系统、自适应控制系统、数据采集系统等。它既可以作为主机控制,也可以作为分布式控制系统的前端机。在作为主机使用的系统中,单片机作为核心控制部件,用来完成模拟量和开关量的采集、处理和控制计算(包括逻辑运算),然后输出控制信号。特别是由于单片机有丰富的逻辑判断和位操作指令,所以广泛应用于开关量控制、顺序控制以及逻辑控制,如锅炉控制、加热炉控制,电机控制、机器人控制、交通信号灯控制、造纸纸浆浓度控制、纸张定量水分及厚薄控制、纺织机控制、数控机床控制等,汽车点火、变速、防滑制动、排气、引擎控制,以及雷达、导弹控制,航天导航系统和鱼雷制导系统等。

2.3　单片机的寄存器结构特点

由于单片机包含了计算机的运算器、控制器、存储器、I/O 接口等多项部件,这些部件通常是可编程的,就如同在接口技术的可编程接口芯片那样,可以通过程序设置不同的功能状态。而且由于受体积、引脚数量和灵活性的约束,单片机上的很多引脚都是可复用的。通过程序控制可以改变大部分引脚的功能状态,用于提高单片机在有限空间下的应用灵活性。正是由于单片机的这种可配置性,使得单片机的内部寄存器结构与通用 CPU 的寄存器结构在组织结构上有较大差异。

在单片机中寄存器可以被分为两大类,一类是与 CPU 执行运算功能相关的寄存器,包括地址寄存器,数据寄存器,堆栈寄存器等,与通用 CPU 相似的编程结构;另一类是与 CPU 执行运算功能无关,但与外围接口设置或使用相关的寄存器,这些寄存器被叫做特殊功能寄存器,通常不参与运算,只用于控制外围功能模块的设置,改变这些寄存器可以改变单片机中各种 I/O 接口或功能部件的工作状态、工作参数、缓存情况等。比如要设置某个引脚是用于输入还是输出,定时器的分频比例是多少,A/D 转换是否工作,如何工作等,都需要通过改变特殊功能寄存器来确定。不同的单片机中特殊功能寄存器的数量和设置参数的配置方法也都是不相同的,要正确使用某一个单片机除了知道它是什么内核的单片机外,还必须了解其特殊功能寄存器的信息。

接下来介绍的几个系列 8 位单片机编程结构中,只涉及到了该系列单片机中与运算功能相关的寄存器结构,没有涉及与特殊功能寄存器相关的内容。因为不同公司生产的单片机虽然使用了某个系列的 CPU 内核,但由于其 I/O 接口和功能的不同,其特殊功能寄存器差别可能非常大。因此,要想正确使用某一种单片机,学会查阅其数据手册是十分必要的。

2.4　常用 8 位单片机

很多半导体制造企业都生产单片机产品,目前主要的生产商包括:美国的英特尔、摩托罗拉(飞思卡尔,Freescale)、智陆、国家半导体(NS)、微芯科技(Microchip)、爱特梅尔(Atmel)和德州仪器(TI)公司;荷兰的飞利浦(Philip)公司;德国的西门子(Siemens)公司;日本的电气公司(NEC)、日立(Hitachi)、东芝(Toshiba)和富士通(Fujitsu)公司;韩国的 LG、三星以及中国台湾地区的凌阳公司等。这些公司的产品通常会包括从低端应用到高端应用的很多系列和不同型号,合理地为一个产品选择一款单片机,不但可能提高某个产品的开发效率,还可能会提高一个产品的可靠性和稳定性。因此,单片选型需要深入了解每一个系列的优势和特点。

本节将对一些主流的单片机产品进行介绍和比较,以帮助读者对相关产品有一定的认识和了解。这里所提到的某系列单片机,实际上是指某个系列的 CPU 内核。不同公司根据自己的产品定位,可以在某种 CPU 核周围集成一些其他部件,如存储器、定时器、A/D转换、PWM 波输出等,以形成自己的产品。

2.4.1　MCS-51 系列单片机

MCS-51 系列单片机是英特尔公司在总结 MCS-48 系列单片机的基础上于 1980 年代初推出的高性能 8 位单片机。经过几十年的发展,特别是大量单片机生产企业的加入,使 51 单片机不断得以改进和提高,与 51 单片机兼容的单片机产品目前也已经形成一个十分庞大的产品家族。MCS-51 兼容单片机是我国市场上使用最多的一类 8 位单片机。MCS-51 单片机内部结构特征如下:包含一个 8 位 CPU、每 12 个时钟周期完成一次机器周期,具有 4K 字节的程序存储器、128 字节的 RAM、21 个特殊功能寄存器,其中有 11 个可以按位寻址、提供 32 根 I/O 接口线,当进行片外存储器访问时可以分别访问 64K 程序空间和 64K 数据空间,具有 2 个 16 位定时/计数器,支持 5 个中断源并提供两个中断优先级、一个串行通信接口。

MCS-51 系列单片机主要有基本型和增强型两种。

基本型典型产品有 3 个,即 8051、8751 和 8031。其中,8051 片内集成 4K 字节的 ROM 作为程序存储器,这个存储空间是开发者无法使用的,只能在生产时由厂家将程序代码固化在里面;8751 则在片内集成了 4K 字节 EPROM,开发人员可以将程序进行擦除和重写,从而大大方便系统开发;8031 则未集成程序存储器,需要通过外部接口进行接入,这对于需要使用较大容量程序存储器的应用比较合适。

增强型的典型产品同样也是 3 个。增强型的编号为 52 子系列,即 8052、8032、8752。主要增强体现在,其内部 RAM 增加至 256 字节,8052 和 8752 的片内程序存储空间扩大到 8K 字节,16 位定时/计数器增至 3 个,中断源增至 6 个,串行通信口的最高通信速率提高到原来的 5 倍。

MCS-51 系列单片机的片内硬件资源详见表 2-1 所示。

表 2-1　MCS-51 系列单片机的片内硬件资源

	型号	片内程序存储器	片内数据存储器	I/O 口线 (位)	定时器/计数器 (个)	中断源 (个)
基 本 型	8031	无	128	32	2	5
	8051	4KB ROM	128	32	2	5
	8751	4KB ERROM	128	32	2	5
增 强 型	8032	无	256	32	3	6
	8052	8KB ROM	256	32	3	6
	8752	8KB ERROM	256	32	3	6

另外,MCS-51 还有一系列由英特尔授权生产的兼容单片机,这些单片机与 51 单片机指令兼容,但却具有一些原来 MCS-51 所不具备的能力。例如有的以 51 内核开发的单片机,其片机程序存储空间高达 128KB,有的 51 内核单片机工作频率可达 30MHz 甚至更高,还有包括可在线编程、片上 A/D 功能等。

MCS-51 系列单片机中与运算功能相关的寄存器主要有两种,一种是工作寄存器(或称为通用寄存器),另一种是专用寄存器,通常设有特定的使用要求。工作寄存器在片内 RAM 的 00H~1FH(共 32B)地址空间,分为 4 组工作寄存器,每组由 8 个 8 位的寄存器组成,这些寄存器的编号都是 R0~R7。如果要切换到不同组,可以通过对 PSW 的 RS1 和 RS2 进行设置,选择任意一组使用,其余 3 组将被屏蔽。在内存空间中,其他的存储空间可作为片内 RAM 使用。工作寄存器可以存放任何数据、地址等信息,由程序决定。

与工作寄存器不同,专用寄存器主要用于存放特定的信息,51 系列单片机的专用寄存器及其使用规则如下。

(1)程序计数器 PC:程序计数器 PC 是一个 16 位二进制的程序地址寄存器,专门用来存放下一条需要执行指令的内存地址,能自动加 1。

(2)累加器 A:累加器 A(或者 ACC)是运算过程中的暂存寄存器,是一个 8 位二进制寄存器,用于提供操作数和存放操作结果。

(3)寄存器 B:寄存器 B 一般用于乘除法操作指令,也是一个 8 位二进制寄存器,由 8 个触发器组成,与累加器 A 配合使用。

(4)程序状态寄存器(PSW):程序状态寄存器(PSW)是一个 8 位寄存器,用于存放指令执行后的有关状态,为后面的指令执行提供状态条件。

(5)堆栈指针 SP:推栈指针 SP 是在片内 RAM 中开辟一个存储区域,专门存放堆栈栈顶的地址。

(6)数据指针 DPTR:数据指针 DPTR 是一个 16 位寄存器,由 8 位寄存器 DPH 和 DPL 组合而成。

下面以 8051 系列单片机为例,介绍一下 51 系列单片的基本内部结构。当然,由于设计目的的不同,可能一些具有 51 内核的单片机结构与该结构有一定的差异。8051 系列单片机的内部结构是各种逻辑单元及其之间的互连构成的,其主要由中央处理器(CPU)、程序存储器(ROM)、数据存储器(RAM)、串行接口、并行 I/O 接口、定时/计数器、中断系统等几大单元,以及数据总线、地址总线和控制总线组成。8051 系列单片机的内部结构框架,如图 2-1 所示。

典型的 8051 单片机具有 4 个 8 位的并行 I/O 端口,分别为 P0、P1、P2 和 P3,共 32 条 I/O 线。这些 I/O 端口是双向 I/O 端口,每个端口均可以用作输入和输出。在程序中,这些 I/O 端口分别对应 4 个特殊功能寄存器 P0、P1、P2 和 P3。

51 系列单片机的集成开发工具,由于 51 系列单片机使用时间较长,所以支持该单片机的集成开发工具也较为普遍,最为出名的就是凯尔(Keil)公司的 uVision 集成开发工具;还有爱亚公司出品的 IAR 集成开发工具等。

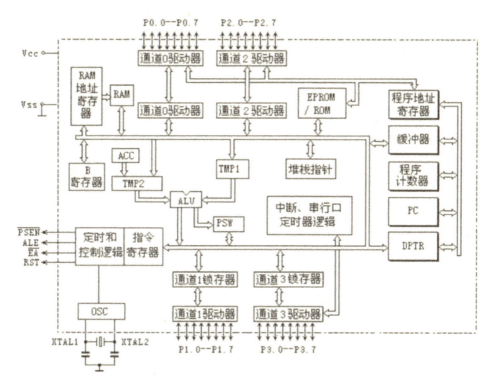

图 2-1 典型 51 单片机内部结构图

2.4.2 PIC 系列单片机

美国微芯科技公司生产的 PIC 系列单片机具有价格低、速度高、功耗低和体积小等特点,并率先采用了 RISC 技术。该公司的 8 位 PIC 系列单片机现已成为嵌入式单片机的主流产品之一。

PIC 系列单片机分低档、中档、高档 3 个层次,指令条数分别为 33、35 和 58 条,指令均向下兼容。低档产品采用 12 位宽度的 RISC 指令系统,典型产品有 PIC12C5XX 和 PIC16C5XX 系列产品,仅仅只有 8 个引脚,价格低廉、应用广泛。中档产品采用 14 位宽度的 RISC 指令系统,在保持低价位的前提下,增加了 ADC、E2PROM、输入捕捉/输出比较/脉宽调制(CCP)模块、I2C 和 SPI 接口、同步/异步串行接口 USART、模拟电压比较器、LCD 驱动、FLASH 程序存储器等功能模块。典型的产品有 PIC16C55X/6X/7X/8X/9XX、PIC16F87X。高档产品采用 16 位宽度的 RISC 指令系统,是目前运行最快的 8 位单片机,具有硬件 8 * 8 乘法器,可以在一些高速运算场合取代 DSP 芯片,也是 8 位机中性价比较高的产品。典型产品包括 PIC16C7XX、PIC18CXX、PIC18FXX 系列。PIC 系列单片机,虽然不同档次的产品其指令的宽度有所不同,但它们的数据总线宽度和单次数据处理能力都是 8 位,因此它仍然属于 8 位单片机。

PIC 系列单片机内部采用一种被称为哈佛(Harvard)结构的双总线结构。在这种总线结构中,数据总线和程序总线从硬件上被分开,在获取程序的时候,可以同时对数据进行读写操作。这样就有效地避免了复杂指令集计算机(Complex Instruction Set Computer. CISC)设计中经常出现的总线瓶颈。PIC 系列 8 位单片机采用独特的 RISC 结构,使指令具有单字长的特性,且允许指令码位数可多于 8 位的数据位数,这与传统的采用 CISC 结构的 8 位单片机相比,可以达到 2∶1 的代码压缩,速度提高 4 倍;两级指令流水线结构允许 CPU 在执行本条指令的同时也能取出下条指令的指令码,使 CPU 的工作速度得到很大提高。PIC 系列单片机内部资源丰富,用户可根据需要选取。

PIC 系列单片机各类数据存储器都是以寄存器方式工作和寻址的。除了 RAM 存储器的 F07(F08)以上的 20 多个地址作为通用寄存器外,专用寄存器主要有定时寄存器 TMRO、选择寄存器 OPTION(又称为项选寄存器)、程序计数器 PCL、状态寄存器 STA-TUS、间接寻址寄存器 INDF 和 FSR。特殊功能寄存器主要有端口 I/O 寄存器(如 PORTA、PORTB)和相对应的端口 I/O 控制寄存器(又称为端口 I/O 数据方向寄存器,如 TRIAS、TRISB)、保持寄存器 PCLATH 和中断控制寄存器 INTCON 等。上述这些专用寄存器和特殊功能寄存器在 PIC16C63/65/65A 和 PIC16C71A 系列中是共有的,在这些单片机中,这些寄存器的名称、功能均相同,而且寄存器的地址也完全相同。专用寄存器的每个寄存单元都有相对应的固定用途。

PIC 系列部分单片机的性能详见表 2-2 所示。

表 2-2　PIC 系列部分单片机性能一览表

器件	存储器类型	字数	EEPROM数据存储器	RAM	I/O引脚数	ADC (-Bit)	定时器/WDT	串行接口	最高速度MHz	输出电流(per I/O)	振荡器频率(MHz)	参考电压VREF	PWM
PIC16C558	OTP	2048x14		128	13		1-8bit/1-WDT		20	25mA			
PIC16C55A	OTP	512x12		24	20		1-8bit/1-WDT		40	20mA			
PIC16C621	OTP	1024x14		80	13		1-8bit/1-WDT		20	25mA		√	
PIC16C621A	OTP	1024x14		96	13		1-8bit/1-WDT		40	25mA		√	
PIC16C62A	OTP	2048x14		128	22		2-8bit/1-16bit/1-WDT	I²C/SPI	20	25mA			1
PIC16C71	OTP	1024x14		36	13	4/8	1-8bit/1-WDT		20	25mA			
PIC16C72A	OTP	2048x14		128	22	5/8	2-8bit/1-16bit/1-WDT	I²C/SPI	20	25mA			1
PIC16C73B	OTP	4096x14		192	22	5/8	2-8bit/1-16bit/1-WDT	USART/I²C/SPI	20	25mA			2
PIC16C774	OTP	4096x14		256	33	10/12	2-8bit/1-16bit/1-WDT	AUSART/MI²C/SPI	20	25mA		√	2
PIC16C782	OTP	2048x14		128	16	8/8	2-8bit/1-16bit/1-WDT		20		4	√	

续表 2-2

器件	存储器类型	字数	EEPROM数据存储器	RAM	I/O引脚数	ADC(-Bit)	定时器/WDT	串行接口	最高速度MHz	输出电流(per I/O)	振荡器频率(MHz)	参考电压VREF	PWM
PIC16C926	OTP	8192x14		336	52	5/10	2-8bit/1-16bit/1-WDT	I²C/SPI	20	25mA			1
PIC16CR84	ROM		64	68	13		1-8bit/1-WDT		10	20mA			
PIC16F877	Flash	8192x14	256	368	33	8/10	2-8bit/1-16bit/1-WDT	AUSART/MI²C/SPI	20				2
PIC16F8777A	Flash	8192x14	256	368	33	8/10	2-8bit/1-16bit/1-WDT	AUSART/MI²C/SPI	20				2
PIC16F88	Flash	4096x14	256	368	16	7/10	2-8bit/1-16bit/1-WDT	AUSART/I²C/SPI	20		8		2
PIC16HV540	OTP	512x12		25	12		1-8bit/1-WDT		20				

PIC 单片机系列封装引脚最少的是 8 引脚(如 PIC12C5XX 和 PIC12C6XX),多的可达 84 引脚(如 PIC17C76X),其中,I/O(输入/输出)口线按 PIC 单片机产品型号的不同,其口线数量也不相同。8 脚封装的 I/O 口线是 6 根线,而 84 脚封装的 I/O 线则多达 66 根线。这些口线符号分别按英文字母顺序排列编号,简称 A 口、B 口、C 口、D 口、E 口、F 口……每个口是 8 位的,但不一定占满 8 位。这些口在封装引脚图的标注上均在各口之前加有 R 符号。例如 B 口标注为 RB0、RB1、RB2……RB7;E 口为 RE0、RE1……RE7;G 口为 RG1、RG2……RG7。而 8 脚封装的单片机共有 6 根 I/O 口线,其引脚图的标注与上略有不同,是 GP0～GP5。上述的各口线都是可独立编程的双向 I/O 口线。

PIC 系列 8 位单片机为适应各种不同的用途,有多种型号可供选用。但是,尽管 PIC 单片机有不同的档次和型号,但其最基本的组成则大同小异。典型的 PIC 单片如 PIC16F84,其基本结构如图 2-2 所示。

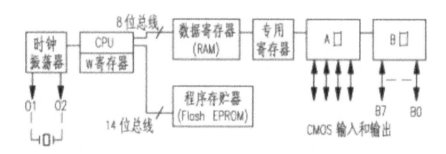

图 2-2　PIC16F84 单片机基本组成结构图

由于微芯科技采用了与 51 完全不同的产品策略,PIC 单片机并没有给其他公司进行产品授权。因此,也就没有其他公司设计不同的 PIC 系列的单片机,对于 PIC 单片机的选择也就只能集中在该公司的不同系列上。PIC16F84 是款双列直插式(DIP)塑料的单片机,最大工作频率可达 4MHz。由图 2-2 中可见,其主要结构包括中央处理器(CPU)、程序存储器(ROM)、数据寄存器(RAM)和两个输入/输出口(I/O 口)。

由于采用了双总线结构,在取指和执行时,还可同时对数据寄存器进行取数。由图

2-2 可明显看出,程序存储器和数据存储器各有一条总线与 CPU 相连。在 51 单片机中,CPU 内部寄存器与外部的 RAM 中的寄存器采用分开式的管理方式,但在 PIC 单片机中则采用了统一管理的方式,RAM 中的存储空间被称为 File 寄存器。

PIC16F84 的程序存储器是由 Flash(闪速)EPROM 构成,它可用电来记录和擦除,而在断电时,仍可保留其内容。PIC 单片机有些型号的程序存储器用的是 EPROM,需要用紫外线来擦除。随着闪存技术的成熟和大规模应用,这类产品已经很少使用。当然,出于成本和稳定性的考虑,还有一些产品采用一次性可编程(OTP)方式,只在最终产品中写入程序。

PIC16F84 有两个输入/输出端口,即 A 口和 B 口。每个口的每个引脚可单独设定为输入或输出,各个口的位是从 0 开始编号的。当 A 口为输出方式时,其第 4 位(即 RA4)为开路集电极(或开路漏极)输出,而 B 口及 A 口其他各位为常规的全 CMOS 驱动电路。这些功能必须注意,否则会在编程时出错。CPU 对每个端口都按一个字节 8 位来处理,但 A 口只有 5 位引脚。PIC 输入与 COMS 兼容,所以 PIC 输出可驱动 TTL 或 CMOS 逻辑芯片。每个输出引脚可以流出或吸入 20mA 电流。

PIC 系列单片机的集成开发工具主要有微芯科技公司出品的 MPLAB IDE 集成开发工具,该工具是集合了编辑器、项目管理器和设计平台,适用于使用微芯科技的 PICmicro&reg 系列单片机进行嵌入式设计的应用开发和 dsPICTM 数字信号控制器的应用系统开发。

另外,第三方的集成开发工具,如 IAR 也可以支持 PIC 系列单片机的开发,不过需要有相应的 License。

2.4.3 AVR 单片机

1997 年,爱特梅尔半导体公司挪威设计中心的 A 先生与 V 先生利用爱特梅尔半导体公司的 Flash 新技术,共同研发出 RISC 精简指令集的高速 8 位单片机,简称 AVR。相对于出现较早也较为成熟的 51 系列单片机,AVR 系列单片机片内资源更为丰富,接口也更为强大。由于其价格低等优势,AVR 单片机吸取了 PIC 及 8051 等单片机的优点,同时在内部结构上还作了一些重大改进。AVR8-Bit MCU 最大的特点有以下几点。

(1)采用 CMOS 技术和 RISC 架构,实现高速(50ns)、低功耗(μA)、具有 SLEEP(休眠)功能。AVR 的一条指令执行速度可达 50ns(20MHz),而耗电则在 $1\mu A \sim 2.5mA$ 间。AVR 采用 Harvard 结构,以及一级流水线的预取指令功能,即对程序的读取和数据的操作使用不同的数据总线,因此,在执行某一指令时,下一指令被预先从程序存储器中取出,这使得指令可以在每一个时钟周期内被执行。

(2)吸取了精简指令集(RISC)处理器的设计思想,具有多个累加器,数据处理速度快。AVR 单片机具有 32 个通用工作寄存器,相当于有 32 个存储单元,可以快速进行数据交换和处理;克服了如 8051MCU 采用单一 ACC 进行处理造成的瓶颈现象;快速的存取寄存器组、单周期指令系统,大大优化了目标代码的大小、执行效率,同时内部集成大容量的 FLASH,特别适用于使用高级语言进行开发。

(3)在 I/O 设计上,采用了大电流接口设计,具有良好的负载能力和驱动能力。作为输出接口时,其输出电流可达 40mA(单一输出);作为输入接口时,可设置为三态高阻抗输入或带上拉电阻输入,具备 10mA～20mA 灌电流的能力。通用数字 I/O 口的输入输出特性与 PIC 的 HI/LOW 输出及三态高阻抗 HI-Z 输入类同,同时可设定类同于8051 结构内部有上拉电阻的输入端功能,便于作为各种应用特性所需(多功能 I/O 口)。AVR 的 I/O 口是真正的 I/O 口,能正确反映 I/O 口输入/输出的真实情况。

(4)除使用外部晶振作为振荡源外,片内集成多种频率的 RC 振荡器、上电自动复位、看门狗、启动延时等功能,外围电路更加简单,系统更稳定可靠。

(5)AVR 片上资源十分丰富,大部分 AVR 芯片集成了 E2PROM、PWM、RTC、SPI、UART、TWI、ISP、AD、Analog Comparator、WDT 等功能接口,可以极大地简化电路设计、提高系统总体可靠性,支持在线编程能力。AVR 能够方便升级或销毁应用程序。

(6)像 8051 一样,有多个固定中断向量入口地址,可快速响应中断,而不是像 PIC 一样,所有中断都在同一向量地址,需要程序判别后才可响应,这会浪费且失去控制时机的最佳机会。

(7)同 PIC 一样,带有可设置的启动复位延时。AVR 单片机内部有电源开关启动计数器,当系统 RESET 复位上电后,利用内部的 RC 看门狗定时器,可延迟 MCU 开始运行执行程序的时间。这种延时启动的特性,可使 MCU 在系统电源、外部电路达到稳定后再正式开始执行程序,因此提高了系统工作的可靠性,同时也可节省外加的复位延时电路。

(8)具有很低的功耗。对于典型功耗情况,WDT 关闭时为只需要 100nA,十分适合于电池供电的应用设备。另外,AVR 的低电压器件其最低工作电压可以低到 1.8V。

(9)保密性能好。AVR 单片机具有不可破解的位加密锁 Lock Bit 技术,其保密位单元深藏于芯片内部,无法用电子显微镜看到,可以有效地保护知识产权。

爱特梅尔半导体公司的 AVR 单片机有三个系列的产品。为满足不同的需求和应用,爱特梅尔半导体公司对 AVR 单片机的内部资源进行了相应的扩展和删减,推出了tinyAVR、low power AVR 和 megaAVR,分别对应低、中、高三个不同档次数十种型号的产品。

低档 Tiny 系列 AVR 单片机:主要有 Tiny11/12/13/15/26/28 等。

中档 AT90S 系列 AVR 单片机:主要有 AT90S1200/2313/8515/8535 等。

高档 ATmega 系列 AVR 单片机:主要有 ATmega8/16/32/64/128(存储容量为 8/16/32/64/128KB)以及 ATmega8515/8535 等。

AVR 单片机有 32 个通用寄存器和 64 个 I/O 寄存器。在 AVR 指令集中,所有通用寄存器的操作指令均带有方向,并能在单一时钟周期中访问所有的寄存器。每个通用寄存器直接映射到数据空间的前 32 个地址,因此也可以使用访问 SRAM 的指令对这些寄存器进行访问。通常情况下,最好是使用专用的寄存器访问指令对通用寄存器组进行操作。这 32 个通用寄存器的功能有一定的差别,尤其是 R16～R31 这 16 个寄存器能实现的操作比 R0～R15 要多,如 SBCI、SUBI、CPI、ANDI、ORI 及直接装入常数到寄存器的 LDI,而且乘法指令仅适用于寄存器组中的后半部分(R16～R31)。另外,R26～R31 还构成了 3 个 16 位地址指针寄存器 X、Y、Z,所以一般情况下不要作为它用。AVR 寄存器最后 6 个寄存器 R26～R31 具有特殊功能,这些寄存器每两个合并成一个 16 位的寄存器,作为对数据存储器空间(使用 X、Y、Z 寄存器)以及程序存储器空间(仅使用 Z 寄存器)间接寻址的地址指针寄存器。

AVR 系列单片机所有 I/O 口及外围接口的功能和配置均通过 I/O 寄存器进行设置和使用。CPU 访问 I/O 寄存器可以使用两种不同的方法,一是使用对 I/O 寄存器访问的 IN、OUT 指令,二是使用对 SRAM 访问的指令。其中,状态寄存器 SREG 和堆栈寄存器 SP 在 AVR 单片机中起着非常重要的作用。

典型的 AVR 单片机包括 ATmega8,ATmega16,ATmega128 等,这些单片机的主要区别在于其片机存储器的容量和 I/O 数量,当然也会有功能上的部分调整。以 ATmega16 为例,作为增强的 AVR RISC 结构的低功耗 8 位 CMOS 微控制器,ATmega16 AVR 内核具有丰富的指令集和 32 个通用的工作寄存器,所有的寄存器都直接与运算逻辑单元(ALU)相连接,使得一条指令可以在一个时钟周期内同时访问两个独立的寄存器。这种结构大大提高了代码效率,并且具有比普通的 CISC 微控制器最高至 10 倍的数据吞吐率。

ATmega16 的主要特点有,16K 字节的系统内可编程 Flash(具有同时读写的能力,即 RWW),512 字节 EEPROM,1K 字节 SRAM,32 个通用 I/O 口线,32 个通用工作寄存器,用于边界扫描的 JTAG 接口,支持片内调试与编程,三个具有比较模式的灵活定时器/计数器(T/C),片内/外中断,可编程串行 USART,有起始条件检测器的通用串行接口,8 路 10 位具有可选差分输入级可编程增益(TQFP 封装)的 ADC,具有片内振荡器的可编程看门狗定时器,一个 SPI 串行端口,以及 6 个可以通过软件进行选择的省电模式。

工作于空闲模式时 CPU 停止工作,而 USART、两线接口、A/D 转换器、SRAM、T/C、SPI 端口以及中断系统继续工作;掉电模式时晶体振荡器停止振荡,所有功能除了中断和硬件复位之外都停止工作;在省电模式下,异步定时器继续运行,允许用户保持一个时间基准,而其余功能模块处于休眠状态;处于 ADC 噪声抑制模式时,终止 CPU 和除了异步定时器与 ADC 以外所有 I/O 模块的工作,以降低 ADC 转换时的开关噪声;Standby 模式下只有晶体或谐振振荡器运行,其余功能模块处于休眠状态,使得器件只消耗极少的电流,同时具有快速启动能力;扩展 Standby 模式下则允许振荡器和异步定时器继续工作。

AVR 单片机具有一整套的编程与系统开发工具,包括 C 语言编译器、宏汇编、程序调试器/软件仿真器、仿真器及评估板。AVR 系列单片机是目前在 8 位单片机应用领域中使用范围较广的一类产品。爱特梅尔半导体司提供了一个被称为 AVR Studio 的集成开发工具,该工具不但可以完成软件的编译,还可以通过软件仿真的方式对程序进行运行和调试;也可以在其他开发工具上编译成可执行二进制文件后,通过该工具进行仿真调试。

　　AVR 单片机的集成开发工具也有第三方软件厂商提供,包括爱亚公司的 IAR 集成开发环境;惠普信息技术公司(HPinfotech)的 CodevisionAVR 集成开发工具;Image-craft 公司的 ICCAVR 集成开发工具,这也是目前国内使用较多的一种工具。

第三章　常用器件及接口技术

在嵌入式系统中,仅仅依靠一个单片机去完成一个系统的功能是不太现实的,一个完整的系统往往会涉及到多种外围部件的使用和控制。本章主要对嵌入式系统中常用的非处理器部件进行介绍和描述,以便读者对相关技术和应用有所了解。

3.1　动态与静态存储器

存储器是计算机系统的基本部件,离开了存储器,现代计算机将无法完成任何工作。根据存储器在使用中工作方式的不同,可以将存储器分为动态存储器和静态存储器。

3.1.1　动态存储器（Dynamic Random Access Memory）

动态存储器的基本单元结构如图 3-1 所示。

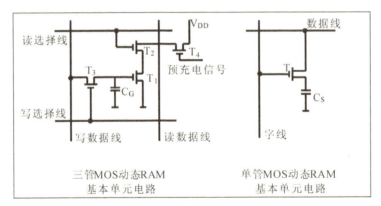

图 3-1　动态 RAM 基本单元电路示意图

动态存储器中所谓的"动态",是指存储器工作时,由于存储数据信息是通过电路中微小的电容充放电完成,充上的电荷很容易因漏电而丢失数据。因此在使用中,动态存储器需要不断地进行刷新,才能保证其存储的信息不会丢失。这也就导致动态存储器不能像静态存储器一样,直接连接到CPU的三总线上,它需要专用的控制器才能保证系统的可靠工作。

动态存储器虽然在使用上相对更复杂一些,但是它也有其自身的优点,那就是集成度高,价格便宜。因此,动态存储器一直以来都是计算机系统中的主要内存器件,在嵌入式系统中往往也得到广泛使用。

　　动态存储器经历了以下几个发展阶段。

　　(1) 早期的 DRAM,按先行后列方式给出存储地址,然后读/写数据。

　　(2) FPM(Fast Page Mode) DRAM,以行为单位进行数据读取,只需要给出一次行地址,该行中多个列数据即可进行读/写操作,从而提高读/写速度。

　　(3) EDO(Extended Data Out)DRAM,根据数据读/写过程中存在地址空闲的状况,在进行前一数据操作时,将后一数据操作的地址送到地址总线,从而使得内存读/写性能得到较大幅度提高。

　　(4) SDROM(Synchronous)同步 DRAM,在这个过程中,DRAM 中增加了原来 DRAM 没有的同步时钟,从而可以进一步提高 DRAM 与 CPU 的数据交换速度。另外,SDRAM 采用了命令读取的方式进行数据操作,而不是以简单的地址加控制的方式进行数据操作,这使得对存储器的操作可以更灵活多样,从而完成更复杂的数据操作,以满足不同应用条件。

　　(5) DDR(Double Date Rate)SDRAM,由于 SDRAM 受到工艺上的限制,工作频率很难进一步提高,这使得 SDRAM 成为计算机系统的一个瓶颈性问题。为解决这一问题,人们提出了 DDR SDRAM 的思想。DDR SDRAM 并没有从工艺上解决内存读/写数据的限制,但是却具有两倍于 SDRAM 的操作速度,其解决的方法就是使用不对等的总线宽度。在芯片内部的数据总线是芯片外部数据总线宽度的 2 倍,那么,在内部数据线上进行一次读/写操作,外部数据总线需要通过两次才能完成,这样就相当于将外部数据的传输速度提高了一倍。但是很显然,这样做需要解决一个重要问题,那就是内部数据总线的操作时钟应该是外部数据总线操作时钟的一半,并且能够做到良好的同步。为了解决这个问题,人们将外部数据的总线操作由原来每个时钟操作一次变成每个时钟操作两次,即在时钟的上升沿和下降沿各进行一次数据读/写操作。

　　(6) DDRII 存储器,DRAM 的工作频率通常只有 133MHz,即使是 DDR 也只不过达到在 133MHz 的工作频率下实现 266MHz 的数据传送率。这个速率与 CPU 的主频相比,还是慢了很多。为了提高 DRAM 的读写速度,人们又以与 DDR 相似的方法开发了 DDRII,这一次,DDRII 的外部工作频率要比内部总线工作频率高 1 倍,并且利用上升沿和下降沿各进行一次数据传送操作。这样就实现了在相同工艺条件下的更高数据传送率,当然,前提是内部数据总线宽度是外部数据总线宽度的 4 倍。以相同的原理,人们还开发了 DDRIII 和即将面世的 DDR4。目前,DDR SDRAM 技术已经成为主流存储技术,在 PC 及各类嵌入式应用领域得到广泛使用。

　　提到 DDR,自然少不了提及一下与之竞争的另一项存储技术——RDRAM(Rambus DRAM)。Rambus DRAM 由美国兰巴斯公司(Rambus)推出,属于专利技术,标准非公开,这也是其在市场上表现不佳的一个重要原因。Rambus 技术也通过命令方式读取

DRAM 中的数据,但其命令格式要比 SDRAM 复杂得多,它需要通过一个命令包来完成一次数据操作,因此在零散数据访问方面表现较差。但其内部采用了多存储单元条(bank)并列操作的方式进行操作,这在设计上比 DDR 使用的 bank 数量高出几倍,因此其总体效率还是不错的。

表 3-1 是 RDRAM 与 SDRAM 及 DDR SDRAM 的一个性能比较。

表 3-1　几种动态存储器性能对比

内存型号	RDRAM PC800	DDR266	PC133	PC100
工作频率(MHz)	400	133	133	100
数据频率(MHz)	800	266	133	100
总线宽度(bit)	16	64	64	64
峰值带宽(MB/s)	1600	2133	1067	800
总线利用率(%)	74	42	59	62
有效带宽(MB/s)	1190	897	631	494

3.1.2　动态存储器接口

这里将以三星公司的 512MB 动态存储芯片 K48511632B 为例,介绍一下 SDRAM 的引脚功能和接口方式。该芯片的引脚定义如图 3-2 所示。

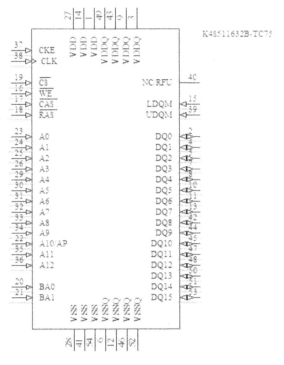

图 3-2　K48511632B 引脚示意图

主要引脚功能有：

（1）A0～A13 为地址总线引脚，用于连接 CPU 的地址总线，根据电路中数据宽度的不同，将该地址引脚接到 CPU 的不同引脚端，如采用 16 位数据总线时，地址线接 CPU 的 A1-A14，采用 32 位数据总线时，需要接两片 K48511632B，地址线接 CPU 的 A2-A15；

（2）DQ1～DQ15 为数据总线引脚，每片 K48511632B 提供 16 位数据宽度；

（3）DQM 信号用于选择读取 16 位数据的高 8 位还是低 8 位，这两个信号与 CPU 提供的相关高位使能和低位使能信号连接；

（4）BA 信号用于选择芯片内部的 bank，需要与 CPU 的相关地址最高位进行连接，在 512MB 的存储容量下，应与 CPU 的 A27、A28 进行连接（229＝512M）；

（5）CAS、RAS 信号分别是列地址有效和行地址有效信号，用于分两次将地址送到内存模块，与 CPU 对应信号连接；

（6）CS、WE 信号表示片选和读写控制，用于与 CPU 对应信号连接；

（7）CLK 信号是系统时钟，与 CPU 外部时钟同步；

（8）CKE 信号用于控制 SDRAM 的刷新方式控制，正确工作时应为高电平，当系统处于休眠或低电压状态时，可以将此信号设为低电平，用于实现自刷新控制，以保持内存中的数据不会丢失。

注意，在与 CPU 连接时，一方面需要考虑 CPU 是否带有 SDRAM 控制器；另一方面还需要根据使用的 SDRAM 数据宽度、容量大小等参数对 CPU 进行初始化设置，否则，系统可能无法正确工作。这些设置工作需要参考 CPU 的 Datasheet 等相关资料。

3.1.3 静态存储器(Static Random Access Memory)

静态存储器的基本单元如图 3-3 所示。

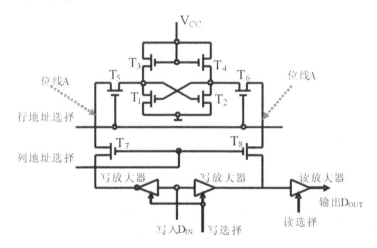

图 3-3 静态内存单元原理示意图

由图中可以看出,静态存储器在设计中采用了单稳态电路的方式进行数据存储,使得数据的存储可靠性较高。但是由于每个存储单元需要占用多个三极管,并且需要一定的电流来维持系统处于一个稳态,因此在集成度和功耗方面存在一定的缺陷,价格也比动态存储器高。但是静态存储器具有比动态存储器更高的响应速度和更简易的接口方式,因此在容量要求较小或速度要求较快的环境下,人们更愿意使用静态存储器。在嵌入式系统中,很多单片机也不带动态存储控制器,因此,也常常使用静态存储器。

静态存储器与CPU的接口比较简单,只需要将数据线、地址线、控制线与CPU的对应线路连接即可,不需要对其容量、接口数据宽度等参数进行配置。

3.2　Flash 存储器

无论哪一种计算机系统都需要由程序去控制,显然,程序需要一定的载体去保存。在 PC 机中,程序的载体是软盘、硬盘或光盘,而这些设备对于嵌入式系统而言,似乎显得都过于庞大和耗能,因此,早期的嵌入式系统程序是使用 ROM 保存的。ROM 由于体积小、功耗低,在掉电情况下不丢失数据,可以直接运行程序等优势,在嵌入式系统中被广泛使用。但是由于 ROM 的只读特性,也使得系统的维护和升级变得十分困难,于是人们开发了 EPROM、EEPROM、NVRAM、FeRAM 等各类可重写的非易失存储器,但是这些存储器都存在一些不足。随着 Flash 技术的成熟,这些不足已经被一一弥补,因此,Flash 也就自然成为非易失存储中使用最为普遍的一种存储器件。

几种非易失存储器的比较如表 3-2 所示。

表 3-2　非易失存储器比较

存储器	非易失	可写性	擦写次数	读速度	写效率	集成度	成本
ROM	是		0	一般	——	很好	低
PROM	是	是	1	一般	——	好	一般
EPROM	是	是	<100	一般	低	一般	一般
EEPROM	是	是	100 万	一般	一般	差	高
NVRAM	是	是	无限	很快	很高	差	高
FeRAM	是	是	>100 万	快	很高	一般	高
Flash	是	是	10 万	快	一般	很好	一般

表 3-2 中的 ROM、PROM、EPROM、EEPROM 已经较少作为单独器件使用,只在部分单片机中集成一定容量的 EEPROM 作为配置存储器使用,而 PROM、EPROM 已经在市场上消失了。ROM 由于价格和密度的优势,在很多不需要二次开发或低档消耗类

电子产品中被大量使用。新兴的非易失存储器如 NVRAM、FeRAM、Flash 等,由于容量、集成度和成本的原因分别占领着不同的市场:NVRAM 读写次数不受限制,而且读写速度快,但体积较大、集成度低,因此,常用于频繁操作的数据或参数保存用途;Fe-RAM 读写速度较快,容量不大,擦写寿命长,但成本相对较高,常用于取代小容量的 SRAM 加 EEPROM 的应用系统;Flash 读写速度一般,但容量巨大、成本低廉,因此被广泛应用于各类嵌入式系统及移动存储器中。

Flash 根据其工艺的不同可以分为 NOR Flash、NAND Flash、AND Flash。由于 AND Flash 是日立公司的专利,在市场上用得并不多见,因此,我们只将最常见的 NOR Flash 和 NAND Flash 作一个介绍。

3.2.1　NOR Flash 存储器

NOR 技术闪速存储器是最早出现的 Flash Memory,它源于传统的 EPROM 器件,具有可靠性高、随机读取速度快的优势,由于可以按字节读取,因此可以取代传统的 EPROM 作为系统中的程序存储器使用。在擦除和编程操作较少而直接执行代码的场合,尤其是纯代码存储的应用中,NOR 技术闪速存储器被广泛使用,如 PC 的 BIOS 固件、移动电话、硬盘驱动器的控制存储器等。

由于 NOR 技术 Flash Memory 的擦除和编程以较大的块为单位进行,因此操作速度较慢,而块尺寸又较大(64KB,128KB),导致擦除和编程操作所花费的时间很长,在纯数据存储和文件存储的应用中,NOR 技术显得力不从心。

NOR Flash 的接口与 SRAM 的接口十分接近,只是在进行写操作时要比 SRAM 复杂得多。下面以英特尔的 16MB NOR Flash 存储芯片 28F128J3A 为例介绍其主要接口引脚。该芯片每块大小为 128KB,即擦写数据将以 128KB 为单位进行,擦写速度较慢。

从图 3-4 中可以看到其引脚包括几个部分。

(1)A0～A23,地址引脚,由于 NOR Flash 在读取时可以像 SRAM 一样按地址操作,因此从该地址引脚上就可以计算出该芯片的容量大小为 224=16MB。由于图 3-4 所描述的是一个 32 位的存储接口,需要用到两片 28F128J3A(这里只画出了一片),因此,A0 地址接 0,其他地址线分别接到了 CPU 的 A2～A24 引脚上。

(2)D0～D15,数据引脚,接到 CPU 的数据总线上,当读数据时,该引脚将直接根据地址引脚的值给出相应存储单元的数据。

(3)CE_0～CE_2 片选信号,用于选择该芯片工作,低电平有效。

(4)OE、WE 信号,用于控制芯片进行读或写操作,低电平有效。

(5)BYTE 信号,用于控制芯片工作于 8 位模式。

(6)RESET/POWER 信号,用于进行复位控制

可见,NOR Flash 与系统接口十分简单,与静态存储器件接口几乎一样。但是,需要注意 NOR Flash 只是在读数据时可以由读总线周期直接读取,其写数据过程却不能

直接进行。因为,在 NOR lash 中写只能完成将 0 写为 1,却不可以将 1 写为 0。在写数据之前要进行擦除,以保证所有数据单元的内容都已经写为 0;在写入时,将需要写为 1 的单元写入就成,需要写入为 0 的单元则不需要改变。为了实现这一操作过程,NOR Flash 需要通过一系列命令来完成对芯片的擦除和写入操作。另外,擦除将以块为单位进行,而写入则可以按字节为单位进行。不同的芯片对擦除和写入操作的命令格式和步骤会有所不同,但基本上都是由几个总线周期来完成的。如表 3-3 所示,就是现代的 29LV160 8MB NOR Flash 存储芯片的命令周期列表。

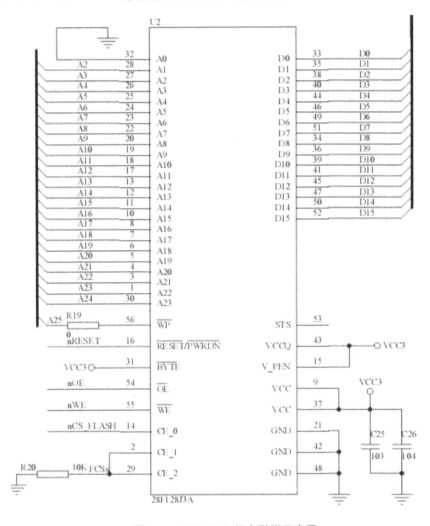

图 3-4 28F128J3A 闪存引脚示意图

在表 3-3 中,可以看到除了读和复位操作可以在一个总线周期完成外,其他的操作都需要若干周期来完成。不同公司的产品,在使用前必须了解其操作步骤和命令格式才能正确使用,否则即使是同一容量和引脚排列,仍然有可能无法使用。比如 28F128J3A 的操作命令通常只有两个总线周期,其命令格式与表 3-3 也有所不同。

表 3-3　NOR Flash 的命令周期

功能	周期	CYCLE1		CYCLE2		CYLCE3		CYCLE4		CYCLE5		CYCLE5	
		AB	DB	AB	DB	AB	DB	AB	DB	AB	DB	AB	DB
读	1	PA	RD										
复位	1	XX	F0										
写	4	AAA	AA	555	55	AAA	AD	PA	PD				
块擦除	6	555	AA	2AA	55	555	80	555	AA	2AA	55	555	10
片擦除	6	555	AA	2AA	55	555	80	555	AA	2AA	55	SA	30
读 ID	4	555	AA	2AA	55	555	90						
暂停	1	XX	B0										
继续	1	XX	30										

从表 3-3 可以看出,读数据时在第一个总线周期,按照正常的地址线送入地址,在数据线上可读到数据,操作只需要 1 个周期。

写数据则需要 4 个总线周期:

1—将 0xAA 写到 Flash 地址 0x555;

2—将 0x55 写到 Flash 地址 0x2AA;

3—将 0xA0 写到 Flash 地址 0x555;

4—将编程数据(Byte)写到对应的编程地址上去。

整片的擦除需要 6 用到个总线周期

1—将 0xAA 写到 Flash 地址 0x555;

2—将 0x55 写到 Flash 地址 0x2AA;

3—将 0x80 写到 Flash 地址 0x555;

4—将 0xAA 写到 Flash 地址 0x555;

5—将 0x55 写到 Flash 地址 0x2AA;

6—将 0x10 写到 Flash 地址 0x555。

其他操作步骤与此相同。为了能够正确识别 Flash 芯片,NOR Flash 还提供了几条用于读取厂商代码和设备代码的命令,但这些命令在不同厂家生产的产品中仍然不兼容。由于 NOR Flash 可以按字节为单位进行访问,因此,可以用于存放程序代码,并直接在 NOR Flash 上运行。但是,由于其写入速度不够理想,容量也相对较小,常常只作为程序存储器存放代码,数据存储则很少使用 NOR Flash 产品。数据存储通常以 NAND Flash 存储器为主。

3.2.2 NAND Flash 存储器

NAND Flash 的数据是以 Bit 的方式保存在 Memory Cell,一个 Cell 中存储一个 Bit。这些 Cell 以 8 个或者 16 个为单位,连成 Bit Line,形成所谓的 Byte(X8)/Word

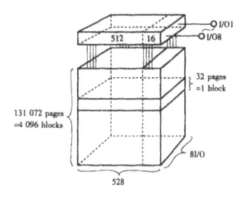

(X16),这就是 NAND Device 的位宽。这些 Line 会再组成 Page,每页 528Bytes[512Byte (Main Area)+16Byte(Spare Area)],每 32 个 Page 形成一个 Block(32 * 528B)。具体一片 Flash 上有多少个 Block 视需要所定。如三星 K9f1208U0M 具有 4096 个 Block,总容量为 4096 * (32 * 528B)=66MB,但是其中的 2MB 是用来保存 ECC 校验码等额外数据的,故实际可使用的为 64MB。图 3-5 表达了每个 Page 的基本结构。

图 3-5 NAND Flash 每个 NAND Flash 结构

NAND Flash 以页为单位读写数据,而以块为单位擦除数据。按照这样的组织方式可以形成所谓的三类地址。

Column Address:列地址,地址的低 8 位。

Page Address:页地址,用于描述每个页的编号。

Block Address:块地址,用于描述块的编号。

从 NAND Flash 的使用上看,其接口方式比 NOR Flash 更固定,不同的 NAND Flash 通常具有相同的接口。主要引脚如图 3-6 所示。

NAND Flash 的引脚主要包括:

(1)IO0~IO7 的数据总线,用于传送命令、地址或数据;

(2)CE 信号,低电平有效,用于片选;

(3)RE、WE 信号,低电平有效,分别用于进行读功能控制和写功能控制;

(4)CLE、ALE 信号,高电平有效,分别用于进行命令和地址/数据锁存;

(5)WP、R/B 信号,分用于写保护控制和芯片忙信号输出。

从图中不难看出,NAND Flash 的数据、地址和命令都必须通过 I/O[7:0]引脚进行传递,这 8 个引脚的最大数据宽度只有 8 位。如果要对某一个地址上的数据进行访问,需要用多个周期将地址传送到芯片中,显然这样会产生较大的时间开销。但是,由于 NAND Flash 可以连续地进行数据操作,因此为提高数据访问效率,通常以一定数据块的方式进行访问。

NAND Flash 和 NOR Flash 一样通过命令方式进行访问控制,其主要的功能列表如表 3-4 所示。

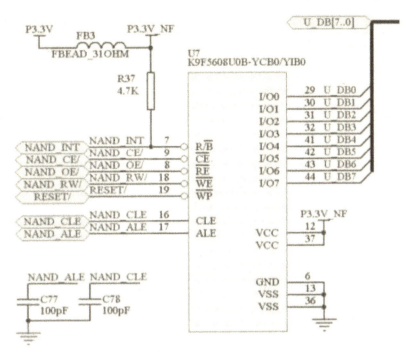

图 3-6 NAND Flash 引脚功能示意图

表 3-4 NAND Flash 指令列表

命令名称	第一周期	第二周期	功能
Serial Dtat Input	0x80	—	写数据
Read Mode 1	0x00	—	A8＝0 时读数据
Read Mode 2	0x01	—	A8＝1 时读数据
Read Mode 3	0x50	—	读校验位
Reset	0xFF	—	初始化
Auto Program	0x10	—	开始编程
Auto Block Erase	0x60	0xD0	块擦除
Status Read	0x70	—	读状态
ID Read 1	0x90	—	厂商及 ID 信息
ID Read 2	0x91	—	设备参数

  NAND Flash 的命令通常只一个总线周期,但是由于数据宽度的限制,后续仍然需要若干个总线周期才能完成一定的工能。如读取数据时,需要指定读取的起始地址,这个地址是以字节为单位描述的,通常需要若干周期才能将一个地址发送到 Flash 芯片中。正是由于这样的限制,使得 NAND Flash 在数据操作时以连接数据访问为主。另外,由于需要用指令方式才能进行读/写操作,NAND Flash 作为程序存储器时,需要额

外存储器上的程序将 NAND Flash 中的程序读取到其他存储器中才能够执行。因此，NAND Flash 的功能更接近于 PC 机上的硬盘这类外存设备。而且 NAND Flash 具有良好的集成度，能够提供较大的存储空间和较好的数据存储速度，因此，被广泛用作嵌入式系统中作为外存设备使用。

3.2.3　NAND Flash 和 NOR Flash 的比较

任何 Flash 器件的写入操作只能在空或已擦除的单元内进行，所以大多数情况下，在进行写入操作之前必须先执行擦除。NAND 器件执行擦除操作是十分简单的，而 NOR Flash 由于擦除时是以 64~128KB 的块进行的，执行一个写入/擦除操作的时间为 5s，与此相反，擦除 NAND 器件是以 8~32KB 的块进行的，执行相同的操作最多只需要 4ms。因此，当选择存储解决方案时，必须在系统的方便性和性能上做出权衡。两种 Flash 性能大致的比较如表 3-5 所示。

表 3-5　NAND Flash 和 NOR Flash 性能比较

	NOR Flash	NAND Flash
擦除块大小	64~128KB	8~32KB
擦除块所需时间/ms	1000~5000	2~4
读速度/(KB/s)	1200~1500	600~800
写速度/(KB/s)	<80	200~400
是否可直接运行代码	可以	不可以

NAND Flash 和 NOR Flash 更多的性能差别包括以下几个方面。

1.接口差别

NOR flash 带有 SRAM 接口，有足够的地址引脚来寻址，可以很容易地读取其内部的每一个字节。

NAND 器件使用复杂的 I/O 口来串行地存取数据，各个产品或厂商的方法可能各不相同。8 个引脚用来传送控制、地址和数据信息。

NAND 读和写操作采用 512 字节的块，这一点有点像硬盘管理此类操作，很自然地，基于 NAND 的存储器就可以取代硬盘或其他块设备。

2.容量和成本

NAND flash 的单元尺寸几乎是 NOR 器件的一半，由于生产过程更为简单，NAND 结构可以在给定的模具尺寸内提供更高的容量，也就相应地降低了价格。

NOR flash 占据了容量为 1~16MB 闪存市场的大部分，而 NAND flash 只是用在 8~128MB 的产品当中，这也说明 NOR 主要应用在代码存储介质中，NAND 适合于数据存储。NAND 在 CompactFlash、Secure Digital、PC Cards 和 MMC 存储卡市场上所占份额最大。

3.可靠性和耐用性

这里主要从寿命(耐用性)、位交换和坏块处理三个方面来比较 NOR 和 NAND 的可靠性。

(1)寿命(耐用性)

在 NAND Flash 闪存中,每个块的最大擦写次数可达一百万次,而 NOR Flash 的擦写次数仅为十万次。NAND Flash 存储器除了具有 10∶1 的块擦除周期优势,典型的 NAND Flash 块尺寸要比 NOR Flash 器件小 8 倍,每个 NAND Flash 存储器块在给定的时间内的删除次数要少,从而使得器件的使用寿命得以更大地延长。

(2)位交换

所有 Flash 器件都受位交换现象的困扰。所谓位交换,就是指在一些情况下,某一比特位发生了反转或被报告发生了反转,也就是存储的数据与原数据不再一致。

一个位的变化如果发生在一个关键文件上,这个小小的故障有可能导致整个系统故障,因此这绝不是一个小问题。如果只是报告有问题,采用多次读取就有可能解决。但是如果这一位真的发生改变了,那么就需要采用一定的手段进行纠错了。最常用的纠错方式就是采用一定的 ECC 算法。而位反转问题的发生,NAND Flash 闪存出现的概率要高于 NOR Flash。

(3)坏块处理

NAND Flash 器件会因为各种原因产生坏块,并且这种坏块随机分布在芯片中。为了避免将数据写入坏块,NAND Flash 使用时需要对介质进行初始化扫描以发现坏块,并将坏块进行标记。在已制成的器件中,为了保证系统的总体容量不会因坏块导致减少,通常在 Flash 芯片中保留了一定数量的备用存储单元,这些存储单元在正常情况下是不被使用的。当发现芯片中使用的部分有坏块时,这些存储单元将取代无法使用的坏块,以保证芯片容量。

4.易用性

由于 NOR Flash 可以像其他存储器那样直接连接到 CPU 的三总线上,并可以直接进行按字节的总线访问,因此在 NOR Flash 上可以直接运行代码。

而 NAND 要复杂得多,需要以 I/O 接口的方式与 CPU 三总线连接,并通过一定的驱动程序来完成对其内部存储单元的访问。

正是由于 NOR Flash 和 NAND Flash 的各自优缺点,使得很多嵌入式系统中既有 NOR Flash 又 NAND Flash。

3.3　串行通信技术

串行通信是指 使用一条数据线,将数据一位一位地依次传输,每一位数据占据一个固定的时间长度。只需要很少几条线路就可以在系统间交换信息,特别适用于计算机与计算机、计算机与外设之间的远距离通信。

相比于并行通信,串行通信具有自身的特点。

第一,节省传输线,这是显而易见的,尤其是在远程通信时,此特点尤为重要,而这也是串行通信的主要优点。

第二,数据传送效率较低。在串行通信技术中,根据传送方式的不同,又可以将串行通信分为两个大类,即同步通信和异步通信。

1.同步通信

所谓同步通信,实际上是指通信双方使用相同的一个时钟作为基准进行数据收发的串行通信。由于使用同一个时钟,因此可以连续地传送数据而不会出现差错。同步通信中,通信双方传送的数据以数据块的形式进行包装以确保收发双方的一致。

数据块通常由同步字符、数据字符和校验字符(CRC)组成。其中,同步字符位于数据块头,用于确认数据字符的开始;数据字符在同步字符之后,个数没有限制,由所需传输的数据块长度来决定;校验字符有 1 到 2 个,用于接收端对接收到的字符序列进行正确性的校验。同步通信的缺点是由于同步时钟的存在,在通信双方需要一根时钟线以及一个公共时钟源来实现发送时钟和接收时钟的严格同步。

2.异步通信

所谓异步通信,是指通信双方没有一个共同的时钟,而是各自使用自己的时钟,在通信前双方将约定一个通信速度和通信格式,发送方按约定的速度发,收方收到起始信号后按约定的速度收。这样会因收发双方的时钟存在偏差而导致数据传送错误,因此,在异步方式下每次通信传送的数据较短。

异步通信通常是以帧的形式在发送数据,帧通常包括起始位、若干数据位和结束位。这样即使收发双方的时钟存在偏差,也会因每次传送数据时间短,偏差不足以产生错误的接收而不会传送出错。在下个数据帧到来时,接收方又会根据起始信号调整自己的接收起点,从而达到校正上一帧接收时间差的目的。在异步通信方式下,收发双方使用各自的时钟可以减少对时钟的要求,也可以减少连线,提供更大的灵活性和自由性,因此在嵌入式应用中广泛使用。

串行通信中还存在线路的争用问题,也就是我们通常所说的工作模式问题,主要有三种。

第一,全双工模式。在这种模式下,不区分收方和发送方,发方在发送数据的同时,也可以进行接收;收方在接收数据的同时也可以发送。显然这需要有两条通信线路,以实现两个方向同时的数据传送。我们的电话通常就是全双工的。

第二,半双工模式。在这种模式下的任何一个时间段,收方只能接收数据,不能发送数据,而发方只能发送数据不能接收。但下一个时间段则可以调换身份,收方变成发方,不能接收数据;发方变成收方,不能发送数据。生活中最典型的例子就是单频道的步话机。

第三,单工模式。在这种模式下,任何时候收方都只能接收数据而不能发送,发方也只能发送数据而不能接收。我们的收音机就是典型工作于单工模式。

3.3.1 RS232 接口及专用芯片

RS-232-C 是美国电子工业协会 EIA(Electronic Industry Association)制定的一种串行物理接口标准。RS 是英文"推荐标准"的缩写,232 为标识号,C 表示修改次数。RS-232-C 总线标准可以使用 9 针或 25 针连接器。RS232 串行接口由于连线少、信号简单,在很多设备上得到了广泛的应用。而且它是嵌入式系统调试的基本手段之一,也几乎是所有嵌入式处理器的必备接口。

RS-232 在 PC 机上的最高传送数率为 115200bit/s,其最简单的连接电路如图 3-7 所示,只需要 3 根导线即可实现全双工通信。

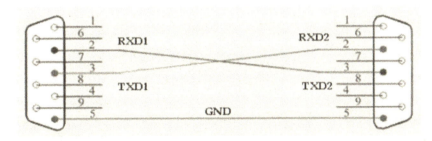

图 3-7 RS232 最简单连接电路

其中 TXD 表示发送端,RxD 表示接收端它们的信号电平采用负逻辑,即:

逻辑 1(MARK)=−3V～−15V

逻辑 0(SPACE)=+3～+15V

由于 RS232 使用了与 TTL 电平不同的逻辑电平,因此,RS232 不能直接与 TTL 电路连接,需要使用电平转换电路完成 RS-232 电平与 TTL 电平的转换。这种转换可以使用分离元件构成,也可以使用专用器件构成。在嵌入式系统设计,通常使用专用器件来完成这种转换。

最常使用的 RS232 电平转换器件是美信公司(Maxim)出品的 MAX200 系列,这个系列的转换器使用+5V 工作电压,可以直接转换得到符合 RS232 标准的±15 电平,十分方便好用,因此使用较为普遍。其典型电路如图 3-8 所示。

从电路中可以看出,MAX232 只是一个电平转换和接收器,不对收发数据的格式进行控制,这个格式完全由接在 MAX232 发送端上的 TTL 电平器件来控制。单片机通常都内置有符合 232 标准的串行接口电路,只需要将对应信号与 MAX232 进行连接即可,具体连接可见图 3-9 所示。

RS232 的数据帧格式见图 3-10 所示,其定义如下。

起始位 S:1 位,低电平表示,用于通知接收方做接收准备;

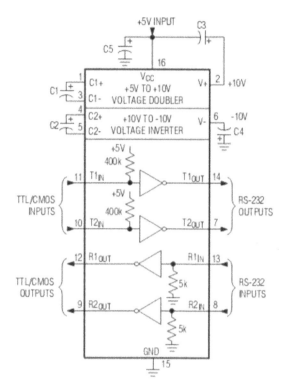

图 3-8　MAX232 功能示意图

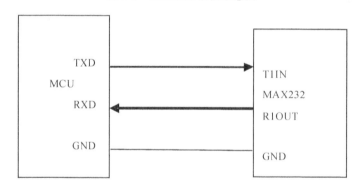

图 3-9　单片机与 MAX232 的连接示意图

数据位 D0～Dn:5～8 位,紧跟起始位,先低位后高位顺序传送;

奇偶检验位 P:0～1 位,紧跟数据位之后,可为奇校验也可为偶校验;

停止位 E:1 位,1 位半,2 位,用高电平表示。

S	D0	D1	D2	D3	D4	D5	D6	D7	P	E

图 3-10　RS232 数据帧格式

通信双方事先要约定好通信参数和格式,通信过程中不再更改。

3.3.2 RS422/485 接口及专用芯片

RS232 虽然简单实用,但是也存在明显的问题:首先,RS232 只支持点到点通信,不支持多机连网;其次,RS232 通信距离十分有限,其通信距和速率之间关系如表 3-6 所示。

表 3-6 RS232 通信速率与距离范围对照表

波特率 bps	屏蔽电缆 ft	非屏蔽电缆 ft
1200	3000	500
2400	2000	500
4800	500	250
9600	250	100
19200	50	

为改进 RS-232 通信距离短、速率低的缺点,RS-422 定义了一种平衡通信接口,将传输速率提高到 10Mb/s,传输距离延长到 4000 英尺(速率低于 100kb/s 时),并允许在一条平衡总线上连接最多 10 个接收器。RS-422 是一种单机发送、多机接收的单向、平衡传输规范,被命名为 TIA/EIA-422-A 标准。

为扩展应用范围,美国电子工业协会又于 1983 年在 RS-422 基础上制定了 RS-485 标准,增加了多点、双向通信能力,即允许多个发送器连接到同一条总线上,同时增加了发送器的驱动能力和冲突保护特性,扩展了总线共模范围,后命名为 TIA/EIA-485-A 标准。TIA/EIA-485-A 标准主要是将 232 的单端信号改为差分信号,从而大大提高了信号线抗共模干扰的能力。RS422/485 总线连接示意图如图 3-11 所示。

RS232 之所以传送距离短,主要原因在于其使用的传送信号方式。RS232 使用非平衡方式传送,也就是传送电平以地线为参考,这样很容易受到干扰,影响接收方对信号的正确读取。RS485/422 则采用了平衡方式传送和差分式接收,信号由两条传输线路的相对电平来表示,受到干扰时,它们的电平相对地线虽然都会发生变化,但是由于它们的变化是同步和等值的,因此它们的电压差能够保持不变。所以,RS485/422 具有更好的抗干扰能力,也就使得其具有更远的传输距离。RS485 的主要特点如下。

(1)电气特性:逻辑"1"以两线间的电压差为+(0.2～6)V 表示;逻辑"0"以两线间的电压差为-(0.2～6)V 表示。接口信号电平比 RS-232-C 降低了,这就不易损坏接口电路的芯片,且该电平与 TTL 电平兼容,可方便与 TTL 电路连接。

(2)最高数据传输速率为 10Mbps。

(3)采用平衡驱动器和差分接收器的组合,抗共模干扰能力增强,即抗噪声干扰性好。

(4)最大的通信距离约为 1219m,最大传输速率为 10Mb/S,传输速率与传输距离成

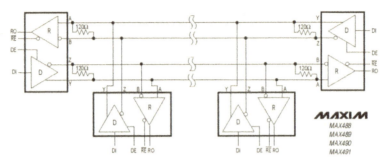

RS422 总线连接示意图

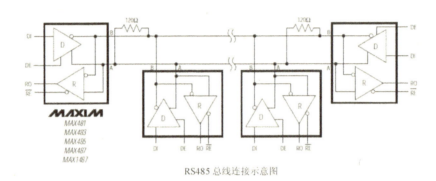

RS485 总线连接示意图

图 3-11　RS422/485 总线连接示意图

反比。只有在 100Kb/S 的传输速率下,才可以达到最大的通信距离,而如果需传输更长的距离,则需要加 485 中继器。

(5)一条线路上最大可支持 32 个节点,如果使用特制的 485 芯片,则可以达到 128 个或者 256 个节点,最大甚至可以支持到 400 个节点。

RS232、RS422、RS485 三种通信标准比较见表 3-7 所示。

表 3-7　RS232、RS422、RS485 通信标准比较表

规格	RS232	RS422	RS485
工作方式	单端	差分	差分
节点数	1 发 1 收	1 发 10 收	1 发 32 收
传输电缆	50ft	400ft	400ft
传输速率	20Kb/s	10Mb/s	10Mb/s
输出电压	±25V	$-0.25\sim+6v$	$-7\sim+12v$
驱动器负载阻抗	3k~7k	100	54
摆率(最大值)	30v/us	N/A	N/A
接收器输入电压	±15V	$-10\sim+10v$	$-7\sim+12v$

续表 3-7

规格	RS232	RS422	RS485
接收器输入门限	±3V	±200mv	±200mv
接收器输入阻抗	3k~7k	4k(最小)	>12k
驱动器共模电压	N/A	-3~+3v	-1~+3v
接收器共模电压	N/A	-7~+7v	-7~+12v

　　最常使用的 RS422/485 接口器件是美信公司出品的 MAX48/49 系列专用 RS422/485 接口芯片,其基本引脚方式连接方式如图 3-12 所示。

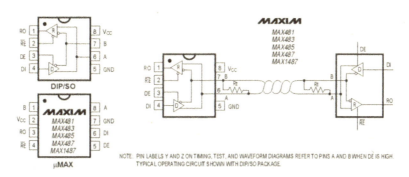

RS485 接口器件引脚及连接示意图

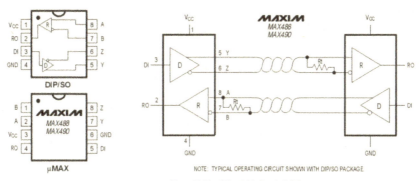

RS422 接口器件引脚及连接示意图

图 3-12　RS422/485 接口器件引脚及连接示意图

　　由于 RS422 属于全双工总线,它不需要额外的控制信号,只需要与 CPU 的 TXD、RXD 引脚连接就可以工作,实现远程数据传送。而 RS485 属于半双工总线,因此,在使用时需要额外连接两个控制信号/RE、DE,用于收使能和发使能。这两个使能信号电平通常是互斥的,所以可以连接在一块,由一个信号来控制。RS422/485 接口芯片与 CPU 的连接示意如图 3-13 所示。

　　其他公司的产品也和它们的连接方式类似,这里就不再作详细介绍,读者在使用时可查阅相关产品资料来了解相关信息。

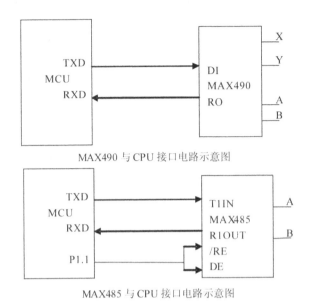

MAX490 与 CPU 接口电路示意图

MAX485 与 CPU 接口电路示意图

图 3-13　422/485 通信方式的 CPU 连接示意图

最后需要说明的是,RS232、RS422、RS485 只是一个物理层的协议,仅仅提供电平转换、发送和接收,并不提供数据格式控制和速率控制功能。因此,要正确使用好串口,需要通过单片机编程来设置串口速率、数据格式控制、数据校验等功能。

3.3.3　同步串行通信方式

同步串行通信与异步通信不同,在传送数据的同时需要有一个公共时钟来同步通信双方的行为。在嵌入式系统中,典型的同步串行通信接口包括 SPI、I2C、PS/2 等。与异步通信关心较大通信距离不同,同步通信主要考虑在电路板上芯片之间的连接,因此对速率和互联性的追求是其主要目标,其同步通信接口通常直接使用 TTL 电平。如果单片机不支持标准的同步通信协议,那么可以通过编程的方式来实现对总线协议的支持,当然,这会对 CPU 产生较大开销。下面就常用的同步通信协议作一下介绍。

1.SPI 通信接口

SPI 接口的全称是"Serial Peripheral Interface",意为串行外围接口,是摩托罗拉公司首先在其 MC68HCXX 系列处理器上定义的。SPI 接口主要应用在 EEPROM、Flash、实时时钟、AD 转换器,还有数字信号处理器和数字信号解码器之间。

SPI 接口是在 CPU 和外围器件之间进行同步串行数据传输,在主器件的时钟脉冲驱动下,数据按位传输,高位在前、低位在后,可以全双工通信,数据传输速度总体来说比 I2C 总线要快,速度可达到几 Mbps。

SPI 接口包括 4 个信号:

(1)MOSI - 主器件数据输出,从器件数据输入;

（2）MISO - 主器件数据输入，从器件数据输出；

（3）SCLK - 时钟信号，由主器件产生；

（4）/SS - 从器件使能信号，由主器件控制，有的 IC 会标注为 CS(Chip select)。

CPU 与外围设备通信时的主器件通常指 CPU，而从设备通常指连接的器件。SPI 接口不需要进行寻址操作，且为全双工通信，简单而高效。当多个从设备连接到 CPU 上时，CPU 可以通过控制片选信号/SS 并选择与哪个器件通信，因此也可以实现多个器件的连接。其连接方式如图 3-14 所示。

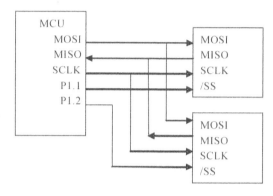

图 3-14 多个从器件连接示意图

由上图可以看到，在多个从器件的系统中，每个从器件需要独立的使能信号，因此硬件比 I2C 系统要稍微复杂一些。

SPI 接口的内部硬件实际上是两个简单的移位寄存器，传输的数据为 8 位，在主器件产生的从器件使能信号和移位脉冲下，按位传输，高位在前、低位在后。如上图所示，在 SCLK 的下降沿上数据改变，同时一位数据被存入移位寄存器。

SPI 接口的一个缺点是，没有指定的流控制，没有应答机制确认是否接收到数据。

2.I2C 总线接口

I2C(Inter-Integrated Circuit)总线是由飞利浦公司开发的两线式串行总线，用于连接微控制器及其外围设备，是微电子通信控制领域广泛采用的一种总线标准。它具有接口线少、控制方式简单、器件封装形式小、通信速率较高等优点。其主要特点包括：

（1）只要求两条总线线路，即一条串行数据线 SDA，一条串行时钟线 SCL；

（2）每个连接到总线的器件都可以通过唯一的地址和主机连接，主机可以作为主机发送器或主机接收器；

（3）它是一个真正的多主机总线，如果两个或更多主机同时初始化，数据传输可以通过冲突检测和仲裁防止数据被破坏；

（4）串行的 8 位双向数据传输位速率在标准模式下可达 100kbit/s，快速模式下可达 400kbit/s，高速模式下可达 3.4Mbit/s；

（5）连接到相同总线的设备数量只受到总线的最大电容 400pF 限制。

I2C 总线上器件之间的连接示意图如图 3-15 所示。

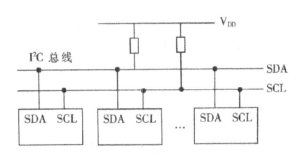

图 3-15 I2C 总线器件连接示意图

由于只使用两根通信线路完成多机通信,因此 I2C 总线使用了一套相对复杂的的通信协议,主要内容如下。

(1)数据的有效性

在传输数据的时候,SDA 线必须在时钟的高电平周期保持稳定,SDA 的高或低电平状态只有在 SCL 线的时钟信号是低电平时才能改变。

(2)起始和停止条件

SCL 线是高电平时,SDA 线从高电平向低电平切换,这个情况表示起始条件。

SCL 线是高电平时,SDA 线由低电平向高电平切换,这个情况表示停止条件。

起始和停止条件一般由主机产生,总线在起始条件后被认为处于忙的状态,在停止条件的某段时间后,总线被认为再次处于空闲状态。

如果产生重复起始条件而不产生停止条件,总线会一直处于忙的状态,此时的起始条件(S)和重复起始条件(Sr)在功能上是一样的。

(3)字节格式

发送到 SDA 线上的每个字节必须为 8 位,每次传输可以发送的字节数量不受限制,但每个字节后必须跟一个响应位。首先传输的是数据的最高位(MSB),如果从机要在完成一些其他功能后(例如一个内部中断服务程序)才能接收或发送下一个完整的数据字节,那么可以使时钟线 SCL 保持低电平,迫使主机进入等待状态,当从机准备好接收下一个数据字节并释放时钟线 SCL 后数据传输继续。

(4)应答响应

数据传输必须带响应,相关的响应时钟脉冲由主机产生。在响应的时钟脉冲期间发送器释放 SDA 线(高)。

在响应的时钟脉冲期间,接收器必须将 SDA 线拉低,使它在这个时钟脉冲的高电平期间保持稳定的低电平。

通常被寻址的接收器在接收到的每个字节后,除了用 CBUS 地址开头的数据,必须产生一个响应。当从机不能响应从机地址时(例如它正在执行一些实时函数,不能接收或发送),从机必须使数据线保持高电平,主机然后产生一个停止条件终止传输或者产生重复起始条件开始新的传输。

如果从机接收器响应了从机地址,但是在传输了一段时间后不能接收更多数据字节,主机必须再一次终止传输。这个情况用从机在第一个字节后没有产生响应来表示。从机使数据线保持高电平,主机产生一个停止或重复起始条件。

如果传输中有主机接收器,它必须通过在从机不产生时钟的最后一个字节时不产生一个响应,通知从机发送器数据结束。从机发送器必须释放数据线,允许主机产生一个停止或重复起始条件。

(5)7 位寻址方

第一个字节的头 7 位组成了从机地址,最低位(LSB)是第 8 位,它决定了传输的方向。第一个字节的最低位是"0",表示主机会写信息到被选中的从机;"1"表示主机会向从机读信息,当发送了一个地址后,系统中的每个器件都在起始条件后将头 7 位与它自己的地址比较,如果一样,器件会判定它被主机寻址,至于被寻址的是从机接收器还是从机发送器,都由 R/W 位决定。

(6)10 位寻址

10 位寻址和 7 位寻址兼容,而且可以结合使用。

10 位寻址采用了保留的 1111XXX 作为起始条件(S),或重复起始条件(Sr)的后第一个字节的头 7 位。

10 位寻址不会影响已有的 7 位寻址,有 7 位和 10 位地址的器件可以连接到相同的 I2C 总线,它们都能用于标准模式(F/S)和高速模式(Hs)系统。

保留地址位 1111XXX 有 8 个组合,但是只有 4 个组合 11110XX 用于 10 位寻址,剩下的 4 个组合 11111XX 保留给后续增强的 I2C 总线。

10 位从机地址是由在起始条件(S)或重复起始条件(Sr)后的头两个字节组成。

第一个字节的头 7 位是 11110XX 的组合,其中最后两位(XX)是 10 位地址的两个最高位(MSB)。

第一个字节的第 8 位是 R/W 位,决定了传输的方向;第一个字节的最低位是"0"表示主机将写信息到选中的从机;"1"表示主机将向从机读信息。

如果 R/W 位是"0",则第二个字节是 10 位从机地址剩下的 8 位;如果 R/W 位是"1",则下一个字节是从机发送给主机的数据。

(7)快速模式

快速模式器件可以在 400kbit/s 下接收和发送,其最小要求是,它们可以和 400kbit/s 传输同步,可以延长 SCL 信号的低电平周期来减慢传输。快速模式器件都向下兼容,可以和标准模式器件在 0~100kbit/s 的 I2C 总线系统通讯。但是,由于标准模式器件不向上兼容,所以不能在快速模式 I2C 总线系统中工作。快速模式 I2C 总线规范与标准模式相比有以下额外的特征:

第一,最大位速率增加到 400kbit/s;

第二,调整了串行数据(SDA)和串行时钟(SCL)信号的时序;

第三,快速模式器件的输入有抑制毛刺的功能,SDA 和 SCL 输入有施密特触发器;

第四,快速模式器件的输出缓冲器对 SDA 和 SCL 信号的下降沿有斜率控制功能;

第五,如果快速模式器件的电源电压被关断,SDA 和 SCL 的 I/O 管脚必须悬空,不能阻塞总线;

第六,连接到总线的外部上拉器件必须调整,以适应快速模式 I2C 总线更短的最大允许上升时间。对于负载最大是 200pF 的总线,每条总线的上拉器件可以是一个电阻;对于负载在 200pF～400pF 之间的总线,上拉器件可以是一个电流源(最大值 3mA),或者是一个开关电阻电路。

(8)高速模式

高速模式(Hs 模式)器件对 I2C 总线的传输速度有极大的突破。Hs 模式器件可以在高达 3.4Mbit/s 的位速率下传输信息,而且保持完全向下兼容。快速模式或标准模式(F/S 模式)器件,它们可以在一个速度混合的总线系统中双向通讯。

Hs 模式传输除了不执行仲裁和时钟同步外,也与 F/S 模式系统有相同的串行总线协议和数据格式。

高速模式下 I2C 总线规范如下:

第一,Hs 模式主机器件有一个 SDAH 信号的开漏输出缓冲器和一个在 SCLH 输出的开漏极下拉和电流源上拉电路,这个电流源电路缩短了 SCLH 信号的上升时间,在 Hs 模式,任何时候都只有一个主机的电流源有效;

第二,在多主机系统的 Hs 模式中,不执行仲裁和时钟同步以加速位处理能力,仲裁过程一般在前面用 F/S 模式传输主机码后结束;

第三,Hs 模式主机器件以高电平和低电平是 1∶2 的比率产生一个串行时钟信号,解除了建立和保持时间的时序要求;

第四,可以选择 Hs 模式器件有内建的电桥,在 Hs 模式传输中,Hs 模式器件的高速数据(SDAH)和高速串行时钟(SCLH)线通过这个电桥与 F/S 模式器件的 SDA 和 SCL 线分隔开来,减轻了 SDAH 和 SCLH 线的电容负载,使上升和下降时间更快;

第五,Hs 模式从机器件与 F/S 从机器件的唯一差别是它们工作的速度,Hs 模式从机在 SCLH 和 SDAH 输出有开漏输出的缓冲器,SCLH 管脚可选的下拉晶体管可以用于拉长 SCLH 信号的低电平,但只允许在 Hs 模式传输的响应位后进行;

第六,Hs 模式器件的输出可以抑制毛刺,而且 SDAH 和 SCLH 输出有一个施密特触发器;

第七,Hs 模式器件的输出缓冲器对 SDAH 和 SCLH 信号的下降沿有斜率控制功能。

3.PS/2 接口

PS/2 通信协议是一种双向同步串行通信协议,主要用于键盘、鼠标设备与 PC 机之间的通信。其基本引脚规范如图 3-16 所示。

通信双方通过时钟脚(clock)同步,并通过数据脚(data)交换数据。任何一方如果想抑制另外一方的通讯时,只需要把时钟脚拉到低电平。如果是 PC 机和 PS/2 键盘间

Male 公的	Female 母的	5脚DIN (AT/XT)
① ④②⑤ ③	③ ⑤②④ ①	1-时钟
		2-数据
		3-未用,保留
		4-电源地
(Plug)插头	(Socket)插座	5-+5V

Male 公的	Female 母的	6脚Mini-DIN(PS/2)
⑤ ⑥ ③ ■ ④ ① ②	⑥ ⑤ ④ ■ ③ ② ①	1-数据
		2-未用,保留
		3-电源地
		4-电源+5V
(Plug)插头	(Socket)插座	5-时钟
		6-未用,保留

图 3-16 PS/2 接口引脚规范

的通讯,则 PC 机必须做主机,也就是说,PC 机可以抑制 PS/2 键盘发送数据,而 PS/2 键盘则不会抑制 PC 机发送数据。一般两设备间传输数据的最大时钟频率是 33 KHz,大多数 PS/2 设备工作在 $10\sim20$KHz,推荐值在 15 KHz 左右。也就是说,时钟脚高、低电平的持续时间都为 $40\mu s$。每一数据帧包含 $11\sim12$ 个位,具体含义如下表 3-8 所示。

表 3-8 PS/2 通信协议数据包格式

位编号	功 能 描 述
1	起始位,逻辑 0 表示
2-9	8 位数据位,低位在前
10	奇偶校验位,采用奇校验
11	停止位,逻辑 1 表示
12	应答位,仅用于主机发送时,设备应答

(1)PS/2 设备和 PC 机的通讯

PS/2 设备的时钟脚和数据脚都是集电极开路的,平时都是高电平。当 PS/2 设备等待发送数据时,它首先检查时钟脚以确认其是否为高电平。如果是低电平,则认为是 PC 机抑制了通讯,此时它必须缓冲需要发送的数据直到重新获得总线的控制权。如果时钟脚为高电平,PS/2 设备便开始将数据发送到 PC 机。一般都是由 PS/2 设备产生时钟信号,发送时一般也都是按照数据帧格式顺序发送。其中,数据位在时钟脚为高电平时准备好,在时钟脚的下降沿被 PC 机读入。PS/2 设备到 PC 机的通讯时序如图 3-17 所示。

当时钟频率为 15KHz 时,从时钟脚的上升沿到数据位转变时间至少要 $5\mu s$。数据变化到时钟脚下降沿的时间至少也有 $5\mu s$,但不能大于 $25\mu s$,这是由 PS/2 通讯协议的时序规定的。如果时钟频率是其它值,参数的内容应稍作调整。

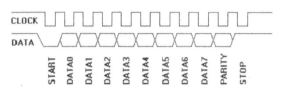

(a) PS/2 设备向 PC 机发送数据

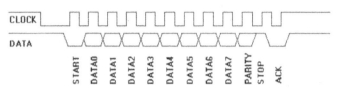

(b) PC 机向 PS/2 设备发送数据

图 3-17　PS/2 接口通讯时序图

PS/2 接口的嵌入式软件编程方法如下。

首先,PS/2 向 PC 机发送一个字节。从 PS/2 向 PC 机发送一个字节可按照下面的步骤进行:

①检测时钟线电平,如果时钟线为低,则延时 $50\mu s$;

②检测判断时钟信号是否为高,为高则向下执行,为低则转到①;

③检测数据线是否为高,如果为高则继续执行,如果为低,则放弃发送(此时 PC 机在向 PS/2 设备发送数据,所以 PS/2 设备要转移到接收程序处接收数据);

④延时 $20\mu s$(如果此时正在发送起始位,则应延时 $40\mu s$);

⑤输出起始位(0)到数据线上,这里要注意的是,在送出每一位后都要检测时钟线,以确保 PC 机没有抑制 PS/2 设备,如果有则中止发送;

⑥输出 8 个数据位到数据线上;

⑦输出校验位;

⑧输出停止位(1);

⑨延时 $30\mu s$(如果在发送停止位时释放时钟信号则应延时 $50\mu s$);

通过以下步骤可发送单个位:

①准备数据位(将需要发送的数据位放到数据线上);

②延时 $20\mu s$;

③把时钟线拉低;

④延时 $40\mu s$;

⑤释放时钟线;

⑥延时 $20\mu s$。

其次,PS/2 设备从 PC 机接收一个字节。由于 PS/2 设备能提供串行同步时钟,因此,如果 PC 机发送数据,则 PC 机要先把时钟线和数据线置为请求发送的状态。PC 机通过下拉时钟线大于 $100\mu s$ 来抑制通讯,并且通过下拉数据线发出请求发送数据的信号,然后释放时钟。当 PS/2 设备检测到需要接收的数据时,它会产生时钟信号并记录下面 8 个数据位和一个停止位。主机此时在时钟线变为低时准备数据到数据线,并在时钟上升沿锁存数据,而 PS/2 设备则要配合 PC 机才能读到准确的数据。具体连接步骤如下:

①等待时钟线为高电平;

②判断数据线是否为低,为高则错误退出,否则继续执行;

③读地址线上的数据内容,共 8 个 Bit,每读完一个位,都应检测时钟线是否被 PC 机拉低,如果被拉低则要中止接收;

④读地址线上的校验位内容,1 个 Bit;

⑤读停止位;

⑥如果数据线上为 0(即还是低电平),PS/2 设备继续产生时钟,直到接收到 1 且产生出错信号为止(因为停止位是 1,如果 PS/2 设备没有读到停止位,则表明此次传输出错);

⑦输出应答位;

⑧检测奇偶校验位,如果校验失败,则产生错误信号以表明此次传输出现错误;

⑨延时 45μs,以便 PC 机进行下一次传输。

读数据线的步骤如下:

① 延时 20μs;

② 把时钟线拉低;

③ 延时 40μs;

④ 释放时钟线;

⑤ 延时 20μs;

⑤ 读数据线。

下面的步骤可用于发出应答位:

①延时 15μs;

②把数据线拉低;

③延时 5μs;

④把时钟线拉低;

⑥ 延时 40μs;

⑦ 释放时钟线;

⑦延时 5μs;

⑧释放数据线。

PS/2 设备主要用于产生同步时钟信号和读写数据,因此,嵌入式装置常作为 PS/2 设备使用,以下程序是以嵌入式装置作为 PC 机的 PS/2 从设备的编程方法,作为主设备连接其他 PS/2 设备时可以参考上面的方式进行编程。在后面的实例介绍中,将介绍 PS/2 设备的编程代码。

3.4 输入技术及常用器件

输入设备是计算机与外界交换的必备手段,在嵌入式系统中,输入设备常常直接与CPU连接,其接口及设计技术属于整个系统的必备内容。

3.4.1 键盘设计及接口

键盘是最常使用的输入装置之一,按照所需要键盘数量的不同,可以采用多种不同的方式来实现。主要有独立式、行列式(矩阵式)、A/D 式等。

1.独立式键盘设计

如果在系统中使用的键盘数量较少,CPU 可用于键盘的 I/O 端口数量达到或超过键盘个数,则可以采用这种方式进行设计,如图 3-18 所示。

键盘中的每个键通常使用一个常开式的接触开关,如上图所示,构成一个可以产生0、1 信号的基本单元,微处理器可以方便地检测引脚上电平的变化。当开关打开时,通过处理器 I/O 口的一个上拉电阻提供逻辑 1;当开关闭合时,处理器 I/O 口的输入将被拉低到逻辑 0。

采用单个按键方式进行键盘设计虽然结构简单,但是却存在一个十分明显的缺陷,就是当按键数量增加时需要的微处理器引脚也要相应增加,因此,当键盘数量较大时,对微处理器而言将是非常大的一个开销。

另外,在这种电路中每个 I/O 口直接与一个按键相连接,CPU 通过读取其 I/O 引脚的电平来判断键盘的按下与否。这种设计最为简单,但需要软件不停读取 I/O 引脚的值,会浪费大量 CPU 资源。因此,在很多时候都使用中断的方式来实现键盘设计,当键盘有键按下时通知 CPU 读取 I/O 端口,从而提高系统的运行效率。采用中断式的键盘电路如图 3-19 所示。

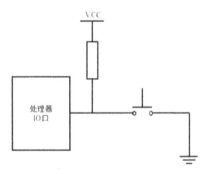

图 3-18 简单键盘电路

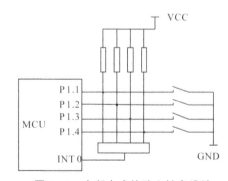

图 3-19 中断方式的独立键盘设计

为了提高 CPU 的 I/O 端口利用率,在实际工程中更多使用采用行列式的键盘设计方案。

2.行列式(矩阵式)键盘设计

行列式键盘用于键盘数量较多的场合,键盘接口分为行线和列线,在行线和列线的交叉点上设计按键开关。当按键按下时,判断出按键所在的行和列就可以知道是哪一个键被按下了。其基本结构如图 3-20 所示。

行列式键盘的扫描过程如下:假设正常情况下键盘各行列线均为低电平,扫描键盘时微处理器按一定时间间隔逐行发送高电平信号,同时检查列线上是否有某一列呈现高电平。如果有键按下,则按键所在的行和列应具有相同电平,当微处理器扫描

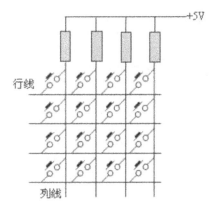

图 3-20　行列式(矩阵式)键盘结构

到该行时,按下键所在的列线也应呈现高电平,记录这时扫描的行线和呈现高电平的列线,就是该按键所在的行列位置,也就是按键值的扫描码,通过该扫描码来确定下一步的程序动作。

如果采用中断方式则可以在有按键被按下时产生中断后再进行扫描,可以节省大量的 CPU 时间,提高系统整体运行效率。

在理论状态下,每次的按键都是可以被正确识别并读取的,但在实际工程应用中,还需要考虑开关的抖动和干扰问题。因为当按键被按下或释放时,由于按键的机械特性,按键产生的是一个并不稳定的信号,如图 3-21 所示,或者是干扰,这种不稳定通常会持续 5ms~30ms。因此,在应用时需要加以处理,以减少抖动和干扰所产生的不确定性影响。

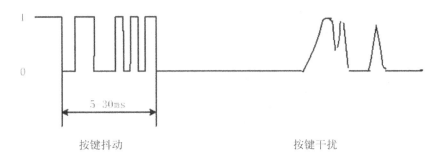

图 3-21　按键抖动和干扰

为了过滤抖动或干扰问题,微处理器以规定的时间间隔对键盘进行采样,这个间隔通常在 20ms~100ms 之间(被称为去抖动周期),它主要取决于所使用开关的抖动特性。周期性采样的另外一个特点就是所谓的自动重复。自动重复允许一个键的扫描码可以重复地被插入缓冲区,只要按着这个键,微处理器每个扫描周期都会读到该键的扫描码,也就会产生一个键值直到缓冲区满为止。自动重复功能有时是非常有用的,比如当

你打算递增或者递减一个参数(也就是一个变量)值时,不必反复按键进行操作。如果该键被按住的时间超过自动重复的延迟时间,这个按键将被重复的确认按下。

3.A/D 式键盘设计

在一些特殊应用中,由于 I/O 口比较紧张,而 A/D 端口却留有富余时,可以采用这种 A/D 式的键盘设计方案。很多单片机都集成了 A/D 转换功能,并且具有很多 A/D 口且使用不完,利用其 A/D 口的读取功能来完成键盘的识别将变得十分简单方便。其基本原理如图 3-22 所示。

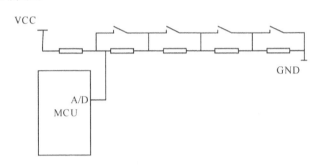

图 3-22　利用 A/D 转换的键盘设计

当某个按键被按下后,其相应电阻被短接,导致 A/D 点的电压发生改变,通过 A/D 转换可以读取对应的 A/D 值。只要电阻阻值不同,就可以从电压值的变化中判断被短接的电阻是哪一个,进而知道按键的位置。由于 A/D 转换式的键盘设计可以十分容易地实现多个按键的识别,只需要使用极少的引脚,而且 A/D 转换精度通常可以达到 8 位以上,完全可以支持多个按键的识别,因此,这在工具在应用中具有一定的实际使用价值。但是这种电路也存在缺点,就是需要保证按键的接触电阻较小。一旦因长期使用导致按键接触电阻变大,这种方式就可能产生错误的按键识别,从而导致错误的结果。

3.4.2　触摸屏原理及接口

触摸屏作为一种最直观的操作界面,被广泛应用于嵌入式设备中,而且随着微处理器性能的不断提高,带有触摸屏操作界面的嵌入式装置也越来越丰富。

1.触摸屏的基本原理

触摸屏按其工作原理的不同,可分为表面声波屏、电容屏、电阻屏和红外屏几种,且每一类触摸屏都有其各自的优缺点。下面简单介绍每一类触摸屏技术的工作原理和特点。

(1)电阻技术触摸屏

电阻触摸屏的主要部分是一块与显示器表面非常配合的电阻薄膜屏。这是一种多层的复合薄膜,它以一层玻璃或硬塑料平板作为基层,表面涂有一层透明氧化金属(ITO氧化铟,透明的导电电阻)导电层,上面再盖有一层外表面硬化处理、光滑防擦的塑料层,内表面也涂有一层 ITO 涂层,在它们之间有许多细小的(小于 1/1000 英寸)透明隔离点把两层导电层隔开绝缘。当手指触摸屏幕时,两层导电层在触摸点位置就有了接触。这就是电阻技术触摸屏最基本的原理。

电阻触摸屏的触摸示意图详见图 3-23。这种触摸屏的特点是:高解析度、高速传输反应;表面硬度处理,减少擦伤、刮伤及防化学处理;具有光面及雾面处理;一次校正,稳定性高,不易漂移。

(2)表面声波技术触摸屏

表面声波技术是利用声波在物体的表面进行传输。当有物体触摸到表面时,阻碍声波的传输,换能器侦测到这个变化,反映给计算机,进而进行鼠标的模拟。

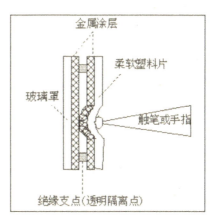

图 3-23　电阻触摸屏触摸示意图

表面声波屏特点是:清晰度较高、透光率好;高度耐久,抗刮伤性良好;一次校正不漂移;反应灵敏;适合于办公室、机关单位及环境比较清洁的场所。

表面声波屏需要经常维护,因为灰尘、油污甚至饮料的液体沾污在屏的表面,都会阻塞触摸屏表面的导波槽,使波不能正常发射,或使波形改变致使控制器无法正常识别,从而影响触摸屏的正常使用。因此,用户需严格注意环境卫生,必须经常擦抹屏的表面以保持屏面的光洁,并定期作一次全面彻底擦除。由于这种触摸屏对环境要求较高,因此,现在应用的已经越来越少。

(3)电容技术触摸屏

电容技术触摸屏(Capacity Touch Panel,CTP)是利用人体的电流感应进行工作。电容屏是一块四层复合玻璃屏,玻璃屏的内表面和夹层各涂一层 ITO(纳米铟锡金属氧化物),最外层是只有 0.0015mm 厚的矽土玻璃保护层,夹层 ITO 涂层作工作面,四个角引出四个电极,内层 ITO 为屏层以保证工作环境。

当用户触摸电容屏时,由于人体电场的作用,用户手指和工作面形成一个耦合电容。因为工作面上接有高频信号,于是手指吸收走一个很小的电流,这个电流分别从屏的四个角上的电极中流出,且理论上流经四个电极的电流与手指头到四角的距离成比例,控制器通过对四个电流比例的精密计算,得出的位置可以达到 99% 的精确度,具备小于 3ms 的响应速度。

电容屏主要有自电容屏与互电容屏两种。以现在较常见的互电容屏为例,内部由驱动电极与接收电极组成,驱动电极发出低电压高频信号投射到接收电极形成稳定的电流,当人体接触到电容屏时,由于人体接地,手指与电容屏就形成一个等效电容,而高频信号可以通过这一等效电容流入地线，这样，接收端所接收的电荷量减小。当手指越靠近发射端时，电荷减小越明显，最后根据接收端所接收的电流强度来确定所触碰的点。

电容屏要实现多点触控，靠的就是增加互电容的电极，简单地说，就是将屏幕分块，在每一个区域里设置一组互电容模块且都是独立工作，所以电容屏就可以独立检测到各区域的触控情况，进行处理后简单地实现多点触控。

我们将电容屏与电阻屏做一个对比。

首先，电容屏能更好地支持多点触控。多点触摸屏有别于传统的单点触摸屏，其最大特点在于可以两只手、多个手指，甚至多个人同时操作屏幕的内容，更加方便与人性化。多点触摸技术也叫多点触控技术。与电阻屏相比，电容触屏比较容易实现多点触摸技术，目前多点触控技术已在电容屏上基本实现。

其次，电容屏造价更高。虽然电容屏拥有诸多优点，但是因为其材料特殊、工艺精湛，其造价较高。当然，这也跟厂商的不同而不同。一般来说，电容屏的价格也会比电阻屏贵 15%～到 40%，这些额外成本对旗舰级产品的可能影响可能较小，但是对于中、底低等价位智能手机而言确实却是高门槛，所以目前市场上的多数智能手机价格不菲，其中很多很大一部分原因是其使用了电容屏的缘故。

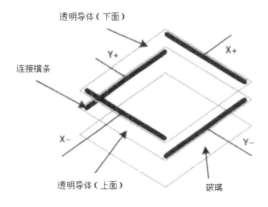

图 3-24　四线式电阻触摸屏原理

2.电阻式触摸屏与显示器的配合

一般触摸屏将触摸时的 X、Y 方向的电压值送到 A/D 转换接口，经过 A/D 转换后的 X 与 Y 值仅是对当前触摸点的电压值的 A/D 转换值，不具有实用价值。这个值的大小不但与触摸屏的分辨率有关，而且也与触摸屏和 LCD 贴合的情况有关。电阻屏可以分为四线式、五线式、七线式、八线式电阻触摸屏。四线式电阻触摸屏基本原理如图 3-24 所示 。

（1）四线触摸屏

四线触摸屏包含两个阻性层，其中一层在屏幕的左右边缘各有一条垂直总线，另一层在屏幕的底部和顶部各有一条水平总线。为了在 X 轴方向进行测量，将左侧总线偏置为 0V，右侧总线偏置为 VREF，将顶部或底部总线连接到 ADC，当顶层和底层相接触时即可做一次测量。

为了在 Y 轴方向进行测量，将顶部总线偏置为 VREF，底部总线偏置为 0V，将 ADC 输入端接左侧总线或右侧总线，当顶层与底层相接触时即可对电压进行测量。

对于四线触摸屏，最理想的连接方法是将偏置为 VREF 的总线接 ADC 的正参考输入端,并将设置为 0V 的总线接 ADC 的负参考输入端。

(2)五线触摸屏

五线触摸屏使用了一个阻性层和一个导电层。导电层有一个触点,通常在其一侧的边缘。阻性层的四个角上各有一个触点。为了在 X 轴方向进行测量,将左上角和左下角偏置到 VREF,右上角和右下角接地。由于左右角为同一电压,其效果与连接左右侧的总线差不多,类似于四线触摸屏中采用的方法。五线式电阻屏原理如图 3-25 所示。

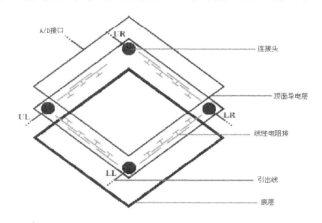

图 3-25　五线式电阻屏原理图

为了沿 Y 轴方向进行测量,将左上角和右上角偏置为 VREF,左下角和右下角偏置为 0V。由于上下角分别为同一电压,其效果与连接顶部和底部边缘的总线大致相同,类似于在四线触摸屏中采用的方法。这种测量算法的优点在于它使左上角和右下角的电压保持不变,但如果采用栅格坐标,X 轴和 Y 轴需要反向。对于五线触摸屏,最佳的连接方法是将左上角(偏置为 VREF)接 ADC 的正参考输入端,将左下角(偏置为 0V)接 ADC 的负参考输入端。

(3)七线触摸屏

七线触摸屏的实现方法除了在左上角和右下角各增加一根线之外,与五线触摸屏相同。执行屏幕测量时,将左上角的一根线连到 VREF,另一根线接 SAR ADC 的正参考端。同时,右下角的一根线接 0V,另一根线连接 SAR ADC 的负参考端。导电层仍用来测量分压器的电压。

(4)八线触摸屏

除了在每条总线上各增加一根线之外,八线触摸屏的实现方法与四线触摸屏相同。对于 VREF 总线,将一根线用来连接 VREF,另一根线作为 SAR ADC 的数模转换器的正参考输入。对于 0V 总线,将一根线用来连接 0V,另一根线作为 SAR ADC 的数模转换器的负参考输入。未偏置层上的四根线中,任何一根都可用来测量分压器的电压。

在电阻式触摸屏中,以四线电阻式触摸屏的使用量最为广泛。每次按压后,将产生 4 个电压信号,即 X+、Y+、X-、Y-,它经过 A/D 得到相应的值。LCD 分辨率与触摸

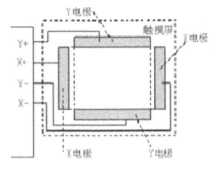

图 3-26　四线式电阻触摸屏接口示意图

屏的分辨率一般是不一样的,坐标也不一样,因此,如果想得到体现 LCD 坐标的触摸屏位置,还需要在程序中进行转换。电阻式触摸屏在使用前通常需要进行一次校正操作,校正后可以在较长的时间内连续使用。

有很多高档单片机带有专门设计的触摸屏接口,可以方便地编程使用。如果单片机没有内置专用的触摸屏接口,则可以利用 A/D 转换接口通过程序来实现对触摸屏的使用,也可以使用专用的接口芯片来完成这一功能。四线式电阻触摸屏与 CPU 接口电路如图 3-26 所示。

3.4.3　传感器及其接口

1.传感器基础

在嵌入式系统中,CPU 的输入信号除了人以外,更多的是需要了解外部环境和信息。这些信息通常是一些连续变化的模拟信号,需要通过一定的方式转换成电信号,并变换成 CPU 能够识别和处理的数字信息。这样,CPU 才能够根据这些信息来做出正确的处理。这里将各种模拟信号转换成电信号的装置就是传感器。

国家标准 GB7665—87 对传感器下的定义是:"能感受规定的被测量件并按照一定的规律转换成可用信号的器件或装置,通常由敏感元件和转换元件组成。"传感器是一种检测装置,能感受到被测量的信息,并能将检测感受到的信息按一定规律变换成为电信号或其他所需形式的信息输出,以满足信息的传输、处理、存储、显示、记录和控制等要求。它是实现自动检测和自动控制的首要环节。

"传感器"在新韦式大词典中定义为:"从一个系统接受功率,通常以另一种形式将功率送到第二个系统中的器件。"根据这个定义,传感器的作用是将一种能量转换成另一种能量形式,所以不少学者也用"换能器—Transducer"来称谓"传感器—Sensor"。

(1)传感器静态特性

传感器的静态特性是指对静态的输入信号,传感器的输出量与输入量之间所具有相互关系。因为这时输入量和输出量都和时间无关,所以它们之间的关系,即传感器的静态特性可用一个不含时间变量的代数方程,或以输入量作横坐标,把与其对应的输出量作纵坐标而画出的特性曲线来描述。表征传感器静态特性的主要参数有线性度、灵敏度、分辨率、迟滞、重复性、漂移等。

①线性度:指传感器输出量与输入量之间的实际关系曲线偏离拟合直线的程度。其定义为在全量程范围内实际特性曲线与拟合直线之间的最大偏差值与满量程输出值之比。

②灵敏度:灵敏度是传感器静态特性的一个重要指标。其定义为输出量的增量与

引起该增量的相应输入量增量之比。用 S 表示灵敏度。

③迟滞:传感器在输入量由小到大(正行程)及输入量由大到小(反行程)变化期间,其输入输出特性曲线不重合的现象成为迟滞。对于同一大小的输入信号,传感器的正反行程输出信号大小不相等,这个差值称为迟滞差值。

④重复性:重复性是指传感器在输入量按同一方向作全量程连续多次变化时,所得特性曲线不一致的程度。

⑤漂移:传感器的漂移是指在输入量不变的情况下,传感器输出量随着时间变化,此现象称为漂移。产生漂移的原因有两个方面,一是传感器自身结构参数;二是周围环境,如温度、湿度等。

(2)传感器的线性度(Linearity)

通常情况下,传感器的实际静态特性输出是条曲线而非直线。在实际工作中,为使仪表具有均匀刻度的读数,常用一条拟合直线近似地代表实际的特性曲线、线性度(非线性误差)就是这个近似程度的一个性能指标。

拟合直线的选取有多种方法。如将零输入和满量程输出点相连的理论直线作为拟合直线;或将与特性曲线上各点偏差的平方和为最小的理论直线作为拟合直线,此拟合直线称为最小二乘法拟合直线。

(3)传感器的灵敏度(Sensitivity)

灵敏度是指传感器在稳态工作情况下输出量变化 $\triangle y$ 对输入量变化 $\triangle x$ 的比值。它是输出—输入特性曲线的斜率。如果传感器的输出和输入之间呈显线性关系,则灵敏度 S 是一个常数。否则,它将随输入量的变化而变化。

灵敏度的量纲是输出、输入量的量纲之比。例如,某位移传感器,在位移变化 1mm 时,输出电压变化为 200mV,则其灵敏度应表示为 200mV/mm。当传感器的输出、输入量的量纲相同时,灵敏度可理解为放大倍数。提高灵敏度,可得到较高的测量精度。但灵敏度愈高,测量范围愈窄,稳定性也往往愈差。

(4)传感器的分辨率和阈值(Resolution and Threshold)

分辨率是指传感器可感受到的被测量的最小变化的能力。也就是说,如果输入量从某一非零值缓慢地变化,当输入变化值未超过某一数值时,传感器的输出不会发生变化,即传感器对此输入量的变化是分辨不出来的。只有当输入量的变化超过分辨率时,其输出才会发生变化。

传感器在满量程范围内各点的分辨率通常并不相同,因此常用满量程中能使输出量产生阶跃变化的输入量中的最大变化值作为衡量分辨率的指标。上述指标若用满量程的百分比表示,则称为分辨率。分辨率与传感器的稳定性有负相关性。

阈值是指使传感器的输出端产生可测量变化量的最小被测量输入量值,即指零附近的分辨力。有的传感器在零位附近有严重的非线性,形成所谓"死区"(dead band),则将死区大小作为阈值;更多情况下,阈值主要取决于传感器噪声大小,因而有的传感器只给出噪声电平。

（5）传感器的迟滞（Hysteresis）

传感器的迟滞特性表明传感器在正（输入量增大）反（输入量减小）行程中输出与输入曲线不重合的程序。迟滞大小一般由实验方法测得。迟滞误差以正反向输出量的最大偏差与满量程输出之比的百分数表示。传感器材料的物理特性是造成迟滞的最主要原因。

（6）传感器的重复性（Repeatability）

传感器的重复性是指传感器在输入量按同一方向作全量程连续多次变动时所得特性曲线间不一致的程度。各条特性曲线越靠近，说明重复性越好。重复性所反映的是传感器精度程度的重要指标。当然，重复性好坏也与许多随机因素有关，它属于随机误差，要用统计规律来确定。

（7）传感器漂移（Drift）

传感器漂移是指在外界干扰情况下，一定时间间隔内，传感器输出量发生与输入量无关、不需要的变化。漂移量的大小也是衡量传感器稳定性的一个重要指标。传感器的漂移可能会导致严重后果。

（8）传感器动态特性

所谓动态特性，是指传感器在输入变化时，它的输出的特性。在实际工作中，传感器的动态特性常用它对某些标准输入信号的响应来表示。这是因为传感器对标准输入信号的响应容易用实验方法求得，并且它对标准输入信号的响应与它对任意输入信号的响应之间存在一定的关系，往往知道了前者就能推定后者。最常用的标准输入信号有阶跃信号和正弦信号两种，所以传感器的动态特性也常用阶跃响应和频率响应来表示。

2.传感器与 CPU 的接口方式

由于传感器将各类非电或非标准电信号转换成标准电信号，而这种转换有时非常微弱，难以传送和识别，需要非常精密的放大器等专用电路进行放大和调理，以得到在标准范围的电信号，从而便于传送和应用。因此，在实际的工业生产中，更多地是将一些传感器与信号调理电路一并封装，形成所谓的变送器。

变送器的传统输出直流电信号有 $0\sim5V$、$0\sim10V$、$1\sim5V$、$0\sim20mA$、$4\sim20mA$ 等。目前，工业上最广泛采用的是用 $4\sim20mA$ 电流来传输模拟量。

采用电流信号的原因是不容易受干扰。电流源内阻无穷大，这导线电阻串联在回路中不影响精度，在普通双绞线上可以传输数百米。上限取 $20mA$ 是因为防爆的要求：$20mA$ 的电流通断引起的火花能量不足以引燃瓦斯。下限没有取 $0mA$ 的原因是为了能检测断线：正常工作时不会低于 $4mA$，当传输线因故障断路，环路电流降为 0。常取 $2mA$ 作为断线报警值。

电流型变送器将物理量转换成 $4\sim20mA$ 电流输出，必然要有外电源为其供电。最典型的是变送器需要两根电源线，加上两根电流输出线，总共要接 4 根线，称之为四线制变送器。电流输出也可以与电源公用一根线（公用 VCC 或者 GND），节省一根线，称之为三线制变送器。

其实大家也可以注意到,4～20mA 电流本身就可以为变送器供电,如图 3-27 所示。变送器在电路中相当于一个特殊的负载,特殊之处在于变送器的耗电电流在 4～20mA 之间根据传感器的输出而变化,显示仪表只需要串连在电路中即可。这种变送器只需外接两根线,因而被称为两线制变送器。工业电流环标准下限为 4mA,因此只要在量程范围内,变送器至少有 4mA 供电。

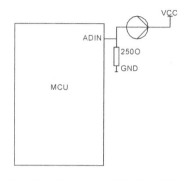

图 3-27　两线制变送器连接示意图

电流型的变送器需要将电流转换成相应的电压,然后才能通过 A/D 转换变成数字量。为了确保电流到电压的转换不会因电阻的误差而影响到测量值的准确性,需要使用专用的高精度电阻。该电阻为 250Ω 时,对应的测量信号电压范围为 1～5V;如果该电阻选取 500Ω 时,则其对应的测量信号电压范围为 2～10V。选择时应根据 AD 转换器件的输入信号范围来确定采用的转换电阻值。同时还应注意不同电压范围的供电电压取值要求。

3.AD 转换器件选择及接口

如果单片机无 AD 转换功能,则需要外接专用的 AD 转换器件。AD 转换器件有串行工作和并行工作两种类型。串行工作的器件只需要极少的连接线就可以将转换的数值传送到 MCU 中,而并行工作方式则需要使用 4 位或 8 位接口来完成数据的传送。串行工作方式一般由单片机提供时钟信号,在 AD 转换器和 MCU 间进行同步通信,会占用较多的时间。而使用并行方式则只需要一个总线周期就可以完成对 AD 转换值的读取。在实际使用时,应根据 CPU 的 I/O 口资源和速度要求等选择合适的器件。

在 AD 转换的器件选择上,需要考虑转换速度、转换精度、分辨率、待转换信号范围等因素。

(1)转换速度选择

转换速度最低应满足采样定理的基本条件,即采样频率是被采样信号最高频率的两倍。在实际应用中,通常会选择比被采样对象频率高更多的 AD 转换器件,以保证采样的质量和数量要求。需要注意的是,对于多通路的 AD 转换器件,其标称的最高转换速率往往是多路复用的。比如一个器件标称其最高转换速率可以达到 200KSPS,但是可能这个器件有 8 路输入,如果用户同时使用这 8 路 AD 口,则每一路是得不到 200KSPS 的速率的,而是平均为 200K/8＝25KSPS。因此,在使用时需要考虑由于分时使用产生的延迟问题。

(2)转换精度选择

转换精度反映的是转换后的值与实际值之间的差距,可以用绝对误差和相对误差来表示。这个精度一方面由器件的好坏决定,另一方面还与 AD 转换所使用的基准参考电压有关。如果参考电压精度高,则转换精度相对就高,否则就会有较大误差。

(3)转换分辨率选择

转换分辨率决定了能够分辨的最小变化值,它由转换后的数值长度决定,转换后的数值越长,则其分辨率就越高。如一个 10 位的 ADC 可以得到的数值范围是 $0 \sim 2^{10}$,如果其转换的输入电压范围为 $0 \sim 5V$,则其分辨率可以达到 $5/2^{10} \approx 5$ 毫伏。如果使用一个 12 位的 ADC 可以得到的数值范围是 $0 \sim 2^{12}$,同样对 $0 \sim 5V$ 信号采样,则其分辨率可以达到 $5/2^{12} \approx 1.2$ 毫伏。很显然,无论多高的分辨率,在转换过程中也会存在一定的误差,只要每次信号变化小于分辨率时就可能会出现转换偏差,这种误差被称为量化误差。在选择器件时并不是选择分辨率越高越好,而是应根据需要合理考虑。因为分辨率越高,通常意味着更大的数据处理量和更高的器件价格。

(4)待转换信号类型问题

待转换的信号可以分为两类:一类是仅有正电压的单极性信号,其电压范围在 $0 \sim 5V$ 或 $0 \sim 10V$ 之间;另一类是具有正负电压的双极性信号,其电压范围在 $-5 \sim +5V$ 或 $-10 \sim +10V$ 之间。对于这两类不同信号,需要选择合适的转换器件和转换电路。

3.5　输出技术及常用器件

输出设备是计算机系统中用于反映计算结果、体现计算功能、实现人机交互的重要手段,离开输出设备,人们几乎无法使用计算机。在 PC 机中最常用的输出设备就是显示器、打印机、绘图仪、音箱等。在嵌入式系统中,输出设备通常是以模拟量、开关量、数值等方式表达。随着半导体集成技术的发展,现在越来越多的嵌入式系统中使用 LCD 作为输出方式,用以提高输出的信息量及提供更友好的用户界面。

3.5.1　LED 显示及驱动方法

LED 是最简单直观的一种输出器件。常用的 LED 显示包括单管 LED 显示、LED 组合模块显示、大型 LED 屏幕显示等方式。

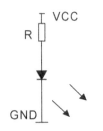

1.单管 LED 显示

单个 LED 显示是最简单的一种显示方式,最适合于开关信号的表达,并可以利用不同的颜色来反映不同的工作状态。其基本电路如图 3-28 所示。

LED 不同于电阻,它是非线性的电压敏感器件,电压变化会引起较大的电流变化,而且一旦电流过大将导致其烧毁。因此,所有 LED 在接入电源时都需要加一个限流电阻,

图 3-28　LED 基本工作电路

以防止电压波动产生的损坏。LED 的基本导通电压通常为 1.8V,也就是说,只有当
LED 两端的电压差超过 1.8V 时 LED 才会工作,否则将处于截止状态。其正常工作电
压一般为 2~2.2V,工作电流为 10~20mA,超高亮度的 LED 其工作电流可能会大一
些。用于照明的超高亮度 LED,需要专用的恒流源来控制其工作。根据以上的分析可
以得出 LED 上限流电阻的大小计算公式为:

$$R=(VCC-2)/0.02$$

对于单管双色 LED 来说,只需要增加一个控制脚,就可以实现一只 LED 管用两种
不同颜色显示不同状态的功能。

2.LED 组合模块显示

LED 组合模块方式在很多嵌入式系统中都得到广泛使用。通过 LED 的组合可以
显示数字、图形、符号、形式化信号强度等各类信息。最常用的 LED 组合模块就是
LED8 段数码管。这种数码管通过组合 8 只或更多 LED,形成具有特定显示笔画的一个
模块,通过控制各笔画的亮灭完成对不同数字的显示。8 段数码管的基本结构如图 3-29
所示。

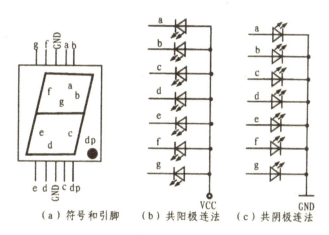

（a）符号和引脚　（b）共阳极连法　（c）共阴极连法

图 3-29　八段数码管的结构示意图

每一段都是一个 LED,控制不同 LED 的显示将得到不同的显示符号。8 段数码管
最适合显示的就是 0~9 的数据符号,在共阳极方式下由低电平控制点亮 LED,在共阴
极方式下由高电平控制点亮 LED。通常用 8 位二进制数来表示对 8 段数码管的控制,8
位二进制数的最高位对应 LED 的 dp,最低位对应 LED 中的 a。于是可以容易地推导出
0~9 这 10 个符号对应的十六进制值,详见表 3-9 所示。

表 3-9　八段数码管数值显示码表

接线方式	0	1	2	3	4	5	6	7	8	9
共阳极	C0	F9	A4	B0	99	92	82	F8	80	90
共阴极	3F	06	5B	4F	66	6D	7D	07	7F	6F

另外,8 段数码管也可以表示常用的一些英文字母,读者可依此类推。

8 段数码管的电路和单 LED 电路相似,只不过 8 段数码管需要用 8 根线来控制 8 个 LED 的亮灭。因此 8 段数码管在电路中也需要使用限流电阻,电阻的计算方法与上一节相同。需要注意的事,并不是所有 8 段数码管都只使用一个 LED 来显示一个笔划,在显示尺寸较大的 8 段数码管上,有可能每一段笔划都是由多个 LED 串联或并联而来。如图 3-30 所示为一个 5 寸大小的 LED8 段数码显示部件。

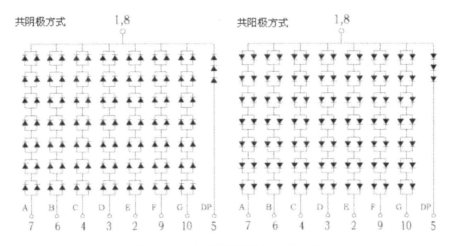

图 3-30 5 寸 8 段数码管的内部电路

可见,每个发光段使用了 14 个 LED,两组并联,因此每一段的工作电压不低于 12.6V,工作电流为 20～40mA,在此基础上才能计算出其各段的限流电阻和驱动电流的大小。

3.8 段数码管的驱动

当 8 段数码管的工作电压、工作电流较小时,可以直接用 CPU 的引脚来驱动,通常单片机是有能力驱动小的 8 段数码管的。其连接电路如图 3-31 所示。

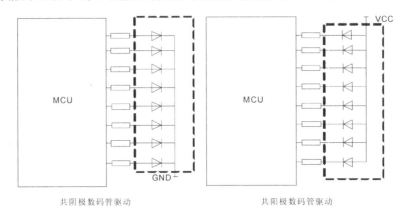

共阴极数码管驱动   共阳极数码管驱动

图 3-31 单片机直接驱动八段数码管

可见,每个 8 段数码管需要使用 8 个 I/O 来控制,如果使用的 8 段数码管较多,显然采用这种方式连接单片机的引脚将难以满足需要。而且这样的电路对单片机的功耗也会产生很大影响,进而对单片机工作稳定性产生影响。在实际应用中,需要使用多个 8 段数码管时,如果不打算增加额外的器件,则可以采用简单的扫描驱动方式来实现多个 8 段数码管的驱动和显示。其基本电路如图 3-32 所示。

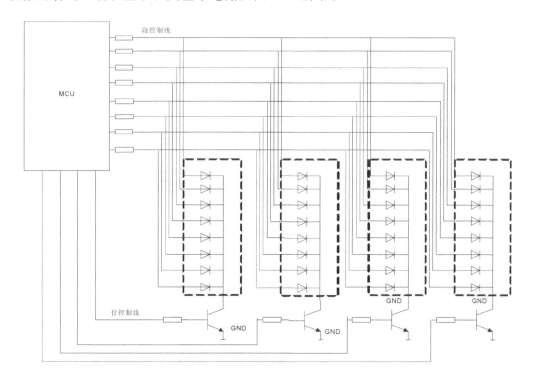

图 3-32 扫描方式下多个 8 段数码连接

扫描方式下的多个 8 段数码管电路中,单片机要想在不同的位置上显示不同的内容,需要用位控制线控制哪一位 8 段数码管可以工作,用控制线决定显示的符号是什么。很显然,如果采用这种方式,则单片机需要反复不停地轮流显示每一位上的符号,这将产生很大的系统开销。除非单片机什么都不做,只用于显示,编程工作才会比较方便,否则编程难度将会变大,而且难以保证显示效果。

为了减少对单片机的端口占用和运算资源的开销,常常使用 74LS164、74LS595 等移位寄存器来完成对多位 8 段数码管的控制。其基本电路如图 3-33 所示。

使用移位寄存器后,只需要使用简单的 3 个信号就可以控制多位 8 段数码管的显示,既不占用过多的单片机 I/O 资源,显示时也只需要输出一次就可以一直保持各显示内容不变。在改变显示内容时,重新输出显示的各位段值即可,对单片机资源的占用极少。图中三极主要起的作用是在更新显示内容或不需要显示时,可以由单片机控制将 8 段数码管的电源切断。

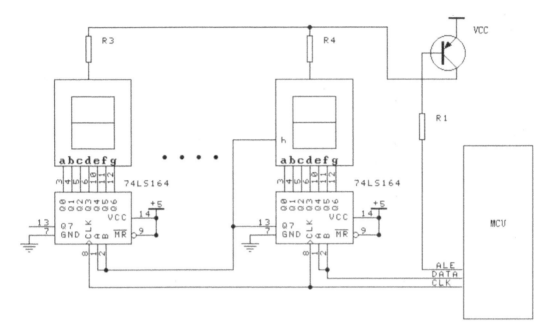

图 3-33　带移位寄存器的多位 8 段数码管电路

如果使用的 8 段数码管所需要的工作电流、工作电压等参数发生变化时，需要对以上电路进行调整。当工作电流需要加大时，每一段码都需要有相应的驱动电路，否则可能导致达不到额定的亮度。当工作电压加大时，需要考虑单片机的 5V 控制电压能否控制三极管正确地切断供电。按照上面的电路，如果 VCC 的电压达到 10V 甚至更高，则单片机的 ALE 无论输出 1 还是 0 都无法控制三极管，也就无法控制是否显示或在更新数据时的消隐。

4.大型 LED 显示屏

随着超高亮度 LED 技术的成熟，现在越来越多的地方开始使用 LED 大型显示屏。这种显示屏以超高亮度的 LED 作为显示的基本单元，通过控制电路控制显示屏上每个点的亮灭来实现对图像、文字等信息的显示。这种显示屏采用的是基于扫描方式的显示控制，其基本结构如图 3-34 所示。

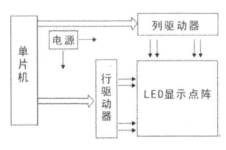

图 3-34　LED 显示屏的基本结构示意图

但是显示屏上的 LED 点数以万计，很显然，不能通过单片机的 I/O 口来实现控制，这需要一系列硬件电路的支持。为了使显示的内容可以变化，单片机还承担着接收显示数据的任务。对显示屏扫描的任务除了可以用单片机编程来完成以外，还可以通过特定的硬件电路来完成，如在 FPGA 上开发的专用扫描电路。而且通过硬件方式来进行扫描其效率更高，速度更快，稳定性更好。所以大型的 LED 显示屏通常采用专用的硬件电路来进行显示扫描,而单片机只负责接收显示数据和将显示的点阵放到指定位置工作。大型 LED 显示屏的控制是一个专业性较强的话题,这里限于篇幅不作进一步讨论,有兴趣的读者可以查阅相关文献和资料。

3.5.2 LCD 显示及驱动方法

1.LCD(Liquid Crystal Display)原理

LCD 液晶显示器是 Liquid Crystal Display 的简称,其构造就是上下两片平行的玻璃当中放置液态的晶体,类似于夹心饼干的三层结构。两片玻璃上都附有偏振片,只允许一个方向振动的光波通过,并且两片偏振片呈垂直安放。如果没有液晶,这两个偏振片将滤掉所有的光线。而一旦在玻璃片间加入了液晶,由于液晶体对光线的传导作用,使得光线会跟随液晶体发生扭转,并能够通过玻璃片。如果在液晶体两端加上电压,液晶体将失去扭转的排列方式,光线就无法通过两层偏振片,于是就会呈现黑色。因此,如果在两片玻璃中间加入许多垂直和水平的细小电线,透过通电与否来控制杆状水晶分子改变方向,将可以通过光线透射来产生画面。因此,LCD 的驱动控制归于对每个液晶单元的通断电的控制,每个液晶单元都对应着一个电极,对其通电,便可使光线不通过。其基本工作原理示意图如图 3-35 所示。

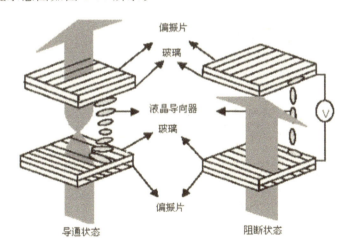

图 3-35 LCD 工作原理

由于 LCD 本身并不发光,只能控制光线的通过与否。因此,所有的 LCD 都需要借助外来光源才能显现出画面。光源可以有两种方式提供:透射式和反射式。如图3-36所示。

通常为了保证显示的效果,在对显示质量要求较高的场合都是使用透射式 LCD,这个光源被称为 LCD 背光。传统的 LCD 背光是采用高压屏光管的方式提供,而现在随着 LED 照明技术的提高,很多 LCD 背光开始使用 LED 光源。如笔记本电脑的 LCD 显示屏即为

图 3-36　LCD 光源的提供方式

透射式,屏后面有一个光源,因此外界环境可以完全是黑的。而一些廉价小电子产品、小型仪表等以电池供电的装置如电子手表、数字万用表等,则更多地使用反射式 LCD。这类 LCD 不需要外界提供光源,靠反射光来工作,既可以节约成本又可以减少耗电,延长电池的使用寿命。当然,其显示效果会因外界光线的变化而受到影响。

2.LCD 的分类

LCD 从液晶驱动方式上可以分为三类,即扭曲向列 TN(Twisted Nematic)型、超扭向列 STN(Super Twisted Nematic)型和薄膜晶体管 TFT(Thin Film Transistor)型。目前,彩色显示屏以 TFT 为主,而黑白显示屏由以 TN 及 STN 屏为主。

这三种 LCD 显示屏的比较如表 3-10 所示。

表 3-10　LCD 不同驱动方式比较

特性	TN 型	STN 型	TFT 型
驱动方式	矩阵扭曲向列	矩阵超扭曲向列	有源矩阵
视角大小	小	中等	大
画面对比	最小	中等	大
反应速度	最慢	中等	快
显示品质	最差	中等	好
颜色	单色或黑色	单色及伪彩色	彩色
价格	便宜	中等	贵
适合产品	电子表、计算器等数字、字符显示屏	电子辞典、手持游戏机等点阵显示屏	笔记本、手机、PC、电视等高画质要求屏

3. LCD 的接口及使用

(1)总线接口方式

带有接口部件的 LCD 屏一般都使用总线接口方式,这种 LCD 可以方便地与各种低档单片机进行接口,如 8051 系列单片机。这时接口上传递的只是显示的相对位置与显示值等数字信息。由于 LCD 已经带有驱动硬件电路,因此模块给出的是总线接口,便于与单片机的总线进行接口。驱动模块具有 8 位数据总线,外加一些电源接口和控制信号,而且还自带显示缓存,只需将要显示的内容送到显示缓存中就可以实现内容的显示。由于只有 8 条数据线,因此常常通过控制信号来实现地址与数据线的复用,以达到把相应数据送到相应显示缓存的目的。常用的小型液晶显示模块通常使用这种接口与MCU 进行连接,带有这种接口的 LCD 在 8 位单片机系统应用较多。

(2)扫描器控制方式

还有一种 LCD 显示屏,没有驱动电路,屏上每个点的控制需要有外部扫描电路来扫描控制完成。这种 LCD 体积小,但需要额外的驱动芯片,通常使用带有 LCD 驱动能力的高档 MCU 驱动,如 ARM 系列的 S3C44B0X,S3C2410 等。具有内置的 LCD 控制器,它具有将显示缓存(在系统存储器中)中的图象数据传输到外部 LCD 驱动电路的逻辑功能。对于不同尺寸的 LCD,具有不同数量的垂直和水平象素、数据接口的数据宽度、接口时间及刷新率,而 LCD 控制器可以进行编程控制相应的寄存器值,以适应不同的LCD 显示板。这种 LCD 显示屏,通常是彩色显示屏,在 32 位高档单片机系统中应用较多。

4. LCD 显示屏的技术参数

(1)分辨率

分辨率是反映 LCD 显示能力的一个重要指标,常由水平显示点数乘以垂直显示点数表示。320 * 240,表示可显示 240 行,每行 320 个点。

(2)色彩

色彩对于非彩色屏应表示为灰度,即可以由深至浅显示出多少不同层次的灰色。对于彩色屏则是指其表达的颜色的不同数目。STN 屏可以通过抖动方式控制三基色的显示灰度来控制组合出多种色彩,而 TFT 屏则可以直接用电压控制基色的显示灰度来控制组合出色彩,因此更稳定而多样。所以 STN 屏被称为伪彩屏,而 TFT 屏则被称为真彩屏。

(3)点距

点距反映显示屏的颗粒度,对于同一显示分辨率的显示屏,当其点距不同时,其显示屏面积会不同,显示效果也就不相同。显示屏面积越大其点距越大,显示的图像就越粗糙;显示屏面积越小其点距越小,显示的图像就越细腻。因此,相同显示面积下点距越小,则分辨率越高,显示效果越细腻。

(4)可视角度

可视角度是指人眼与显示屏之间的观看形成的角度范围,反映显示屏的可视性。如果可视角度小,其可观看的范围窄,在使用时限制越大;可视角度大,其可观看范围大,在使用时限制就小。在特殊条件下,可能会使用可视角度很小的产品,如自动柜员机上显示屏的可视角度就很小,除了操作者外其他人几乎都看不见屏幕上显示的是什么。

(5)对比度

对比值是定义最大亮度值(全白)除以最小亮度值(全黑)的比值。为了要得到全黑画面,液晶模块必须完全把由背光源而来的光完全阻挡,但在物理特性上,这些元件并无法完全达到这样的要求,总是会有一些漏光发生。一般来说,人眼可以接受的对比值约为 250∶1。

（6）亮度

液晶显示器的最大亮度通常由背光源来决定,亮度值一般都在 $200\sim250$ cd/m² 间。液晶显示器的亮度略低,屏幕就会发暗。虽然技术上可以达到更高亮度,但是这并不代表亮度值越高越好,因为太高亮度的显示器有可能使观看者眼睛受伤。

5.LCD 模块接口电路

带有总线式接口的 LCD 显示模块与 CPU 之间的连接如图 3-37 所示(以分辨率为 128 * 64 的点阵式单色显示屏为例)。

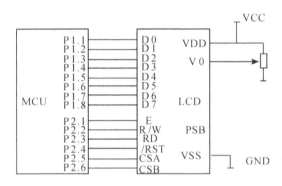

图 3-37　LCD 模块与单片机之间的连接

LCD 模块的引脚功能详见表 3-11。

表 3-11　LCD 模块引脚功能

引脚信号	功能描述
D0～D7	8 位数据总线
E	芯片使能信号
R/W	读/写控制,1 表示读,0 表示写
RD	数据指令信号,1 表示数据操作,0 表示写入指令或读状态
/RST	复位信号
CSA,CSB	对显示区域使能信号,两信号各控制一半显示区域
PSB	数据接口方式选择,1 表示并口方式,0 表示串行方式
VDD,VCC	电源,地线
V0	背光强度调整

彩色液晶显示屏,从接口上看要比单色的 LCD 模块复杂得多,而且为了提高数据传送速度和控制的灵活性,往往不包括控制器,需要由单片机自带或另接控制器。其接口主要分四个部分:数据接口,通常 8 位数据线;控制接口,通常为片选、数据和指令使能控制线;同步接口,通常为同步时钟、行同步信号和帧同步信号;其他信号或引脚,包括电源

线、外接器件引脚等。不同的屏和不同的单片机,其接口方式也有差别,需要根据其资料确定。如果对显示速度要求不高,甚至可以利用普通单片机的 I/O 通过软件方式来控制显示。

6.LCD 显示模块指令

LCD 显示模块是通过指令的方式来实现对其的控制。点阵式 LCD 的指令为为两类,一类是基本指令,另一类是扩展指令。基本指令是用于进行字符显示,而扩展指令则是用于支持图形显示。这两类指令格式详见表 3-12 所示(以 12864LCD 显示屏为例,不同主控芯片,指令稍有出入)。

表 3-12　12864LCD 模块基本指令及扩展指令(后 6 条为扩展指令)

指令	指令码								功能说明
	D7	D6	D5	D4	D3	D2	D1	D0	
清屏	0	0	0	0	0	0	0	1	清除屏幕显示,置地址计数器 AC=0
反回	0	0	0	0	0	0	1	—	置 AC=0,将游标显示到屏的起始位置
光标移动设置	0	0	0	0	0	1	I/D	S	I/D=1 增量=0 减量;S=1 移位,=0 不移位
显示开关控制	0	0	0	0	1	D	C	B	D=1 开显示;C=1 有光标;B=1 字符闪烁
光标与显示移动	0	0	0	1	S/C	R/L	—	—	S/C=1 显示移位,=0 光标移位。R/L 表示左右
功能设置	0	0	1	DL	—	RE	—	—	DL=1 必须为 1,RE=1 扩展指令,=0 基本指令
CGRA 地址设置	0	1	A	A	A	A	A	A	设置 CGRAM 地址
DDRAM 地址设置	1	A	A	A	A	A	A	A	设置 DDRAM 地址
读忙标志及地址计数	BF	A	A	A	A	A	A	A	读取 BF 忙标志,BF=1 表示忙,不可操作,后 7 位为地址值
向 RAM 写入数据	D7	D6	D5	D4	D3	D2	D1	D0	写入数据到 CGRAM,DDRAM 或 GDRAM,可连续操作
从 RAM 读数据	D7	D6	D5	D4	D3	D2	D1	D0	从 CGRAM,DDRAM 或 GDRAM 中读出数据,可连续操作
扩展指令									
待命模式	0	0	0	0	0	0	0	1	进入待机,任何指令可解除待机状态
卷动地址或 CGRAM 地址	0	0	0	0	0	0	1	SR	SR=1 设定垂直滚动地址 SR=0 设定 CGRAM 地址
反白选择	0	0	0	0	0	1	0	R0	R=0 对第一行操作,R=1 对第二操作,操作一次切换一次
睡眠模式	0	0	0	0	1	SL	0	0	SL=1 进入睡眠,SL=0 脱离睡眠。
扩充功能设定	0	0	1	DL	—	RE	G	—	DL=1,8 位数据口,DL=0,4 位数据口,RE=1 扩展指令,G=1 绘图状态
设定绘图 RAM 地址	1	0	0	0	A3	A2	A1	A0	水平地址(后送)
	A6	A5	A4	A3	A2	A1	A0		垂直地址(先送)

在 12864LCD 显示模块中，有三种可以操作的内存地址，其中 DDRAM 和 CGRAM 是在字符显示方式下，通过基本指令访问的内存，用于在指令位置上显示字符。DDRAM 用于存放待显示字符的编码，CGRAM 则是一组由用户定义的字符的显示码，在标准字库中指不到某个字符时，可以使用 CGRAM 来定制。可定制的汉字有两个，分别对应 CGRAM 的 00H～0FH 地址范围和 10H～1FH 地址范围。CGRAM 与 DDRAM 中数据之间的关系如图 3-38 所示。

DDRAM					CGRAM 位地址						CGRAM 数据高字节								CGRAM 数据低字节							
B15-B4	B3	B2	B1	B0	B5	B4	B3	B2	B1	B0	D15	D14	D13	D12	D11	D10	D9	D8	D7	D6	D5	D4	D3	D2	D1	D0
0	X	00		X	00		0	0	0	0	0	0	0	0	0	0	0	0	0	0	0	0	0	0	0	0
							0	0	0	1	0	0	0	0	0	0	0	0	0	0	0	0	1	0	0	0
							0	0	1	0	0	1	1	1	1	1	1	1	1	1	1	1	1	1	1	1
							0	0	1	1	1	1	1	1	1	1	1	1	1	1	1	1	1	1	0	0
							0	1	0	0	0	0	0	0	0	0	0	0	0	0	0	0	0	0	0	0
							0	1	0	1	0	0	0	0	0	0	0	0	0	0	0	0	0	0	0	0
							0	1	1	0	0	0	0	0	0	0	0	0	0	0	0	0	0	0	0	0
							0	1	1	1	0	0	0	0	0	0	0	0	0	0	0	1	0	0	0	0
							1	0	0	0	0	0	1	1	1	1	1	1	1	1	1	1	1	0	0	0
							1	0	0	1	0	0	0	0	0	0	0	0	0	0	0	0	0	0	0	0
							1	0	1	0	0	0	0	0	0	0	0	0	0	0	0	0	0	0	0	0
							1	0	1	1	0	0	0	0	0	0	0	0	0	0	0	0	0	0	0	0
							1	1	0	0	0	0	0	0	0	0	0	0	0	0	0	0	0	1	0	0
							1	1	0	1	1	1	1	1	1	1	1	1	1	1	1	1	1	1	1	0
							1	1	1	0	0	0	0	0	0	0	0	0	0	0	0	0	0	0	0	0
							1	1	1	1	0	0	0	0	0	0	0	0	0	0	0	0	0	0	0	0
0	X	01		X	01		0	0	0	0	0	0	0	0	0	0	0	1	0	0	0	0	0	0	0	0
							0	0	0	1	0	0	0	0	0	0	0	1	0	0	0	0	0	0	0	0
							0	0	1	0	0	0	0	0	0	0	0	1	0	0	0	0	0	0	0	0
							0	0	1	1	0	0	0	0	0	0	0	1	0	0	0	0	0	0	0	0
							0	1	0	0	0	0	0	0	0	0	0	1	0	0	0	0	0	1	0	0
							0	1	0	1	1	1	1	1	1	1	1	1	1	1	1	1	1	1	1	0
							0	1	1	0	0	0	0	0	0	0	0	1	0	0	0	0	0	0	0	0
							0	1	1	1	0	0	0	0	0	0	1	0	1	0	0	0	0	0	0	0
							1	0	0	0	0	0	0	0	0	0	1	0	1	0	0	0	0	0	0	0
							1	0	0	1	0	0	0	0	0	0	1	0	0	1	0	0	0	0	0	0
							1	0	1	0	0	0	0	0	0	1	0	0	0	1	0	0	0	0	0	0
							1	0	1	1	0	0	0	0	0	1	0	0	0	0	1	0	0	0	0	0
							1	1	0	0	0	0	0	0	1	0	0	0	0	0	0	1	0	0	0	0
							1	1	0	1	0	0	0	1	0	0	0	0	0	0	0	0	1	1	1	0
							1	1	1	0	0	1	1	0	0	0	0	0	0	0	0	0	0	1	0	0
							1	1	1	1	0	0	0	0	0	0	0	0	0	0	0	0	0	0	0	0

图 3-38　DDRAM 内容与 CGRAM 的地址及其内容的关系示意

GDRAM 是在图形显示的方式下，通过扩展指令访问的内存。12864LCD 显示模块，可以支持 4 行 8 列的汉字显示，或者 128 * 64 的点阵位图显示。通过对显示内存的操作，就可以直接对该内存对应的显示点进行控制。需要注意的是，12864 的显示内存地址与显示位置之间的关系并不是如我们看到的那样顺序相关，显示位置与显示内存之间的实际关系如图 3-39 所示。

由图中可以看出，虽然显示器具有 128 列、64 行，共可显示汉字 4 行 8 列。但是其显示内容在内存中却不是由第 1 行到第 64 行排列的。实际排列状态是 256 列、32 行（两行 16 列汉字）。也就是说，第 1 行的内容后面紧跟着的是第 33 行、第 1 列的内容（第 3 行、第 1 个位置）。

当使用标准指令时，在 12864 上显示只需要在 DDRAM 的对应地址输入汉字的编

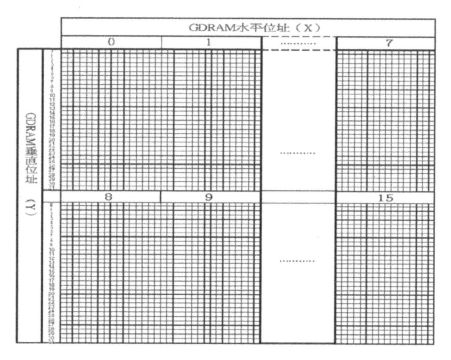

图 3-39　12864 显示位与显示存关系图

码值或 ASCII 的编码值,显示屏内置有汉字库和 ASCII 码符号库,可将相应内容调入显示。DDRAM 地址与显示位置之间的关系见表 3-13。

表 3-13　DDRAM 地址与显示位置之间关系图

	第 1 字	第 2 字	第 3 字	第 4 字	第 5 字	第 6 字	第 7 字	第 8 字
第 1 行	80H	81H	82H	83H	84H	85H	86H	87H
第 2 行	90H	91H	92H	93H	94H	95H	96H	97H
第 3 行	88H	89H	8AH	8BH	8CH	8DH	8EH	8FH
第 4 行	98H	99H	9AH	9BH	9CH	9DH	9EH	9FH

　　例如要在第 1 行第 2 个位置写入一个汉字,LCD 的端口地址为 LCD,则需要向显示屏口发送命令字为 81H,并在指令后送出该汉字的两字节汉字码。

　　当使用扩展指令打开图形显示方式时,需要给出显示点所在的行号和列号,列号同样按 0H~FH,行号则为 0~1FH,在先送行号再送列号,送出地址后,紧接着送出两字节共 16 位显示值。这 16 位显示值与给出地址的行和列位置处的 16 个显示点一一对应,当该位为 1 时显示其对应点,该位为 0 时对应点不显示。编程实例可以参考第四章或第五章相关内容。

　　对于彩色 LCD 显示屏,不同公司的产品会有一定出入,指令格式也相对复杂。因此本书不再做介绍,有兴趣的读者可以查阅相关产品说明书获得。

3.6 执行部件及接口方法

在控制领域,嵌入式系统除了要获取外部信息进行处理外,还需要有一定的执行能力去完成控制任务,这些执行部件有的是通过间接方式完成的,有的则可以直接完成。所谓间接是指通过指令的方式控制受控对象,所谓直接是指通过一定的电信号控制一定器件来完成一定的动作。这一节以最常用的小型直流电机控制和小型步进电机控制为例,介绍了执行部件的设计和接口方法。

3.6.1 直流电机驱动和接口

直流电机在很多小型装置上是典型的执行装置。由于这种执行装置简单,容易控制,因此在很多低压装置上得到广泛使用,如遥控车、遥控飞机、智能赛车、光驱进盘结构等。

1. 直流电机驱动方式

直流电机驱动可以采用两种方式进行控制,一种方式是使用机械式开关;另一种则是使用电子式开关。对其速度的控制可以采用电压直接控制,也可以采用 PWM 波占空比控制。

机械式开关通常是通过控制继电器来完成的,其基本电路如图 3-40 所示。

电路中只需要 MCU 的 I/O 口 P1.1 为高电平,则三极管 Q 将导通,并驱动继电器 J 闭合,使电机接通电源运转。如果使用电子式开关,则可以使用功率较大的晶体管来进行控制,或使用专用控制芯片进行控制。常用控制电路如图 3-41 所示。

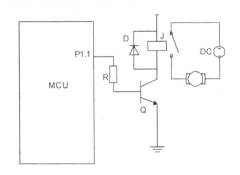

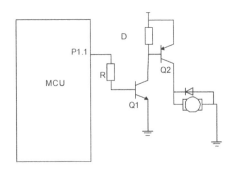

图 3-40 采用继电器的直流电机控制电路   图 3-41 采用晶体管控制的电机驱动电路

在以上两个驱动电路中都只能控制电机是否工作,而不能控制电机的转动方向和转动速度。因此,在实际应用中用得并不多。考虑到使用继电器的灵活性和寿命问题,一般电机驱动更多地使用 H 桥式的晶体管驱动电路或专用驱动芯片,这样就可以很方便地实现电机的速度控制和方向控制。专用驱动芯片的结构简单、使用方便,被广泛使用。常用的驱动电路有 SGS 公司出品的 L298N,L293D,摩托罗拉公司的 MC33886 等。

不同芯片的连接方式和工作电压、电流范围有很大差异,在选择时需要认真查看其数据手册,以便正确使用。使用驱动芯片的直流电机控制电路示意图详见图3-42。

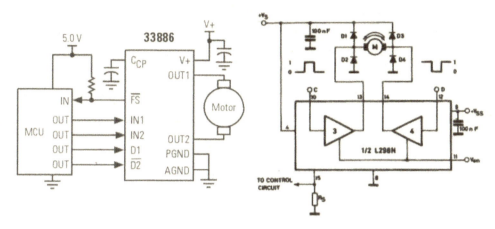

图 3-42 使用驱动芯片的直流电机控制电路示意图

2.直流电机速度控制

控制直流电机的速度,最基本的方式就是调整其工作电压,电压低则速度慢。但是如何来调整其两端电压呢?最简单的思路就是采用串联电路,在电机上串联一定的负载,利用调整负载的分压来完成对电机上电压的控制。这种方式虽然简单,但是效率太低。另一种思路就是采用调整电压的方式来控制,目前最常使用的调整方式就是利用PWM作为控制信号,通过改变其占空比,来调整电路中平均电压。采用这种方式只是相当于在电机电路中加入了一个可开关,通过调整开关的接通和断开时间来控制加在电机上的电压,控制器几乎不消耗能量,因此是一种非常高效的控制手段。在电路中只需要将驱动电路的控制端连接到PWM发生器的输出端就可以了。有一部分驱动芯片(如SA60)甚至自带振荡电路,可以通过设置占空比独立控制直流电机的运转速度。

脉宽调制(PWM)是利用微处理器,以数字量输出的方式实现对模拟电路控制的一种技术,被广泛应用于测量、通信、功率控制、转速控制等许多领域。PWM的一个优点是从处理器到被控系统,其信号都是数字式的,无需进行数模转换。信号以数字形式传递可将噪声对系统的影响降到最小,噪声信号只有强到足以将逻辑1改变为逻辑0或将逻辑0改变为逻辑1时,才能对数字信号产生影响。

PWM是通过对模拟信号电平进行数字编码的方法来实现控制的一种技术方法。将模拟信号用数字方式进行编码,如果需要输出一定的模拟量,则以一个数字值来表示,该数字值可以控制计数器按一定占空比开关电路,让电流以通、断、通、断的形式输出,从而达到调整输出模拟信号的目的。PWM控制输出的是一个方波形式,任何时刻,其满幅值的直流供电要么完全有(ON),要么完全无(OFF)。电压或电流源是以一种通(ON)或断(OFF)的重复脉冲序列被加到模拟负载上去的。通的时候即是直流供电被加

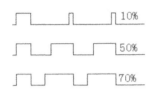

图 3-43 不同占空比的
PWM 示意图

到负载上的时候,断的时候即是供电被断开的时候。只要带宽足够,任何模拟值都可以使用 PWM 进行编码。其基本形式如图 3-43 所示。

上图显示了三种不同占空比的 PWM 信号。一个占空比为 10% 的 PWM,即在信号周期中,10% 的时间通,其余 90% 的时间断。另外两个显示的分别是占空比为 50% 和 70% 的 PWM 输出。这三种 PWM 输出编码分别是强度为满度值的 10%、50% 和 70% 的三种不同模拟信号值。例如,假设供电电源为 9V,占空比为 10%,则对应的是一个幅度为 0.9 V 的模拟信号。

大多数负载(无论是电感性负载还是电容性负载)需要的调制频率高于 10Hz。设想一下,如果电机先接通 5 秒再断开 5 秒,然后再接通、再断开……显然,这只会让人感觉到电机一会儿转了,一会儿停了,而不会感觉到电机因为电压的变化而发生转速的变化。要让电机取得电压变化的供电效果,通断循环周期与负载对开关状态变化的响应相比,时间必须足够短。这也是 PWM 波选择时需要考虑的一个问题,一般来说,在嵌入式应用中使用的 PWM 工作频率为 1kHz～200kHz 之间。可以根据需要,通过对单片机的设置来完成工作频率和占空比的调整。PWM 波的控制在单片机中通常是通过对定时器的设置完成的,不同单片机在 PWM 波发生方面有较大区别,需根据芯片资料确定。有一些单片机不具备 PWM 波的发生能力,在选择单片机时要根据设计需要作出合理的选择。

3.6.2 步进电机驱动和接口

步进电机作为执行元件,是机电一体化的关键产品之一,广泛应用在各种自动化控制系统中。随着微电子和计算机技术的发展,步进电机的需求量与日俱增,在各个国民经济领域都有应用。

步进电机是将电脉冲信号转变为角位移或线位移的开环控制元步进电机件。在非超载的情况下,电机的转速、停止位置只取决于脉冲信号的频率和脉冲数,而不受负载变化的影响。当步进驱动器接收到一个脉冲信号,它就驱动步进电机按设定的方向转动一个固定的角度,称为"步距角",它的旋转是以固定的角度一步一步运行的。可以通过控制脉冲个数来控制角位移量,从而达到准确定位的目的,同时,也可以通过控制脉冲频率来控制电机转动的速度和加速度,从而达到调速的目的。

虽然步进电机已被广泛地应用,但步进电机并不能像普通的直流电机、交流电机在常规下使用。它必须由双环形脉冲信号、功率驱动电路等组成控制系统后方可使用。因此用好步进电机并非易事,它涉及到机械、电机、电子及计算机等许多专业知识。

步进电机分三种:永磁式(PM)、反应式(VR)和混合式(HB)。永磁式步进一般为两相,转矩和体积较小,步进角一般为 7.5 度或 15 度。反应式步进一般为三相,可实现大转矩输出,步进角一般为 1.5 度,但噪声和振动都很大。混合式步进混合了永磁式和反应式的优点,它又分为两相和五相。两相步进角一般为 1.8 度,而五相步进角一般为 0.
72 度。这种步进电机的应用最为广泛。一般来说,两相电机步距角大,高速特性好,但
是存在低速振动区。而五相电机步距角小,低速运行平稳。所以,在对电机的运转精度
要求较高,且主要在中低速段(一般低于 600 转/分)运行的场合应选用五相电机;反之,
若追求电机的高速性能,对精度及平稳性无太多要求的场合应选用成本较低的两相电
机。另外,五相电机的力矩通常在 2NM 以上。对于小力矩的应用,一般采用两相电机,
而低速平稳性的问题可以通过采用细分驱动器的方式解决。

步进电机通常都使用专用驱动电路进行控制,其连接方式如图 3-44 所示。

在使用中需要注意以下几个问题:

(1)步进电机控制器在未接电机时不要上电,否则可能损坏控制器;

(2)不要带电插拔控制器上的引线;

(3)在单片机输出脉冲时,需要确认脉冲电平不超过控制器说明上额定的电压,否则
需要串联一定大小的电阻以限流保护接口;

(4)如果要求较高转速,应逐步提高控制脉冲的频率,否则可能因失步而导致步进电
机停转;

(5)不可以使用超过控制器最高工作电压的电源;

(6)应确保电源具有足够的负载能力。

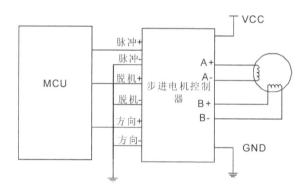

图 3-44 步进电机控制器与单片机连接

如果在使用中两相电机无法满足转角要求时,步进电机控制器通常还可以提供更
多的细分,一般可以分为 2 细分、8 细分、64 细分等。这样可以使电机单步转动角度非常
小,达到极高的控制精度,但须注意电机过小的控制转角容易产生失步。两相步进电机
每步的转角一般为 1.8 度(200 步/圈),如果采用 2 细分则可以达到 0.9 度,也就是每一
圈 400 步;如果采用 8 细分则可以达到 1600 步/圈;如果使用 64 细分则可以达到 12800
步/圈。但实际使用的电机可能达不到这一精度。

第四章　单片机系统仿真与实践

本章主要介绍 MCS51 单片机的仿真工具和仿真开发方法，以及几个仿真开发的实例。通过利用仿真手段，帮助读者学习掌握 8 位单片的基本原理和系统开发流程，为进一步学习复杂的应用系统奠定基础。

4.1　单片机系统开发简述

8 位的单片机在性能上虽然无法与 32 位的处理器相提并论，但是，极低的开发使用成本、极大的灵活性、丰富的产品型号，使其在嵌入式应用中占有一席之地，特别是在控制领域，8 位单片机系统仍然占据着绝大部分的市场。本章将通过两个层次的介绍，来帮助读者学习掌握 8 位单片机的基本使用和开发手段。

嵌入式系统既然是计算机系统，那么就一定离不开计算机的硬件和软件。对于软件，很多读者都有一定的认识和动手能力。而对于硬件，很多人则存在着畏难情绪，他们认为硬件系统要比软件系统复杂和高深，从而缺乏设计和开发的勇气。实际上，认为硬件系统的设计比软件设计更困难完全是一种误解，至少在单片机这个层次上是不正确的。我们通常所说的嵌入式硬件，包括 MCU、存储部件、外围接口电路这几个部分，虽然每个部分确实都相当复杂，国内公司甚至都没有能力生产，但是掌握其使用却并非想像的那么困难。在嵌入式系统中，硬件系统的设计与实现并不是设计每一个单独的部件，而是开发者根据自己的需要，设计合理的解决方法，从五花八门的元器件中选择合适的器件，搭建满足设计需要的硬件平台。而这个过程，除了那些需要进行特殊信号处理的硬件设计外，一般基于单片机的硬件系统设计并不困难。接下来将分别在本章和下一章通过两个不同层次对基于 8 位单片机的嵌入式系统设计进行分析和介绍。

第一个层次借助于仿真工具，利用 PC 机以软件仿真的方式学习单片机的一般开发过程，并掌握单片机常用开发中涉及的通用 I/O 口使用，中断使用，串行通信，定时器/计数器使用，LED、LCD 驱动，扫描式键盘及相关程序设计等。通过这一系列相对比较单一的系统设计与验证，我们对单片机的使用会有一个初步的认识。

嵌入式系统的开发与传统应用软件的开发具有的很大不同就是需要特定硬件环境的支持，而设计自己需要的硬件系统，对于初学者而言是有一定难度的。而仿真软件则很好地解决了这个问题。通过 PC 机下的一个软件，我们就可以根据需要搭建起一个虚拟的原理上的嵌入式硬件环境，并在这个硬件上进行相应的开发和学习嵌入式系统的开发技术。这种学习方式的最大特点就是灵活、低成本和直观。当然，仿真仅仅能够解决基本的原理问题，并不能代替真实的硬件平台，如果要真正开发一些产品，还是只能利用定制硬件环境来满足开发和实现需要。这主要的是因为仿真软件对于一些技术参数的模拟和实时信号的模拟与真实条件还是存在一定差距，有可能在原理上仿真通过了，但是实际开发出来的系统却无法工作。所以，对嵌入式系统的开发，不但原理上要正确，在实际的参数选择、时序控制、多任务管理等方面都要予以考虑，才能够设计出具有实用价值的产品。在第二个层次，我们将通过对一定的开发实例进行介绍，使读者可以通过这些产品的设计与实现，学习到一些细节性的开发技术。

在第二个层次的开发实例介绍中，将从几个实际产品的开发原理、总体设计、硬件设计、代码解析等几个方面的内容来进行。对每个实例的介绍都分为三个部分：一是对系统原理的介绍，包括系统中涉及的相关标准、协议等内容；二是硬件电路的工作原理，主要是电路原理的设计说明等内容，作为实验或验证平台，读者按照书中介绍的步骤完成设计后，可以制作印制板电路，并通过焊接搭建起系统的硬件环境；三是通过对软件部分系统流程和关键函数代码实现的介绍，帮助读者学习和理解单片机环境下的程序开发方法。

有些读者也许会问，为什么在嵌入式系统开发的介绍中需要对特定的硬件平台进行开发和实现，不是每种单片机都可以买到相应的评估板或是开发板一类的现成产品么？这种想法有一定道理，比如说我们的 PC 机就是一个通用的平台，所有要解决的问题都只需要通过软件设计的方式去完成，很少有人会为了实现一个功能去修改我们的 PC 机。嵌入式系统中为什么不是这样的呢？只要每一种单片机都固定做一种硬件平台，选择了这种单片机就相当于选择了这个平台，开发者只需要做软件不就成了么？这种观点倒没有什么错误，只是这与嵌入式系统的设计目标有着很大的出入。

首先，嵌入式系统的设计目标不为通用计算，具有一定的专用性。比如，鼠标就只为了读取坐标，打印机就只用于打印信息，汽车上的 ABS 就只负责管理刹车等。

其次，设计目标的专用性决定了其硬件电路设计的专用性。还是以打印机为例，如果用一个通用的开发板来实现，那么板上的驱动电路、信号读取电路、通信电路等，如何设计才能做到通用呢？所以，真正解决问题的方法就是定制。

最后，由于嵌入式系统应用条件的限制，硬件体积具有很大的灵活性。比如一台用 ARM 处理器设计的外设，因为可以使用交流市电供电，就可以在体积、能耗、重量等方面设计宽松些。如果用它来做一个手持式的设备，则其供电电源、能耗、体积、重量等诸多方面都受到很大的限制。这样的两种产品用一个通用的开发板来设计显然是不合适的。

嵌入式系统是计算机系统，相对于我们的 PC，其最大的特点就是定制。在实际生产中利用嵌入式技术去解决一个特定的问题,往往是通过为其量身定制一个硬件系统,并以此为基础定制一套相应的软件,构成一个完整的系统来实现的。

采用这种方式的主要优点在于:

(1) 不会因为使用通用系统而出现功能部件的冗余,减小系统硬件成本;

(2) 通过选择更加符合应用要求的器件,减小系统成本、体积和功耗;

(3) 通过对系统硬件和软件的优化,提高系统的性能和可靠性;

(4)通过对硬件和软件的加密处理,保护相关知识产权。

4.2　软件开发环境 Keil uVision

1.Keil uVision 集成开发环境介绍

Keil uVision 是凯尔软件公司出品的 51 系列兼容单片机 C 语言软件开发系统,是使用接近于传统 C 语言的语法来开发软件,其 C 编译器被称 KEIL C51。Keil uVision 是一个功能强大的集成开发环境,这个集成开发环境包含编译器、汇编器、实时操作系统、项目管理器、调试器等。运行 Keil 软件需要 WIN98、NT、WIN2000、WINXP 等操作系统。凯尔公司于 2007 年被安谋国际科技公司收购,因此,uVision 开发环境也能够很好地支持安谋国际科技公司的 ARM 系列内核编译。目前最高版本的 Keil uVision 是 uVision 4,能够支持多显示的联合使用,该版本已经被集成到了最新版的安谋国际科技公司开发环境 REALVIEW MDK 环境中。

2.Keil C51 程序设计简介

Keil C51 是专为 51 系列单片机设计的 C 语言编译器,支持符合 ANSI 标准的 C 程序代码。另外,为了能够更好地符合单片机的结构特点,也进行了一些扩展和处理。本文只针对一些在编程中需要注意的地方作一些说明,其他与编程相关的技术请参考相关的 C 语言程序设计方面的资料。

(1)Keil C51 支持的数据类型除了标准的字符型 char、整型 int、长整型 long、浮点型 float、指针型 * 数据外,还包括位类型 bit、特殊功能寄存器 sfr、16 位特殊功能寄存器 sfr16,可寻址位 sbit 这四种特殊类型。

(2)Keil C51 定义的变量类型和存储模式与普通 C 语言不同,其基本格式如下:

[存储类型]数据类型[存储器类型]变量名表。

存储类型表示变量的操作特征,共 4 种:自动(auto)、外部(extern)、静态(static)、寄存器(register)。一般情况下默认为自动类型。

存储器类型是指编译后该数据将存放在哪一种数据空间,共 6 种类型,如表 4-1 所示。

表 4-1　Keil C51 编译器识别的存储器类型

存储器类型	变量存储的位置
DATA	直接寻址的片内数据存储器(128B),访问速度快
BDATA	可位寻址的片内数据存储器(16B),可按位访问
IDATA	间接访问的片内数据存储器(256B),片内全部地址
PDATA	分页寻址的片外数据存储器(256B),MOVX @Ri 指令访问
XDATA	片外数据存储器(64KB),MOVX @ DPTR 指令访问
CODE	程序存储器(64KB),用 MOVC @A+DPTR 指令访问

存储器类型分为直接寻址片内数据存储器类(DATA)、可位寻址片内数据存储器(BDATA)、间接访问的片内数据存储器(IDATA)、分页寻址的片外数据存储器(PDATA)、片外数据存储器(XDATA)。

(3)C51 允许通过绝对地址来访问片内或片外地址空间,访问可以利用库函数来完成,只要在程序中包括了"absacc.h"头文件即可。访问的宏如表 4-2 所示。

表 4-2　绝对地址访问存储空间宏定义

宏定义	功能	宏定义	功能
CBYTE[[Address]	CODE 区字节变量	CWORD[Address]	CODE 区字变量
DBYTE[Address]	DATA 区字节变量	DWORD[Address]	DATA 区字变量
PBYTE[Address]	PDATA 区或 I/O 字节变量	PWORD[Address]	PDATA 区或 I/O 字变量
XBYTE[Address]	XDATA 区或 I/O 字节变量	XWORD[Address]	XDATA 区或 I/O 字变量

(4)寄存器组的切换功能,在 51 单片机中定义了其最低 32 字节为 4 组寄存器,每组 8 个命名分别为 R0~R7,统称为工作寄存器组。利用不同的工作寄存器组可以高效地进行多任务的切换,而不需要对工作寄存器进行压栈等保护操作。因此,在多任务设计时可以利用这一特性。其使用方式是在函数名前加"using N",其中 N 表示 0~3,即可以实现该函数在编译时会使用不同工作组下的寄存器。但是,由于寄存器组会发生切换,因此,如果要返回函数值,则不能使用寄存器,只能利用数据存储空间来完成。

(5)中断函数定义功能,在 C51 中可以直接定义中断服务函数,而不需要额外的注册或登记,只需要在函数定义时进行一个声明即可。其基本形式如下:

函数名( ) interrupt N

{

函数体

}

N 表示中断号,该中断号通常在芯片相关的头文件中有宏定义。

(6)重入函数定义功能。C51中为完成函数的可重入,定义了特殊的声明方法,只需要和中断函数定义一样在后面加上 reentrant 关键字即可。但是在定义该函数时应注意遵守以下规定:A,不可传送 bit 型参数,不可定义局部位变量,也不可操作可位寻址变量;B,与 PL/M51 兼容的 alin 函数不可定义为重入函数。

(7)利用_at_进行绝对地址声明,可以对一个绝对地址声明一个标识符以方便使用该地址。其格式如下:

［存储器类型］数据类型 标识符 _at_ 地址常数

声明后的标识符相当于一个变量,并指定放在地址常数所在的位置。

以上 7 点介绍了 C51 与标准 C 在语法格式上的一些区别,ANSI 标准 C 的基本语法和格式在 C51 上基本都能够识别,本节就不再作更多介绍,而读者需要掌握相应的基础知识。

4.3　硬件仿真软件 Proteus

Proteus 软件是英国 Labcenter 电子(Labcenter electronics)公司出版的 EDA 工具软件。它不仅具有其他 EDA 工具软件的仿真功能,还能仿真单片机及外围器件。该工具可以完成从原理图布图、代码调试到单片机与外围电路的协同仿真和一键切换到PCB 设计等强大的功能,是目前唯一可以将电路仿真软件、PCB 设计软件和虚拟仿真结合的设计平台。该仿真工具,不但可以支持 8 位/16 位的微处理器如 8051、HC11、PIC、AVR、8086 和 MSP430 等,还可以仿真一些高档的 32 位系统如 ARM 处理器中的 Cortex、ARM7 以及 DSP 系列等,对于处理器的支持还在不断地完善和增加。在软件接口方面,它可以与 IAR、Keil 和 MPLAB 等多种编译器进行配合,完成联合开发和调试。

Proteus 的主要功能包括以下几个方面。

1.智能原理图设计功能(ISIS)

Proteus 由多个部分组成,其中用于原理图设计的工具叫做 ISIS,它自带十分丰富的器件库。该元器件库有超过 27000 种元器件,而且还可以利用它提供的工具方便地创建用户自己的新元件。

2.电路仿真功能(Prospice)

Proteus 的电路仿真功能被称为 ProSPICE,它是符合 SPICE3F5 工业标准,可以实现数字/模拟电路的混合仿真。

在 Proteus 中带有多种信号激励源,如直流、正弦波、脉冲信号、分段线脉冲信号、音频信号(使用 wav 文件)、指数信号、单频的 FM 信号、数字时钟信号和码流等,用户甚至可以利用其支持的文件格式进行其他信号的输入。利用这些信号源向设计的电路图进行信号注入,并通过虚拟仪器的观察,可以方便地在硬件上对设计的系统进行原理验证,从而实现硬件系统原理的设计工作。

与信号源相对的另一个虚拟内容当然就是虚拟仪器了,这些虚拟仪器通过可视化的界面,提供可交换的操作功能。Proteus自带有13种虚拟仪器,这些仪器包括示波器、逻辑分析仪、虚拟终端、交流/直流电压/电流表、数字图形发生器、频率计/计数器、逻辑探头、信号发生器、SPI调试器、I2C调试器等。

为了在硬件电路中更直观地看到各工作点的状态,Proteus中采用引脚标识的方式来描述各引脚动态的电平状态,不同的颜色表示不同的电压,从而可以非常方便地观察系统是否运行、运行是否正常等信息。

另外,Proteus在电路仿真功能中还提供了一个高级图形仿真功能(ASF),能够精确分析电路的多项指标,如瞬态特性、频率特性、传输特性、工作点、失真、噪声、傅立叶频谱分析等。

3.单片机协同仿真功能(VSM)

对于单片机系统,Proteus提供了一个叫做VSM的仿真功能,这一功能,可以仿真程序代码下载到目标硬件,并在目标硬件上运行调试的过程。目前可以支持一些主流的8位、16位以及少量32位CPU。

Proteus在VSM中提供了一些计算机系统的通用外围设备,如点阵式/字符式的LCD模块、LED点阵、LED7段显示模块、键盘/按键、直流/步进/伺服电机、电子温度计等,通过一个专用的COMPIM(COM口物理接口模型)甚至可以使仿真的系统通过PC机的串口与外部进行双向异步串行通信。

VSM能够支持实时仿真,如UART/USART/EUSARTs仿真、中断仿真、SPI/I2C仿真、MSSP仿真等。

除了对硬件的支持,VSM还支持编译和调试工具,其系统带有8051、AVR、PIC的汇编编译器,可以完成源码的编译和仿真。该仿真工具也可以与第三方集成编译环境(如IAR、Keil和Hitech)结合,作为编译环境的仿真器进行高级语言程序的调试。

4.PCB设计功能

在Proteus下可以完成从电路图到PCB图的设计工作。

Proteus功能十分强大,对其功能的介绍需要单独的一本书,因此在本教程中只介绍与实验相关的内容,其他部分功能和用法,有兴趣的读者可以查阅相关资料作进一步学习。接下来,我们将通过仿真实例的方式对Proteus的使用步骤、方法作一个简要介绍,读者可以根据介绍过程完成一个最基本的Proteus验证过程。

4.4 51单片机仿真过程及实例

在Proteus上面进行仿真的主要步骤包括绘制电路原理图、进行电路检查或电路仿真、调入编写好的程序进行单片机协同仿真、仿真过程中可以进行程序调试直到完成设计目标。下面首先用一个例子来说明其基本过程。

4.4.1 Proteus 仿真调试过程(流水灯控制)

1. 使用 Proteus 绘制电路图

本小节将利用 AT89C51 单片机的 I/O 端口控制 LED,完成一个流水灯电路,并通过设计相应程序实现 LED 的顺序点亮,形成流水灯效果。

首先需要绘制出流水灯的电路原理图。具体操作步骤如下。

打开 Proteus 的 ISIS 软件,进入如下编辑窗口,详见图 4-1。

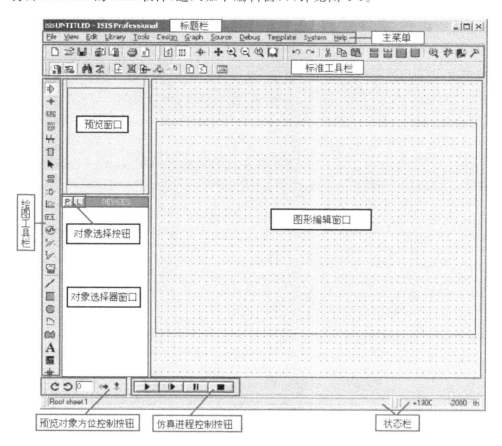

图 4-1 Proteus ISIS 主窗口

(1)创建一个电路仿真系统的空白模板。点击左边绘图工具栏中的第一个按钮"⬥",会出现图 4-1 所示界面。

(2)选择在电路中需要用到的元器件,点击界面中间对象选择按钮"P"弹出元器件选择窗口,详见图 4-2。

(3)通过关键字选择各元器件,在 Keyword 栏空白处输入"AT89C51",出现与关键字相关的元器件列表,详见图 4-3。

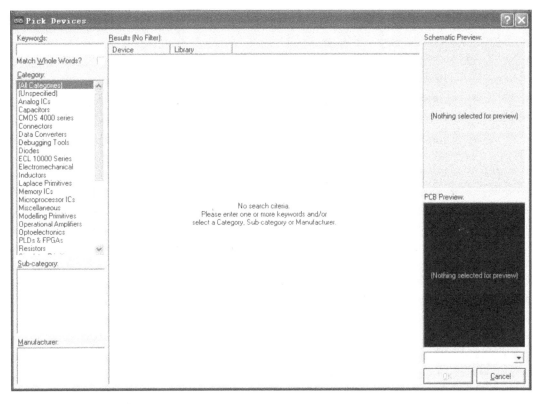

图 4-2　Proteus 元器件选择窗口

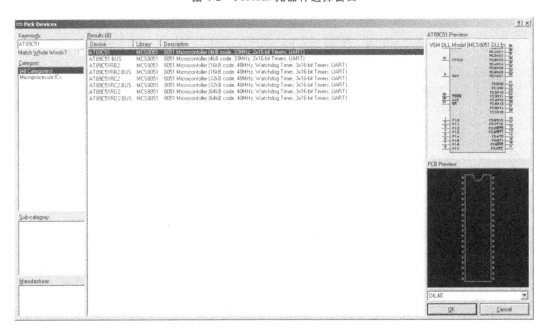

图 4-3　元器件列表

（4）通过关键字的筛选后，在大窗口中会出现与关键字匹配的系列元器件列表，从列表中选择电路设计所需要的元器件然后双击，如本例中选择了"AT89C51 MCS8051 MI-CROCONTROLLER(4KB CODE,33MHZ.2 * 16-BIT TIMERS UART)"。重复步骤（3）的操作，选择"LED-GREEN"、"RESPACK-8"到项目的备选器件列表，最后点"OK"退出选择窗口。在设计电路时，通常应尽可能将用到的元器件一次选择到位，以便于布局和电路设计。

（5）进行原理电路的布局，在 ISIS 主窗口中用鼠标左键点击 AT89C51，然后在图形编辑窗口中点鼠标左键，将 AT89C51 放在编辑窗口中。如果需要改变其放置的位置，用鼠标右键点击 AT89C51，当其变为红色时，用鼠标左键按住后可以移动鼠标改变该元件的位置，放置好后松开鼠标左键，并在空白处单击鼠标右键，取消对元件的选择。用相同操作放置好发光二极管 LED-GREEN、电阻排 RESPACK-8，电阻的值可以选择后单击左键进行相关窗口进行修改，布局和参数值修改后如图 4-4 所示（注意 LED 的引脚方向与电路电源的方向的一致性）。

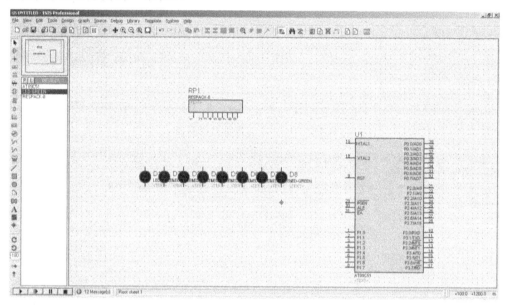

图 4-4　元件位置布置图

（6）选择接口端子，放置好元件后，接着需要放置电源、地线等接口端子（在默认情况下系列会为单片机提供电源和地线，不需要额外画出）。点击左侧工具栏上的按键出现如下界面，详见图 4-5。

（7）放置电源端子，在对象选择窗口中选择"Power"，并放置到合适的位置（在这个例子中未使用外加电源，对电源的介绍供学习参考），详见图 4-6。

（8）设置电源端子，在 Power 上点击鼠标右键使之变为红色然后单击鼠标，将弹出一个窗口，如图 4-7 所示。在窗口中为 Power 标上一个标识，最简单的标识是电源使用的电压值，如 5V、3.3V、1.8V 等。

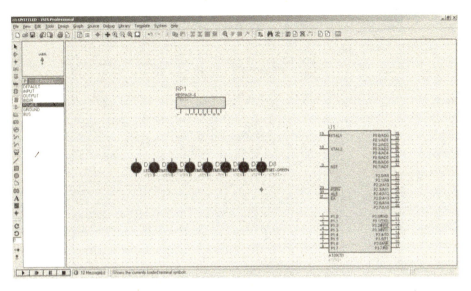

图 4-5   选择终端信号工具项后的界面

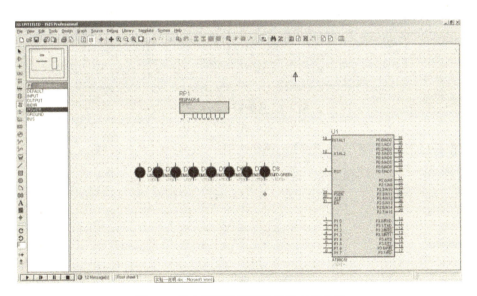

图 4-6   已布置了 POWER 连接点的电路

(9)放置地线端子,选择对象窗口中的"Ground",放置到图形编辑区,见图 4-8。

(10)对电源端子进行编辑,以便使每个电源端子连接到正确的电源电压。虽然我们给电源端子做了标识,但这个标识只是一个外在的名称,并不表示这个标识已经连接到电源的某个电压,因此需要作进一步设置以使其连接到合适的电源上。

选择菜单中的"Design"—"Configure Power Rails"命令,出现 Power Rail Configuration 对话框,如图 4-9 所示。

图 4-7 电源标识输入窗口

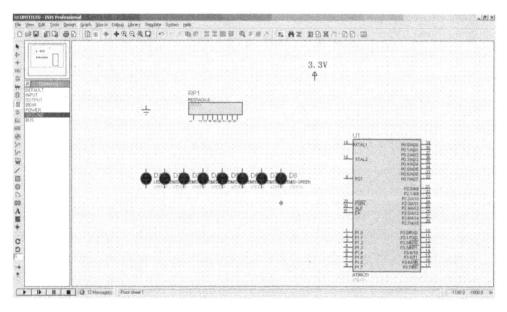

图 4-8 加入地线后的电路图

在默认的电路中是没有 3.3V、1.8V 这样的电压值的,需要设计者自己确定。单击"New"按键,在弹出窗口中输入 3.3V,如图 4-10 所示。

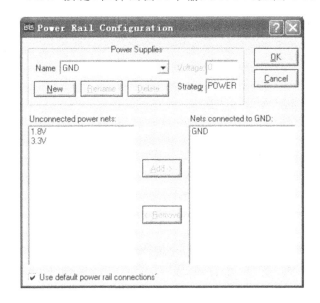

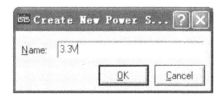

图 4-9　电源连接设置窗口　　　　图 4-10　增加新的电源网络

返回后单击"Power Rail Configuration"窗口下的"Unconnected power nets"中的 3.3V,并按下中间的"ADD"按键,加到 3.3V 的网络连接中去。这样标识为 3.3V 的端子就真正连接到电压为 3.3V 的电源网络中去了。详见图 4-11。

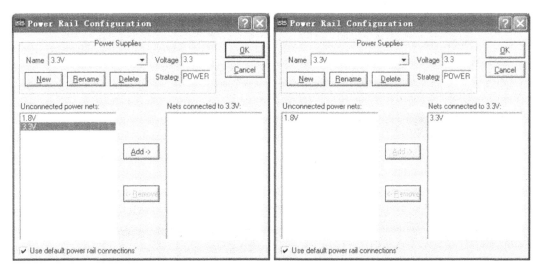

图 4-11　添加到电源网络前和添加后的示意图

同样创建一个 1.8V 的电源点,并将未连接的 1.8V 电源头加入到 1.8V 电源点上,如图 4-12 所示。

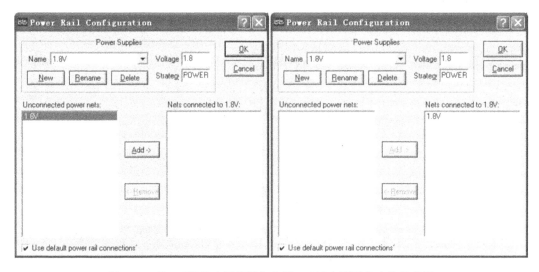

图 4-12　将 1.8V 的电源标号加入到 1.8V 电源网络中的示意图

（11）进行引脚连接，完成电路。点击工具栏第四个按键"✏️"，开始进行线路连接。当鼠标移动到连接引脚时会出"口"标志，可单击鼠标左键。然后移动鼠标到另一连接端，出现"口"时单击鼠标完成连接，连接后的电路图如图 4-13、图 4-14 所示。

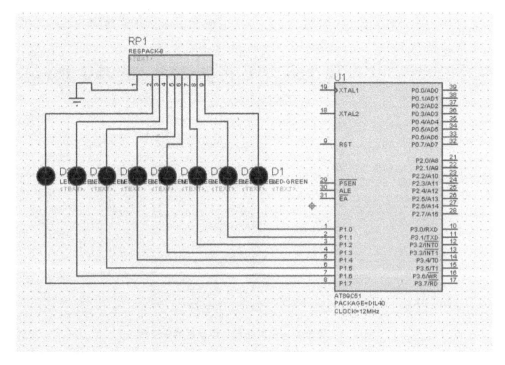

图 4-13　采用多根线连接的效果

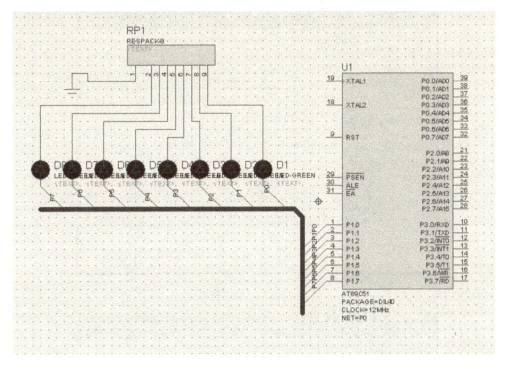

图 4-14　采用总线方式连接的效果

(12)如果连接较多且比较杂乱,这种情况下可以考虑使用总线式的线路联接,可以使电路看上去简捷得多。总线连接的基本步骤如下:

点击 Proteus 左侧工具栏按钮，然后在画总线的位置画出需要的总线,画线时可以在转弯处按住键盘的 Ctrl 键,这样就可以画出如图 4-14 所示的 45 度转角,使电路看上去更美观一点;画出总线后需要进一步画出每个引脚到总线的分线,也同样可以按住 Ctrl 来画;画出一根线后,其他与之平行的引线只需将鼠标移动到需要画线的引脚处,当鼠标变成一个"╳"的标志时双击鼠标左键即可。

画出连线后还要对每根线之间的连接关系进行设定,其方法是对每根线设定对应的标识。按下工具栏中的按键，然后按下键盘上的"A"键,弹出如图 4-15 所示窗口。

将 String 改为需要的标识值,输入"NET＝XXX♯","NET＝"是关键字,其中 XXX 表示这个标号的符号串,在本例中为 P,♯ 表示需要自动填入的一个标号数值,这个数据的起点和间距由下面的 Count 和 Increment 两个参数决定,见图 4-16 所示。Count 为 0,表示起始数值为 0;Increment 为 1,表示每两个标号数值递进 1。按 OK 键后,在电路中将鼠标移动到需要进行标识的总线引脚上,当出现"╳"符号时,单击鼠标左键,系统将从设定的 Count 值开始为该引脚分配一个标号。设定一侧后,用相同方式设定总线连接的另一侧,这样具有相同标号的引脚就相当于连接在一起了。当然,除了这种方式外,还可以直接画出引脚线,不用总线连接直接用标号进行标识,同样可以实现这种功能。

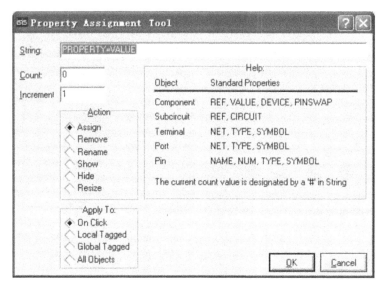

图 4-15　标识设定窗口

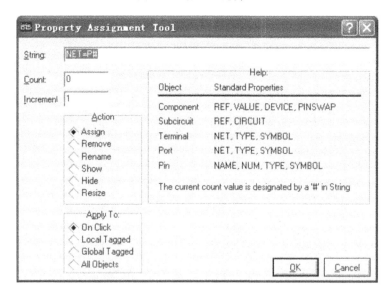

图 4-16　设置引脚的标号参数

注意将电路图进行保存,可保存到"流水灯"目录下。

电路中使用了一个电阻排,该电阻排由 8 个电阻封装后组成,每个电阻的阻值相同,用于对 LED 进行限流。LED 是一种对电压敏感的元件,正向导通电压通常为 1.8V,工作电压通常为 2V 左右,工作电流约为 10～20mA。工作时电压的小幅波动都可能引起工作电流的大幅变化,为了提高其工作稳定性和可靠性,需要为其串联限流电阻,以保护其不会因过压、过流损坏。在仿真电路中这个电阻可以省略,但在实现硬件设计时必须得加以考虑。

2. 编写程序

(1)打开 51 单片机的开发环境 uVision，单击菜单中的"工程"—"新工程"，在弹出的创建新的工程窗口中，输入新工程名并按"保存"键后，将弹出选择目标芯片的窗口，如图 4-17 所示。

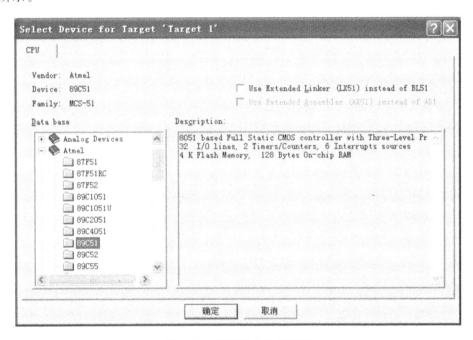

图 4-17　目标芯片选择窗口

选择好芯片后按"确定"键，返回主设计界面。这时可以在左边的工程窗口里看到 Target1。

(2)添加源程序到该目标，也可以通过"文件"—"新"来创新一个新文档，创建后存盘，存盘时选择正确的文件扩展名（C 语言程序扩展名为 .c，汇编程序扩展名为 .asm）。然后在 Target1—Source Group1 上单击鼠标右键，选择添加文件到 Source Group1，将刚刚编辑的文件添加即可。

在新工程中编写如下 C 语言代码：

```
#include <AT89X51.h>
unsigned char num=1,i;
int x,y;
main()
{   P1=num;                    //设置 P1 端口初值
    while(1)                   //进入死循环
    {   num=1;                 //设置循环起点
        for(i=0;i<8;i++)       //设置每个循环要点亮发光管的个数
```

```
{   P1=num;                              //将 P1 端口重置,改变发光管位置
   for(x=0;x<650;x++){for(y=0;y<65;y++){}}   //循环延时程序
   num=num<<1; }                        //将循环控制信号进行修改
}}
```

该程序仅仅利用一个无限循环程序,将 89C51 单片机上 P1 端口 8 位 I/O 引脚的电平逐一置为高电平,从而出现 LED 发光二极管自右向左逐一点亮,并循环重复的效果。

(3)设定工程编译后的输出结果。在"Project"—"Option for Target 'Target1'"中打开如图 4-18 所示窗口。

图 4-18　目标选项设定窗口

选择"Output"页,如图 4-19 所示。

在"Name of Executable"处输入生成的可执行文件的文件名;并将 Creat HEX Fi 前打上勾,然后点"确定"离开,表示在编译完成后将生成符合 HEX-80 标准的 HEX 文件。

(4)在 Target 上单击鼠标右键,选择"Build Target"或"Rebuild Target",完成对工程的编译。或者单击工具栏中的"🏛"图标,完成系统编译,如果程序没有出错,将全会在当前目录下生成"流水灯. HEX"文件。该文件是一个二进制可执行文件,通过一定的方法下载到单片机后,该程序就可以执行并观察结果了。

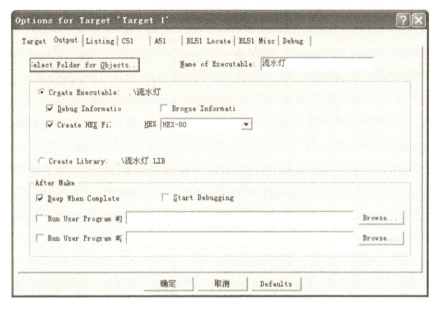

图 4-19　输出文件类型设定窗口

3.进行相关设置,开始电路仿真

电路及程序编译完成后可以将程序放到目标系统上运行,以观察运行效果。

(1)设置单片机参数及程序。在 Proteus ISIS 中将流水灯电路打开,在 AT89C51 上单击鼠标右键,使之成为红色表示被选择,然后单击鼠标左键,弹出窗口如图 4-20 所示。

图 4-20　单片机参数及程序设置

在窗口中的"Program file"栏点击"⬚"选择程序所在文件夹下的"流水灯.HEX"文件,完成 AT89C51 运行程序的选择。

在窗口中的"Clock Frequency"栏输入 12MHz,完成对 AT89C51 芯片的程序选择和主频设置,点"OK"退出设置。

(2)在 ISIS 主窗口下有仿真演示操作按钮 ▶ | ⏸▶ | ❚❚ | ■ ,点 ▶ 按键可以开始仿真过程。如果程序没有错误,将可以观察到发光二极管自右向左的点亮过程。

4.进行系统联合调试

虽然通过上面的 3 个步骤可以完成程序到目标硬件的仿真实验,但是程序的运行却是不可控的,如果程序还存在缺陷则需要进行调试。以上步骤只能通过在 Proteus 上观察效果,然后再到 Keil uVision 中进行程序修改,编译后再送到 Proteus 进行仿真。这个过程显然明显不利于程序开发,进行系统联合调试则可以解决这个问题。Proteus 可以作为 Keil uVision 的一个外部仿真部件,通过软件接口实现联合调试功能,即 Proteus 中的电路作为 Keil uVision 的目标板连接到 Keil uVision 上,进行在线调试。进行这个调试,还需要安装一定的驱动程序,以提供相关的接口和信息交换,相关程序的安装步骤如下。

(1)安装 Proteus 的驱动模块。在"Proteus"的安装文件夹打开"Keil 驱动"—"VDMAGDI.EXE",完成 Proteus 驱动的安装。

也可以用以下两步完成驱动的安装:

首先,把安装目录 Proteus\MODELS 下的 VDM51.dll 文件复制到 Keil 安装目录的 \C51\BIN 目录中;

其次,修改 Keil 安装目录下的 Tools.ini 文件,在 C51 字段加入 TDRV5＝BIN\VDM51.DLL("PROTEUS 6 EMULATOR")并保存。不一定非要使用 5 这个标识,可以使用一个与原有描述不重复的标识就可以了。括号和引号中的内容只是一个说明文字,能够与其他仿真器有所区别就可以了。

(2)驱动安装后,进行相关设置。打开 Proteus 中相应的电路图,在 Proteus 的"Debug"菜单中选中"Use Remote Debug Monitor",使用远程调试监控。

进入 Keil 环境,打开与电路相应的软件工程文件,在 Project 菜单 Option for Target "工程名"的设置窗口中选择 Debug 页。

在 Debug 选项中右栏上部的下拉菜单选中 Proteus VSM Simulator。详见图 4-21 所示。

再点击 Settings 按键,在弹出窗口中设置 IP 设为 127.0.0.1,端口号为 8000,按"OK"退出选择。见图 4-22 所示。

(3)在 Keil 中进行调试,通过 Proteus 观察运行结果。

在 Keil uVision 中可以对程序进行设置断点、单步等调试操作,同时,Proteus 中将会根据程序的执行得到执行的结果。这种方式的仿真调试甚至比实物上的仿真更加方便,而且几乎不需要考虑成本,可以作为学习 51 单片机原理和应用设计的入门手段。

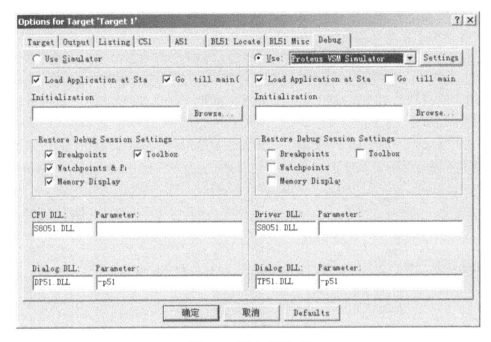

图 4-21 调试对象选择

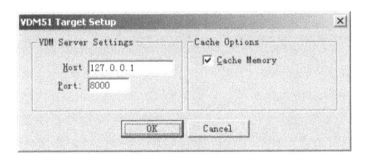

图 4-22 设置目标服务器地址

5.单片机程序设计的基本思想

很多读者都对 PC 机上的程序设计有比较多的了解,但是在单片机上运行的程序,往往没有 PC 机上功能完善的操作系统支持,因此,在程序设计上有其自身的特点和方式。在单片机上的程序主要包括两种方式,一种是没有调度程序的方式;另一种是有调度程序的方式(或者叫操作系统方式)。

在没有调度程序的方式下,程序的流程一般如图 4-23 所示。

在这种方式下,所有任务都在一个死循环中,程序运行时根据不同的参数状态来处理不同的任务。对于任务不多、相互关系比较清晰、工作流程固定的系统,采用这种方式是比较好的一个选择。这种方式下,由于任务比较集中,便于实施和控制,任务的实时性比较好保证。

在有调度程序的方式下,程序的结构可以分为两类:一类是属于简单操作系统环境;另一类是属于复杂操作系统环境。在简单操作系统环境下,操作系统的主要工作只负责对任务的管理、调度、任务间通信、时钟管理以及驱动程序等内容。这种环境下的程序通常需要有一个比较固定的结构,配合操作系统来完成任务的调度、通信等工作,以确保良好的实时性。其流程如图 4-24 所示。而在复杂操作系统环境下,操作系统不但要管理任务和驱动,还要管理内存、外设、文件系统、通信系统等。而这里的任务通常不需要对操作系统本身的工作了解太多,也没有固定结构,只需要考虑完成的任务就可以了,因此其实时性并不是很好。

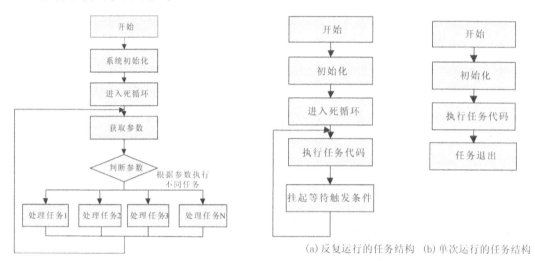

图 4-23　采用死循环方式的程序流程图　　图 4-24　简单操作系统下的任务流程图

图中(a)描述的反复运行任务也是一个死循环,但是循环将通过挂起操作进入事件等队列,从而交由操作系统在事件发生时唤醒,避免了在无操作系统条件下任务间需要通过复杂的交叉调用来完成任务的运行触发动作。而图中(b)则描述了单次运行的任务在操作系统中只运行一次后由任务将自己杀死或退出,如系统初始化任务通常就是这样,只需要在系统上电时执行一次任务就可以退出了。

4.4.2　外部中断功能仿真实例

本小节将用一个仿真实验介绍 51 单片机的外部中断功能仿真功能。通过本实验,可以帮助读者了解在 C 语言程序设计中,如何实现一个中断处理程序。

1.使用 Proteus 绘制电路图

使用 Proteus 绘制电路图详见图 4-25。

电路中所使用的元器件详见图 4-26。

该电路原理如下:

7474 是 D 触发器,利用该触发器将按键上的按键值转换成一个触发信号,该触发信

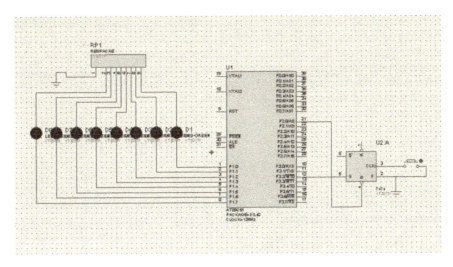

图 4-25　中断实例电路原理图

号 Q 连接到 51 单片机的外部中断 0。在本实验中，外部中断
的触发方式使用了电平触发，也就是说，当 Q 值为低电平时
可以触发 51 单片的外部中断。为避免出现重复中断的问题，
51 单片机的 P2.0 引脚连接到了 D 触发器的 S 端，发生中断
后，可利用程序在 P2.0 发出低电平脉冲，将 Q 端的低电平值
置为高电平，从而为下一个按键中断做准备。当然，读者也可
以将 51 单片机的触发方式改为边沿触发，这样可以不使用
7474 作为触发保持电路。

图 4-26　中断实例使用
元器件图

2.仿真运行程序

　　按照上节操作方式，将已编译好的程序代码"中断.hex"在该仿真电路上运行。通
过用鼠标按键模拟按下触发开关，可以观察到每一次中断都会使发光二极管的点亮状
态发生一次变化。

3.实例程序代码分析

```
# include <at89x51.h>
unsigned char x;
void main()
{   P1=0;              //初始化显示端口值
    IT0=0;             //设置中断方式为电平触发
    P2_0=0;            //清触发信号
    EX0=0;             //清除外部中断
    EA=1;              //打开中断使能开关
    x=1;               //设置第一个发光二极管可点亮
```

P2_0=1;

while(1){};   //开始死循环等待中断信号

}

void int0() interrupt IE0_VECTOR   //中断处理程序,IE0_VECTOR 是外部中断
0 的宏定义,该宏定义位于对应 CPU 的头文件中

{   P2_0=1;

  P2_0=0;   //将中断源复位,避免重复触发

  P1=x;   //设置显示输出

P2_0=1;

x=x<<1;   }   //为下一次显示作准备

4.4.3 LED 电子钟设计仿真实例

本小节将介绍一个基于 51 单片机的 LED 电子时钟设计的仿真实例,该实例具有一
定综合性,包括定时器及其中断使用、LED6 位 8 段数据管驱动、分离式按键读取、时钟
编辑、蜂鸣器报警等功能。

1.使用 Proteus 绘制电路图

使用 Proteus 绘制电路图详见图 4-27 所示。

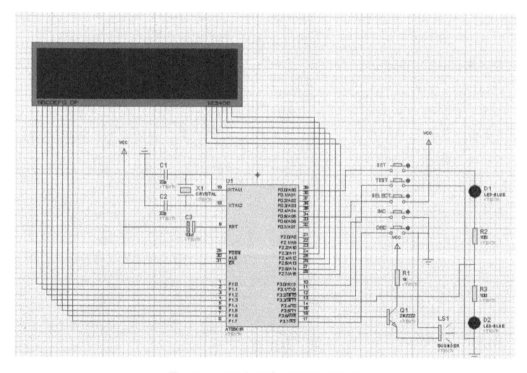

图 4-27 LED 电子钟实例电路原理图

电路中使用的元器件详见图 4-28。

该电路原理如下：

6 位 8 段数码管，采用共阳极控制方式，共 1～6 引脚代表
6 位 8 段数据码管的共阳端与 89C51 的 P0.7～P0.2 共连接。
51 单片机利用这 6 个引脚控制选择 6 位 8 段数码管的每一位
的显示与否，当 51 的引脚为高时，对应的一位 8 段数据码管可
以被点亮，否则无法显示（注意在实际设计中，应考虑每个引
脚的负载能力，通常单片机的驱动能力不超过 25mA，而每个
发光二极管工作时，电流为 10mA 左右，因此，共阳端最好使

图 4-28　LED 电子钟实例
使用元器件

用驱动电路进行驱动，这里仅为说明原理，未设驱动电路和限流电阻，读者可根据所学
的模拟或数字电路知识完善该电路，在实际设计中驱动和限流电路必不可少）。6 位 8
段数码管的 a～dp 共 8 个引脚，连接到 51 单片机的 P1.0～P1.7，用于驱动每一位 8 段
数码管的 8 个显示段，8 段码值与对应 1～6 的位选结合，就可以得到不同位置上的显示
值。如果要进行多位的显示，则需要采用扫描显示方式，逐个循环点亮每一位的不同值。
只要循环时间足够短，从人眼看来就是同时将多位 8 段数码管点亮了。

电路中设计了 4 个按键，用于提供一定的设置功能。具体参数见代码介绍。

实例程序代码分析：

```
#include <at89c51.h>
#define uchar unsigned char
#define uint unsigned int
#define set P0_0                    //设置按键用于选择要调整的位
#define select P0_5                 //闹钟设置按钮
#define add P3_2                    //加 1 按钮
#define dec P3_7                    //减 1 按钮
#define beep P3_6                   //蜂鸣器接口
#define flash P3_3                  //猫眼闪烁电路
#define test P3_0                   //数码管亮灭控制端口
uint sec;
uint tcnt=0;                        //中断计数次数
uint cnt=0;                         //实时时间和闹钟时间标志
uint cursor=0;                      //数码管位端口
uchar a=0x00;
uint temp;
uint sec=0;min=10;hour=22;         //对实时时钟赋初值
uint sec1=0;min1=0;hour1=0;        //对闹钟赋初值
unsigned char code shuma[]=
```

```
{0xc0,0xf9,0xa4,0xb0,0x99,0x92,0x82,0xf8,0x80,0x90};//0~9 段码表
void delay(uint a)                      //ms 级延时程序
{   uint t;
    while(－－a! ＝0) for(t＝0;t＜100;t＋＋);
}
void keydelay()                         //按键去抖延时
{
delay(3);
}

void display (
            uchar L1,uchar L2,uchar L3,uchar L4,
            uchar L5,uchar L6,uchar L7,uchar L8
            )                           //数码管对应位显示码
{
if(cnt＝＝1)                             //闹钟时间显示
   {
   if(cursor＝＝2)
     {P2＝0x80&a;P1＝L1;delay(2);}    //如果在进行参数设置则每秒闪烁一次
     else{P2＝0x80;P1＝L1;delay(2);}
   if(cursor＝＝2)
       {P2＝0x40&a;P1＝L2;delay(2);}
       else{P2＝0x40;P1＝L2;delay(2);}
   if(cursor＝＝1)
       {P2＝0x20&a;P1＝L3;delay(2);}
       else{P2＝0x20;P1＝L3;delay(2);}
   if(cursor＝＝1)
       {P2＝0x10&a;P1＝L4;delay(2);}
       else{P2＝0x10;P1＝L4;delay(2);}
       P2＝0x00;
   }
else                                    //实时时钟显示
   {
   if(cursor＝＝2)
     {P2＝0x80&a;P1＝L5;delay(2);}
     else{P2＝0x80;P1＝L5;delay(2);}
```

```
     if(cursor==2)
        {P2=0x40&a;P1=L6;delay(2);}
        else{P2=0x40;P1=L6;delay(2);}
     if(cursor==1)
        {P2=0x20&a;P1=L7;delay(2);}
        else{P2=0x20;P1=L7;delay(2);}
     if(cursor==1)
        {P2=0x10&a;P1=L8;delay(2);}
        else{P2=0x10;P1=L8;delay(2);}
        P2=0x00;
     }
}

void main(void)
{
TMOD=0x02;              //定时器 0 工作在模式 2
TH0=0x06;              //载入计数初值,主频 12MHZ 时,定时 250us
TL0=0x06;              //在模式 2 下 Timer 寄存器只有 8 位
TR0=1;                 //启动 Timer 0
ET0=1;                 //开启定时器 0 中断
EA=1;                  //开启中断总控制
beep=0;
temp=0;
P0=0x00;
while(1)
{
while(test==0)
  {
    temp++;
    if(temp%2!=0)P2=0x00;
  }
  if(set==1)          //设置键被按下
  {
    keydelay();       //按键去抖
    if(set==1)
    {
```

```
        cursor++;                              //选择要调整的位
        if(cursor>=3){cursor=0;}
        }
    }
    if(add==0)                                 //加1键按下
    {
        keydelay();                            //按键去抖
        if(add==0)
        { while(! add)keydelay();              //等待按键放开,按键去抖
            if(cursor==1&& cnt==0)
            {
            min++;if(min==60)min=0;            //对实时时钟的分钟部分进行加操作
            }
            if(cursor==2&& cnt==0)
            {
            hour++;if(hour==24)hour=0;         //对实时时钟的小时部分进行加操作
            }
        if(cursor==1&& cnt==1)
            {
            while(! add)keydelay();
            {min1++;if(min1==60)min1=0;}       //对闹钟的分钟进行加操作
            }
    if(cursor==2&& cnt==1)
        {
        while(! add)keydelay();
        {hour1++;if(hour1==24)hour1=0;}//对闹钟的小时进行加操作
        }
        }
    }
    if(dec==0)
    {
        keydelay();
        if(dec==0)
        { while(! dec)keydelay();
            if(cursor==1&& cnt==0)
            {
```

```
                min－－;if(min＜0)min＝59;
            }
        if(cursor＝＝2&&cnt＝＝0)
        {
                hour－－;if(hour＜0)hour＝23;
        }
        if(cursor＝＝1&&cnt＝＝1)
        {
                min1－－;if(min1＜0)min1＝59;
        }
        if(cursor＝＝2&&cnt＝＝1)
        {
                hour1－－;if(hour1＜0)hour1＝23;
        }
    }
}
if(select＝＝1)
{
    keydelay();
    if(select＝＝1)
    {
        cnt＋＋;
        if(cnt＞＝2)cnt＝0;
    }
}

    while(hour＝＝hour1&min＝＝min1)
    {
        beep＝1;
        delay(2);
        beep＝～beep;
        if(set＝＝0) //
        {delay(500);hour1－－;}
    }
```

```
display (
        shuma[hour1/10],shuma[hour1%10],shuma[min1/10],shuma[min1%
        10],
        shuma[hour/10],shuma[hour%10],shuma[min/10],shuma[min%10]
        );
    }
}
void t0(void)interrupt 1 using 0 //定时器 0 中断程序,每 250us 一次
{   tcnt++;
    if(tcnt==4000)              //定时器的定时计数器,4000 次为 1s
    {
    tcnt=0;
    flash=~flash;              //过一秒,对 flash 端口取反,实现眨眼猫电路
    a=~a;                       //每秒将掩码反转一次,实现设置参数闪烁显示效果
    sec++;
    if(sec==60)
    { sec=0;
      min++;
      if(min==60)
      { min=0;
        hour++;
        if(hour==24) hour=0;
      }
    }
    }
}
```

这里的程序使用了一个十分简单的按键读取方式进行按键识别,在实际使用中可以采用中断方式来实现,效果会更好。在程序中只显示了分钟和小时,读者可以在读懂代码的基础上将秒的显示和设置功能也加入到程序中。

4.4.4 LCD 电子计算器仿真实例

本小节将介绍一个 LCD 电子计算器的实例,使读者对于 LCD 驱动、4*4 键盘扫描及读取进行学习和理解。本例中我们将用到液晶显示模块 LCD1602,及一个 Keypad 4*4 键盘,通过编程来完成基本的四则运算过程。电路图如图 4-29 所示。51 单片机通过 P1 脚与 LM016L 连接传递数据和命令,通过 P3 口提供三根控制信号,即使能信号

E、读写信号 R/W、数据指令信号 RS。P2 脚的高四位和低四位分别接到键盘的行线和列线上,利用程序扫描行线的方式来读取键盘上的值。关于 LCD 的特点和控制命令在第三章已经作了介绍,这里就不再作更多的说明。

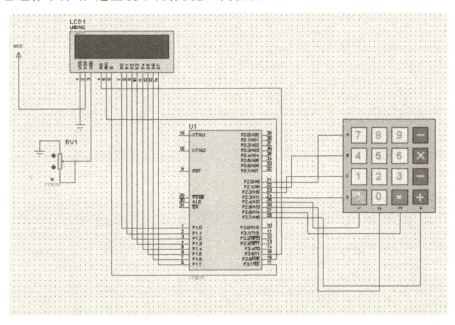

图 4-29 LCD 计算器电路图

1. 基本程序流程

LCD 计算器流程如图 4-30 所示。

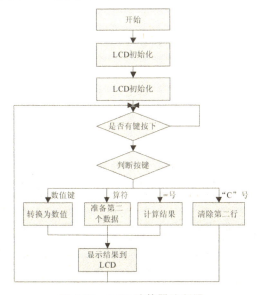

图 4-30 LCD 计算器流程图

系统总体流程比较简单,在完成初始化工作后,就可以进入循环状态等待按键,再根据按键的值进行相应处理。

2.代码说明

LM016L 是一个能够显示两行 16 个字符的显示模块,使用该模块可以完成两个 ASCII 码的显示功能,每行能够显示 16 个 ASCII 码。对该模块的操作可分为命令操作和数据操作两种,在本例中其代码分别如下。

(1)向 LCD 写入命令的函数代码

```
void write_com(uchar com)
{
    LCDEN=0;                          //LCD 模块使能位置 0
    RS=0;                             //RS 置 0 表示命令方式
    RW=0;                             //RW 置 0 表示写入数据
    P1=com;                           //将命令送到数据接口线
    delay(10);                        //延迟一小段时间
    LCDEN=1;                          //LCD 模块使能位置 1
    delay(20);                        //延迟一小段时间
    LCDEN=0;                          //LCD 模块使能位置 0
}
```

(2)向 LCD 写入数据的函数代码

```
void write_data(uchar dat)
{
    LCDEN=0;                          // LCD 模块使能位置 0
    RS=1;                             //RS 位置 1,表示输入数据
    RW=0;                             //RW 置 0 表示写入操作
    P1=dat;                           //将数据送到数据接口线
    delay(10);                        //延迟一小段时间
    LCDEN=1;                          // LCD 模块使能位置 1
    delay(20);                        //延迟一小段时间
    LCDEN=0;                          // LCD 模块使能位置 0
}
```

(3)用于清除 LCD 显示的函数代码

```
void clear(uchar t)
{ uchar i;
    if(t==1)write_com(0x80);          //将显示起点设置到第一行起点
    if(t==2)write_com(0x80+0x40);     //将显示起点设到第二行
```

```
    for(i=0;i<16;i++)
    { write_com(0x06);
      write_data(0x20);                      //用空格清除显示符号
    }
    write_com(0x80+0x40);                    //设置显示起点到第二行
}
```

(4)扫描键盘及处理键值的函数代码

```
void keyscan()
{
uchar temp,i,j;
while(1)                                     //反复循环
{ num=100;                                   //按键值为无效的初值
  for (i=0;i<4;i++)                          //进行四行扫描
  { P2=0xff^(1<<i);                          //对低四位逐一输出0(行线)
    temp=P2&0xf0;                            //读取高四位的值(列线)
    if (temp!=0xf0)                          //高四位值不为全1,表示有键按下
    { switch(temp)                           //判断高四位哪一列上有键按下
      { case 0xe0:num= table1[i*4+0];break;  //根据行、列号得到键值,查
        case 0xd0:num= table1[i*4+1];break;  //表得到相应的数值
        case 0xb0:num= table1[i*4+2];break;
        case 0x70:num= table1[i*4+3];break;
      }
      temp=P2&0xf0;                          //再次读取高四位
      while(temp!=0xf0)temp=P2&0xf0;         //等待按键放开
    }
  }
if (num!=100)                                //如果有键按下,则进行处理
{ if (num==15)                               //如果键对应的值为"="
  {                                          //对前面的输入式进行计算
    if (fuhao==1)c=a+b;                      //如果运算符为"+"则做加法
    else if (fuhao==2)                       //运算符为"—"判断大小,
      {                                      //用绝对值大的数减小的数
        if (a>b)c=a-b;                       //如果 a<b,则加上负号
        else {c=b-a; fuhao=5;}
      }
    else if (fuhao==3)c=a*b;                 //计算符号为"*"做乘法
```

```
    else if (fuhao==4)c=((float)a/b)*100;        //计算符号为"/"做除法
    j=0;                                          //放大100保留小数点后两位
    write_com(0x80+0x4f);                         //将显示位放到最后
    write_com(0x04);                              //从右到左显示
    while(c!=0)
      {   write_data(0x30+c%10);                  //显示个,十,百,千,万位。
        c=c/10;
        j++;                                      //如果是除的商,则加入小数点
      if (fuhao==4&&j==2)write_data(0x2e);
      }
      if (fuhao==5) write_data(0x2d);             //如结果是负数则显示"-"
      write_data(0x3d);                           //显示"="号
    }
    else
    {                                             //如果输入的是计算符则显示
    if (num==14){clear(2);fuhao=0;flag=0;a=0;b=0;}//对应符号并设置
编号
    else if (num==11){fuhao=1;write_data(0x2b);flag=1;}
    else if(num==12){fuhao=2;write_data(0x2d);flag=1;}
    else if (num==10){fuhao=3;write_data(0x2a);flag=1;}
    else if (num==13){fuhao=4;write_data(0xfd);flag=1;}
    else if (num<=9&&num>=0)
    { if(flag==0)
        a=a*10+num;                               //如果没有按符号键,符号前的数值为a
        else if(flag==1)
          b=b*10+num;                             //如果按了符号键,符号后的数值为b
        write_data(0x30+num);                     //显示对应的数值符号
      }
      }
    }
  }
}
```

读者可以在本实例的基础上,引入科学计算的键盘(系统内自带 Keypad 计算器键盘),及相关科学计算的功能进一步学习嵌入式的应用开发。

第五章 8位单片机开发实例

前面我们介绍了利用仿真工具学习 8 位单片机的基本应用方法和功能的实例,本章将着重介绍以 8 位单片机为核心的应用系统的开发和设计实例。通过这些实例,可以帮助读者了解如何进行一个完整的嵌入式系统开发,以及在工程应用中需要注意的一些细节。这些细节虽然不一定是原理上的问题,但是却会在很大程度上影响系统的可靠性和成功率。

5.1 嵌入式系统开发流程

嵌入式系统的设计通常需要软硬件协同完成,其开发过程也相对复杂,主要包括产品定义、系统总体设计、软硬件设计、软硬件集成、产品测试、产品发布、产品维护等阶段,每个阶段完成的任务相对独立又相互关联。

这几个阶段的主要任务描述如下。

1.产品定义阶段

这个阶段是确定产品需求的阶段。在这个阶段,应该充分与用户讨论产品的用途、功能细节、技术指标等内容,从而确定最终的开发任务和设计目标,形成需求规格说明书,作为设计的指导性文件和最终产品验收的标准。系统的需求应分为功能性需求和非功能性需求两个方面。功能性需求是指产品所要完成的基本功能、使用方式、使用环境等,这是用户方首先会提出来的内容;非功能性需求则包括系统的性能要求、成本、功耗、体积、重量等因素,这是设计者必须主动提出并与用户进行讨论和分析的内容,为最终形成需求规格说明书打下实质性的基础。

2.系统总体设计

总体设计是描述如何实现需求规格说明书中定义的各类指标而提出的总体解决方案,方案中包括系统总体结构、软硬件和执行部件功能划分、处理器和外围器件选择、系统软件和开发工具选择等。总体设计中每个划分和器件选择、参数的确定都应该做到有理有据,以确保总体设计方案原理上具有正确性,实施起来具有可行性。所以,总体设计是系统开发能否成功的关键。

3.软硬件设计

由于软件工程师和硬件工程师具有各自的专业领域,因此,这个部分通常是分工后独立进行的。硬件工程师负责根据总体设计,完成硬件的具体设计方案和硬件部分的实现、测试及验证工作。软件工程师负责根据总体设计,完成软件部分的程序设计、代码实现和测试验证工作。

4.软硬件集成与测试

在基本的软硬件独立的功能性测试完成后,需要将软件和硬件集成起来进行联合调试,以检验系统的功能是否可用、是否达到设计目标。虽然软硬件在前期设计中都会通过一定的手段进行测试,但是有一些测试独立进行是很困难的。而且由于软硬件相互之间的影响,独立测试通过的部分,在联合调试时依然有可能会出现问题。所以软硬件的集成测试是整个系统能否最终完成的关键。

5.产品发布

所谓发布,就是根据产品定义及产品需求规格说明书,对嵌入式系统的各项功能和规格要求进行完整的测试,看能否满足需求规格说明书所提出的功能性指标和非功能性指标。只有通过了这个测试,才标志着产品能够提供给用户使用,否则,需要改进和进一步完善。

在本章中将介绍三个实例,一个是无线通信模块使用实例,另外两个是采用 8 位单片机设计的产品实例,其中一个采用的是传统的 51 单片机实现的无线鼠标装置,另一个是采用目前在 8 位单片机中应用非常多的一种单片机,被称为 AVR(详见第二章介绍)单片机的产品,利用这种单片机实现了一个手持控制器。在对实例的介绍过程中,虽然没有完全按照嵌入式产品的开发流程进行,但是基本思路仍然是按照从任务目标到总体设计、从总体结构到硬件模块再到软件模块的过程进行描述的。通过这几个实例的介绍,希望读者能够掌握分析系统设计的基本思路、硬件设计的主要步骤和程序设计的流程方法,从而能够在实际工作中分析问题、解决问题。

5.2 简单无线通信模块应用实例

随着物联网被人们越来越多地关注,近距离无线通信技术也得到了越来越多的应用。为了能够与单片机等数字电路进行接口和使用,一些无线通信芯片生产厂商推出了具有数字接口能力的无线通信芯片,利用这些芯片加上简单的外围电路就可以构成一个近距离无线通信模块。在嵌入式系统中,近距离无线通信是十分有用的一种通信手段。使用近距离无线通信模块既可以减少设备之间的通信链路,又能够保证不会因信号干扰而相互影响,而且由于无线通信模块具有功耗低、使用方便、连接灵活等特点,也非常适合在嵌入式产品中运用。

5.2.1 常用无线通信模块

近距离无线通信模块一般都使用 ISM(Industrial Scientific Medical) Band 频段,这

些频段一般是免许可证使用的。美国联邦通信委员会(FCC)分配的 ISM 频段主要分为三段(通信功率不超过 1W),即工业用途(902～928MHz)、科学研究用途(2.42～2.4835GHz)和医疗用途(5.725～5.850GHz)。当然,各国在 ISM 频段的划分上会根据自身情况安排不同的频段,我国主要的免许可证频段有 433MHz、866MHz、915MHz、2.4GHz 波段等。在这些频段下进行无线通信,只要发射功率不超过 1W,是不需要到相关管理部分进行登记报批的。因此我们通常使用的近距离无线通信模块都能够支持 ISM 频段的通信。常见的无线通信模块包括几种。

1.CC1100 模块

CC1100 是挪威 Chipcon 公司出品的一款低成本单片的 UHF 收发器,其工作电压为 1.8～3.6V,20 引脚 QLP 封装(外形尺寸仅为 2mm×2.4mm),专为低功耗无线应用而设计。其电路工作频段可设定为在 315MHz、433MHz、868MHz 和 915MHz 的 ISM (工业、科学和医学)和 SRD(短距离设备)频率波段,也可以设置为 300～348MHz、400～464MHz 和 800～928MHz 的其他频率。RF 收发器集成了一个高度可配置的调制解调器,这个调制解调器支持不同的调制格式,其数据传输率可达 500kbps。通过开启集成在调制解调器上的前向误差校正选项,能使性能得到提升。CC1100 为数据包处理、数据缓冲、突发数据传输、清晰信道评估、连接质量指示和电磁波激发提供广泛的硬件支持,只需要少量外围器件就可以组成一个通信模块,其通信模块尺寸约为 29mm×12mm。

2.nRF905 模块

nRF905 单片无线收发器是挪威 Nordic 公司推出的单片射频发射器芯片,其工作电压为 1.9～3.6V,32 引脚 QFN 封装(5mm×5mm),工作于 433/868/915MHz3 个 ISM 频段。nRF905 可以自动完成处理字头和 CRC(循环冗余码校验)的工作,可由片内硬件自动完成曼彻斯特编码/解码;使用 SPI 接口与微控制器通信,配置方便,其功耗也非常低,以－10dBm 的输出功率发射时电流只有 11mA,在接收模式时电流为 12.5mA;具有直接模式和突发模式两种工作模式,用户可以根据需要和功耗开销进行设定和使用;只需要少量外围器件就可以组成一个通信模块,其通信模块尺寸约为 38mm×44mm。

3.nRF24L01 模块

nRF24L01 是挪威 Nordic 公司推出的一款新型单片射频收发器件,工作于 2.4GHz ～2.5GHz ISM 频段,工作电压为 1.9～3.6V,20 引脚 QFN 封装(4mm×4mm),最高通信速率可达 2Mb/s,内置频率合成器、功率放大器、晶体振荡器、调制器等功能模块,融合了增强型 ShockBurst 技术,其中输出功率和通信频道可通过程序进行配置。nRF24L01 功耗极低,在以－6dBm 的功率发射时,工作电流只有 9mA;接收时,其工作电流只有12.3mA,而且该芯片还支持多种低功率工作模式(掉电模式和旁路模式),更加有利于节能设计。其外围器件极少,通信模块尺寸约为 31mm×17mm。

除此以外,为了提高系统集成效率,一些公司也提供 SOC(System On Chip)解决方案,即在微处理器产品上集成了近距离的无线通信功能,一块微处理器加上一定的外围器件,就可以组成具有无线通信功能的嵌入式系统,这样的产品可以提供更加方便易用的开发条件,也因此成为物联网应用中的新宠。这类的器件包括 Chipcon 公司出品的与 CC1100 对应的 SOC 解决方案 CC1010;Nordic 公司出品的与 nRF905、nRF24L01 对应的 SOC 解决方案 nRF9E5、nRF24E1。它们都采用了无线通信射频芯片与 8051 单片机的整合方式,相当于一个带有无线通信部件的 8051 单片机。这在基于单片机的嵌入式系统中可以拥有广泛的用途,特别是在点对点通信模式下,十分方便简捷。不过由于其内部程序存储空间有限,都不超过 32KB,而且也没有提供针对无线传感网络的网络协议支持,因此在需要进行无线联网的情况下,可能会出现一定的困难。

这里不得不提到另外一个公司的产品,那就是美国德州仪器公司(TI)出品的 CC243x 系列、CC253x 系列,该解决方案能够提供满足以 ZigBee 为基础的 2.4GHz ISM 波段应用,以及系统对低成本、低功耗的要求。它结合一个高性能 2.4GHz DSSS(直接序列扩频)射频收发器核心和一颗工业级高效的增强型 8051 控制器,并且由于提供了地址扩展的解决方案,其内部程序存储空间甚至可以达到 256KB。为了解决对无线传感器网络支持,TI 公司的专用 ZigBee 协议可以完整地烧写到微处理器中,从而为物联网应用中的低功耗无线传感器节点提供了十分便利的开发平台。

5.2.2 基于 nRF2401 的无线通信实例

本节将介绍一个以 51 单片机为中央控制单元、以 nRF2401 为无线通信单元的简单无线收发模块设计实例,通过软硬件设计,介绍这类模块的使用和开发方法。

1.系统总体结构和功能

本设计通过设计两个具有收发双重功能的电路单元,验证无线通信模块的数据传送和接收控制,提供了掌握和学习无线通信模块的使用和编程方法。系统的基本组成如图 5-1 所示。

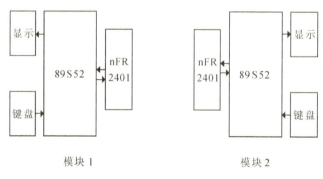

模块 1　　　　　　　　　　　模块 2

图 5-1　无线通信系列结构示意图

在这个实验系统中,两个模块结构和程序完全一样,任何一方的键盘按下,都会产生一个数据传送给对方,对方接收到数据后将通过点亮与键盘对应的发光二极管作为显示输出,以体现接收成功。该实例仅用于介绍无线通信模块的编程和使用方法,并通过实际硬件平台加以验证。读者可以根据自己的想法购买相应的产品,搭建类似平台进行验证和学习。

2.系统硬件设计

通信模块的电理原理图如图 5-2 所示。

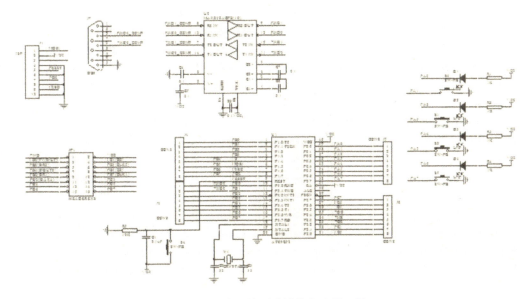

图 5-2 无线通信测试模块电路原理图

在模块中设计了 4 个微动开关作为人工交互的键盘,4 个发光二极管与这 4 个微动开关一一对应。当某个微动开关被按下,则对应的发光二极管被程序点亮,并由程序将该开关的位置参数传送给另一方,对方在收到数据后,也将对应发光二极管点亮。电路中的 JP1 是与无线通信模块的接口,该接口共有 16 个引脚,其中有 11 个引脚需要与 nRF2401 无线模块进行连接,见图 5-3。

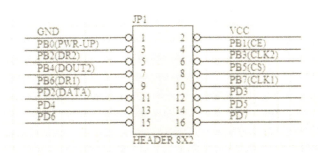

图 5-3 无线模块接口示意图

各接口引脚功能描述详见表 5-1。

表 5-1　nRF2401 无线模块接口说明

引脚	名字	信号方向	描述
1	GND	地线	电源地,应与单片机地连通
2	VCC	电源	电源供电(1.9～3.6V),本系统 3.3V
3	PWR-UP	输入	=1 表示上电,=0 表示掉电
4	CE	输入	=1 芯片进入激活状态,=0 配置状态
5	DR2	输出	=1 数据通道 2 接收的数据已经准备好(ShockBurst 模式下)
6	CLK2	I/O	通道 2 的输入输出时钟
7	DOUT2	输出	接收数据通道 2 数据输出
8	CS	输入	片选、配置模式
9	DR1	输出	=1 在数据通道 1 接收的数据已经准备好(ShockBurst 模式)
10	CLK1	数据 I/O	时钟输入(TX)和在数据通道 1 的 3 线接口
11	DATA	数据 I/O	接收模式数据通道 1/发送模式数据输出/3 线接口

以上通信模块的引脚是 MCU 控制通信模块所必须的,对于这些引脚的使用规则有以下约定。

(1)nRF2401 具有 1 个无线数据发送通道,两个无线数据接收通道,分别被称为数据通道 1 和数据通道 2。数据通道 1 作为芯片配置通道,数据发送通道和第一路数据接收通道使用数据线为 DATA,时钟线为 CLK1。发送数据时,MCU 通过 nRF2401 的 DATA、CLK1 引脚作为数据引脚和时钟引脚,将数据传送给 nRF2401,并由其进行发送。

(2)nRF2401 接收通道中接收到数据时,将通过 DR1/2 引脚进行标识,当该引脚为高电平时表示对应通道接收到有效数据,可启动程序进行数据读取。数据通道 1 的数据读取使用数据线为 DATA,时钟线为 CLK1;数据通道 2 的数据读取使用数据线为 DOUT2,时钟线为 CLK2。

nRF2401 共有 4 种工作状态,由功能引脚 PWR-UP、CE、CS 进行控制,其控制关系如表 5-2 所示。

表 5-2　nRF2401 工作模式设置表

模式	上电	CE	CS
激活(Active)	1	1	0
配置(Configuration)	1	0	1
旁路 Stand by	1	0	0
掉电(Power down)	0	X	x

nRF2401 的 4 种工作模式分别代表 4 种不同的工作状态。

激活(Active)模式下,芯片处于正常工作状态,可以是接收数据,也可以是发送数据。而接收和发送数据还可以有两种工作方式,一种被称为突发(ShockBurst)方式,在这种方式下,芯片利用缓冲将需要发送的数据缓冲下来,然后以较短时间和较高的速率一次发送出去。这样,无线模块并不是一直在传送数据,而是以间歇的方式进行工作,从而可以减小电源的消耗。在这种模式下,每个模块有一个地址,发送方利用不同的地址来区别将数据发给哪个接收模块,而接收方则利用地址来区分哪些数据是发给自己的。因此在这种模式下可以实现不同点之间一对一的数据交换。另一种被称为直接(Direct)方式,在这种方式下,无线模块在收到 MCU 送来的数据后就直接发送出去,不作缓冲处理。由于一直处于工作状态,其电源消耗相对较大。在这种模式下,每个模块不再需要地址信息,而是相当于一个完全的信号转换器;发送方发送数据时不使用时钟信号,将数据信号直接送到芯片的数据端,芯片将数据端的数据以无线方式发送出去,不考虑数据的组成长短等参数;每次数据发送的时间长度不超过 4ms,以避免数据出错;接收方根据约定的速率提供时钟信号,将接收到的数据交给 MCU。这种模式下,不同收发双方只需要工作于相同通信频率即可通信,不需要根据地址对接收数据进行确认,很容易实现广播或多播应用。

配置(Configuration)模式是完成 MCU 对 nRF2401 进行设置的一种工作模式,在这种模式下,可以通过程序改变 nRF2401 的内部工作参数。这些参数由 15 个字节组成,其中包括以下功能的设置:本无线模块接收时的地址长度、无线模块接收时的地址标识(两个通道可不同)、无线模块的工作速率、无线通信时的工作频率通道选择、无线通信时的工作方式、是否打开两个数据通道(nRF2401 可以支持两个通道同时工作)、是否进行 CRC 校验、是 8 位还是 16 位 CRC 校验、输出信号的功率选择等。关于配置字的详细内容在后面的程序设计中作进一步介绍和说明。

旁路(Stand by)模式是通信芯片处于不工作状态时的模式,这时通信模块只是一个配置好的待用设备,其功耗的开销在 12uA～32uA 之间(由晶振频率决定)。

掉电(Power down)模式是通信芯片处于节能状态的模式。在这个模式下,前面的配置参数仍然有效,只是这时无线通信芯片处于节能状态,其功耗开销在 1uA 以下。从掉电模式恢复到正工作激活模式有一定的时序要求。

在一般使用中,首先要完成对 nRF2401 的初始配置工作,然后就可以进入激活模式等待接收或发送数据了。

3. nRF2401 配置字说明

nRF2401 在使用前必须通过配置字进行设置,然后才能够按照设置的参数进入正常工作状态。配置字在突发方式下共 18 字节 144bit,其中最前面的 24bit 用于测试,在进行设置时可以不作设置。因此,一般情况下配置字为 15 字节 120 bit。在直接模式下配置字为 2 字节 16bit。配置字按照由高位到低位的顺序在 CLK1 的控制下输入到 DATA 端,每个 CLK1 节拍送入 1 个 bit。配置字的具体内容见表 5-3。

大学生嵌入式技术实训教程

表 5-3　nRF2401 配置字描述表

	位编号	位数	名字	功能	默认值
ShockBurst (TM)配置	143：120	24	TEST	测试保留位	0x8e081c
	119：112	8	DATA2_W	RX 通道 2 有效载荷部分的数据长度	0x20
	111：104	8	DATA1_W	RX 通道 1 有效载荷部分的数据长度	0x20
	103：64	40	ADDR2	RX 通道 2 的长达 5 字节的地址	0x00000000e7
	63：24	40	ADDR1	RX 通道 1 的长达 5 字节的地址	0x00000000e7
	23：18	6	ADDR_W	地址位数(所有的 RX 通道)	001000(8 位地址)
	17	1	CRC_L	8 或 16 位 CRC	0
	16	1	CRC_EN	使能单片 CRC 产生/核对	1
设备配置	15	1	RX2_EN	使能两个通道接收	0
	14	1	CM	通信方式(直接或突发)	0
	13	1	RFDR_SB	RF 数据率(1Mbps 需要 16MHz 晶振)	0
	12：10	3	XO_F	晶振频率	011
	9：8	2	RF_PWR	RF 输出功率	11
	7：1	7	RF_CH#	频率选择	0000010
	0	1	RXEN	RX/TX 选择	0

表中参数说明如下：

(1)RX 有效载荷部分的数据长度:用于表示两个通道在接收数据时能够接收的数据包。有效数据长度以 bit 为单位表示,这个长度中不包括地址字节、校验字节等。有效数据 bit 的最大值受以下公式约束:

DATA2_W<=256—地址字节长度—CRC 校验字节长度

该长度默认情况下为 32bit,可以根据实际需要进行调整。

(2)RX 地址:用于表示两个通道在接收数据时的地址编号,根据地址的不同,可以区分不同的通信模块。这个地址的长度最大为 5 个字节 40bit,默认情况下该地址为 2 字节 8 bit。

(3)地址位数目:用于表示两个接收通道的地址长度,以位为单位描述。默认情况下该值为 8,也就是说,接收地址默认值为 8bit。该值最大可取为 40。

(4)8 位或 16 位 CRC:用于表示 CRC 校验位的长度,可以是 8 位或 16。默认情况下为 0 表示 8 位 CRC 校验,设为 1 时表示使用 16 位的 CRC 校验。

(5)CRC 校验使能:用于表示是否打开接收芯片的 CRC 校验功能。默认情况下为 1 表示使能 CRC 校验,设为 0 时表示关闭 CRC 校验功能。

(6)使能两个通道接收:用于表示是否打开第二个接收通道。默认情况下为 0 表示不打开第二通道,设为 1 时表示打开第二接收通道。

(7)通信方式选择:用于设置芯片的通信方式。默认情况下为 0 表示直接方式,设为 1 时表示突发方式。

(8)RF 数据率:用于设置通信时的传输速率。默认情况下为 0 表示通信速率为 250kbps,设为 1 时表示通信速率为 1Mbps。

(9)晶振频率:用于设置该芯片外接晶振的工作频率。默认情况下为 011 表示 16MHz 晶振,其他值见表 5-4。

表 5-4 晶振频率设置表

D12	D11	D10	频率值(MHz)
0	0	0	4
0	0	1	8
0	1	0	12
0	1	1	16
1	0	0	20

(10)RF 输出功率:用于设置芯片发送数据时的输出功率控制。默认情况下为 11 表示发送功率为 0db,其他值见表 5-5。

表 5-5 nRF2401 发送功率设置表

D9	D8	发送功率(db)
0	0	−20
0	1	−10
1	0	−5
1	1	0

(11)频率选择:用于设置芯片工作时的工作频率。nRF2401 的工作频段范围为 2.4GHz~2.527GHz,为了保证不同模块在同一区域内工作时不会互相干扰,可以以 1MHz 为单位设定不同的工作频段,默认值为 2,即 2.402GHz。其具体设置规则如下:

发送时工作频率范围计算方式为

发送频率=2400MHz+RF_CH♯×1MHz(RF_CH♯的取值范围为 0~127)

第 1 通道的接收时工作频率计算方式为

发送频率=2400MHz+RF_CH♯×1MHz(RF_CH♯的取值范围为 0~124)

第 2 通道的接收时工作频率计算方式为

发送频率=2400MHz+RF_CH♯×1MHz+8MHz(RF_CH♯的取值范围为 0~124)

(12)RX/TX 选择:nRF2401 是一个半双工的通信芯片,发送时不能接收,接收时就不能发送,这一位用于设置当前芯片工作于接收状态还是工作于发送状态。默认值为 0 表示发送,当设为 1 时处于接收状态。在实际使用中,如果只修改其发送/接收状态,则只需要在配置模式下写入一个 bit 来修改这一位即可,不需要为了切换发送/接收状态而写入 15 个字节。

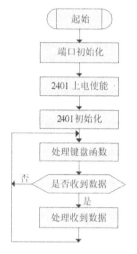

图 5-4　无线通信模块实例
程序流程图

4.代码分析

在本实例中,两个实验模块中的代码完全相同,无线模块在不发送数据时都处于接收状态,收到数据就进行处理。如果未收到数据,却发现有键盘操作,则读取键盘值并将其值发送出去。主要功能函数包括无线通信模块初始化、键盘检测、接收数据检测和处理、数据发送等。

系统总体流程如图 5-4 所示。

由于整个模块的功能较为简单,本实例使用了最简单的重复循环方式的程序设计。程序除了检测按键和接收显示外没有其他功能,读者可以在该程序的基础上根据需要进行扩展。程序中涉及的几个关键函数介绍如下。

(1)void InitnRF2401() //无线通信模块初始化函数(在 2401 上电使能后稍作延时调用)

```
{
    CE=0;                                      //CE=0,CS=1 切换到配置模式下
    CS=1;
    for (ByteCnt=0;ByteCnt<15;ByteCnt++)//逐一读取 15 个字节的配置字
    {
        tempi=InitData[ByteCnt];
        for (BitCnt=0;BitCnt<8;BitCnt++)   //按 bit 将配置字 8 位送到 DATA 引脚
        {
            if (bflag==1)   Data=1;
            else            Data=0;
            tempi=tempi<<1;
            DoSPIClock();                    //在数据位送出后给出时钟
        }
    }
    CS=0;                                      //切换回旁路模式
    Data=0;
}
```

实例中的配置字说明如下:

InitData[0]＝0x20；　//第二通道,数据长度32bit(4字节)

InitData[1]＝0x20；　//第一通道,数据长度32bit(4字节)

InitData[2]＝0x00；

InitData[3]＝0xcc；

InitData[4]＝0xcc；　//第二通道5字节地址位置

InitData[5]＝0xcc；

InitData[6]＝0xcc；

InitData[7]＝0xcc；

InitData[8]＝0xcc；

InitData[9]＝0xcc；　//第一通道5字节地址位置(仅后4字节有效)

InitData[10]＝0xcc；

InitData[11]＝0xcc；

InitData[12]＝0x82；　//32 bit 地址,16bit CRC,CRC 功能关闭

InitData[13]＝0x4e；　//单通道接收,突发模式,速率 250Kbps,16MHz 晶振,
－5db

InitData[14]＝0x05；　//通信频率 2.402GHz,接收状态

为了确保通信成功率,在设置时将速率定为 250Kbps,这时的通信距离和可靠性相对较高;也可以设为 1Mbps,这时的通信距离可能会缩短,但可以通过提高发送功率来提高距离和可靠性。

(2)void CheckButtons() //键盘检测函数

```
{ uchar xx；
  P0＝0xff；                    //关闭 LED,置键盘为高电平
  Temp＝P0&0xaa；               //读键盘值
  if (Temp! ＝0xaa)            //如果有键被按下,进行延时确认
  { delay_n(10)；
    Temp＝P0&0xaa；
    if (Temp! ＝0xaa)          //延时确认后进入处理函数
    {
      xx＝Temp；
      Temp＝Temp>>1；           //将按键值转换成对应的 LED 显示
      Data1＝Temp；
      P0＝Data1；               //输出到引脚,点亮 LED
      TXEN_LOW()；             //将通信模块切换到发送状态
      BuildShockWord(Data1)；  //将待发送数据与地址组装成 8 字节数据包
      ShockBurst()；           //调用发送函数将数据发送出去
      delay_n(500)；           //延迟一段时间
```

```
P0=0xff;                    //关闭 LED 显示
RXEN_HIGH();                //将通信模块切换到接收状态
while((P0&0xaa)！=0xaa);    //等待释放按键
   }
}
```

在函数中使用了将通信模块切换到发送模式的函数 TXEN_LOW()，和将通信模块切换到接收状态的函数 RXEN_HIGH()，其代码实现非常简单，只需要在配置模式下写入 1 个 bit 即可(因为 RX/TX 切换是配置字的最低 1 个 bit)。

```
void RXEN_HIGH()
{
  CE=0;                     //切换到配置模式
  CS=1;
  Data=1;                   //输出 1bit 高电平到数据引脚(接收状态)
  DoSPIClock();             //输出 1 个时钟信号
  CS=0;                     //切换到激活模式
  CE=1;
}
void TXEN_LOW()
{
  CE=0;                     //切换到配置模式
  CS=1;
  Data=0;                   //输出 1bit 低电平到数据引脚(发送状态)
  DoSPIClock();             //输出 1 个时钟信号
  CS=0;                     //切换到激活模式
  CE=1;
}
```

将待发送数据与地址组装成数据包的操作比较简单，只需要将相应数据组位的内容根据需要进行修改即可。

```
void BuildShockWord(Data1)
{
  TXData[0]=0xcc;           //地址最高位字节,共 4 字节地址
  TXData[1]=0xcc;
  TXData[2]=0xcc;
  TXData[3]=0xcc;
  TXData[4]=Data1;          //第 1 个数据字节,用 Data1 修改
  TXData[5]=0x02;           //第 2 数据字节
```

```
    TXData[6]＝0x03;                    //第3数据字节
    TXData[7]＝0x04;                    //第4数据字节
}
```

按照配置字的设置,实例中发送的数据长度应为4字节(32bit),因此,这里即使没有用到,也必须要准备4字节的待发数据。

(3)void ReceiveShock() //数据接收函数

```
{
    uchar xx;
    Data＝1;                             //将数据引脚置为三态
    Temp＝0;
    while (DR1＝＝1)
    {
    for (ByteCnt＝0;ByteCnt＜4;ByteCnt＋＋) //准备接收4字节的有效数据(地址和CRC已自动去掉)
    {
        for(BitCnt＝0;BitCnt＜8;BitCnt＋＋) //按位读取每个字节的8位数据
        {
            Temp＝Temp＜＜1;
            CLK1＝1;                      //置时钟为高电平
            _nop_();
            _nop_();                     //
            Data＝1;
            if(Data＝＝1)                  //如果数据线为1则修改Temp位
                Temp|＝0x01;
            CLK1＝0;                      //置时钟为低电平
            _nop_();                     //简单延时
        }
        _nop_();
        RXData[ByteCnt]＝Temp;            //将读取的1个字节存入缓冲数组
        DR1＝1;                           //再次判断DR1,是否还有数据
        if(DR1!＝1)                       //如果没有数据
        {
            _nop_();
            P0＝RXData[0];                //将接收到的数据输出到P0口
            delay_n(500);                //延时
            P0＝0xff;                     //关闭P0口上的LED
    } } } }
```

大学生嵌入式技术实训教程

无线通信模块在突发模式下收到与自己地址对应的数据后，将取消 CRC 校验值和地址信号，只向数据接口提供有效数据。在本实例中，有效数据的长度为 4 字节，因此接收的循环次数设定为 4 即可。

(4)void ShockBurst()//突发工作方式的数据发送函数
```
{
  CS=0;                              //设置进入激活模式
  CE=1;
  for(ByteCnt=0;ByteCnt<8;ByteCnt++)   //发送8字节信息(其中含4字节地址)
  {
    tempi=TXData[ByteCnt];
    for (BitCnt=0;BitCnt<8;BitCnt++)//逐位发送数据
    {
      if (bflag==1)                 //根据每bit值控制Data引脚的电平
        Data=1;
      else
        Data=0;
      tempi=tempi<<1;
      DoSPIClock();                 //给出时钟信号
    }
  }
  CE=0;                             //通信模块进入旁路模式
  Data=0;
}
```

发送数据时，需要将地址和数据两部分连续发出，其发送字节数受地址和待发送数据两部分影响，但不受 CRC 校验长度影响，因为 CRC 校验由通信芯片自身产生。

该实例主要介绍了基于 nRF2401 的硬件连接和程序控制方法，读者可以通过对此实例的学习，快速掌握其他无线通信芯片的使用方法。如果自己搭建硬件平台制作通信模块，建议在设计中加入对 RS232 接口的使用。这样可以通过 RS232 串口将实验硬件与 PC 机连接，并通过超级终端等工具，在 PC 机上查看发送或接收的数据，以利于系统的调试。

5.3　基于 51 单片机的无线鼠标设计实例

本小节介绍了一种基于 51 单片机的无线鼠标设计实例。该无线鼠标利用前面介绍的 nRF2401 无线通信模块作为数据通道，实现了一个无线鼠标装置。该装置利用了 PC

机上传统的 PS/2 接口,在一个接口上既可以连接有线的 PS/2 鼠标也可以连接使用无线鼠标,在不占用其他端口如 USB 接口的情况下,提高系统的灵活性。实例中涉及了单片机中断技术、PS/2 接口通信协议、鼠标的数据通信协议、光电编码识别技术、近距离无线通信技术等内容。通过本实例,可以帮助读者对单片机的中断使用、鼠标工作过程和接口有较深入地认识,并能够了解到近距离无线通信模块的工作方式和性能特点,为完整地掌握嵌入式系统设计和开发过程提供参考。

5.3.1　系统总体结构

整个系统的结构如图 5-5 所示。系统包括两个部分组成,一部分是无线收发器部分,负责通过 PS/2 接口接收 PC 机的初始化指令,并从无线鼠标上接收鼠标移动参数,转换成 PS/2 接口协议传送给 PC 机;另一部分则是鼠标操作部件,负责完成将人的操作行为转换成一定的数值参数,并经过组装后按照一定格式发送给无线收发器,最终送到 PC 机的 PS/2 接口。

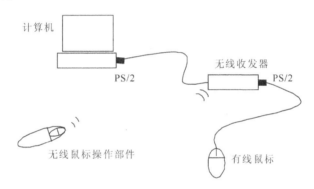

图 5-5　无线鼠标总体结构示意图

5.3.2　无线收发器硬件结构

无线收发器需要完成 PS/2 接口协议和无线接口的两个部分功能,基本结构如图 5-6 所示。

其电路原理图如图 5-7 所示。

该接收器使用了一片 89C2051 作为主控芯片,JP1 用于和无线通信模块连接,这里只使用了 nRF2401 的第一个数据通道,因此,只使用了通信模块的 8 个引脚。JP2 用于连接有线的 PS/2 鼠标,为了保证单片机与无线通信模块间数据接口电平的一致,系统使用了 1117 为单片机提供 3.3V 电源,以确保无线通信模块能够正常工作。接口 JP3 用于与 PC 机的 PS/2 接口连

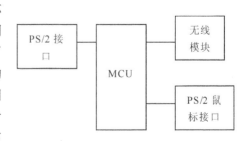

图 5-6　无线收发器结构图

大学生嵌入式技术实训教程

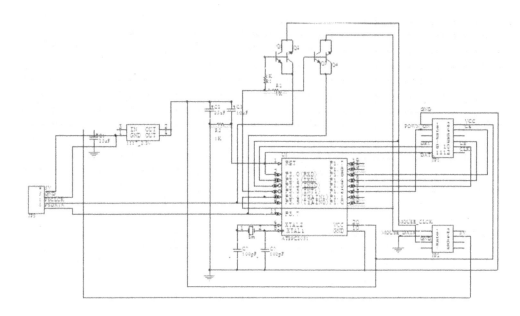

图 5-7　无线收发器电路原理图

接,并通过该接口获取 5V 工作电源。

　　系统设计中为无线鼠标采用了无线接收后转发到 PS/2 接口的转发方式,与 PS/2 有线鼠标连接的通路则未使用转发式式的连接,而是采用了连接控制方式的通路设计,利用一个控制电路隔离 PS/2 鼠标与 PC 机的 PS/2 口的连接。由于只需要控制数据线和时钟线两个连线,所以控制电路中使用了两个三极管作为隔离部件以简化设计。三极管的基极由 89C2051 的 P3.3 引脚控制,当三极管基极被置为低电平时,PS/2 鼠标 JP2 与 PC 接口 JP3 的连接将被断开。由于 MCU 作为 PS/2 接口设备与 PC 机通信,因此当三极管基极被置为高电平时,PS/2 鼠标与 PC 的 JP3 接口联通进行数据传送。

　　由于无线收发器需要使用 PS/2 接口,因此,必需了解 PS/2 接口的相关时序和标准。PS/2 接口属于同步接口电路,共使用 4 根接口线,其中两根用于电源和电线,另外两根作为时钟信号线 CLK 和数据信号线 DATA。在 PS/2 的同步方式下,同步时钟由设备端提供,也就是说,无论收发器是接收 PC 机的数据,还是发送数据到 PC 机,都需要由该收发器给出同步时钟 CLK。PS/2 协议可以分为两种,一种是由外设向 PC 机发送数据,另一种是由 PC 向外设发送数据。每次发送数据以字节为单位,以低电平表示起始位,高电平表示停止位,加上每个字节的 8 位数据和 1 位校验位,每次收发数据为 11 位。

　　外设向 PC 机发送数据时的步骤:

　　(1) 外设判断时钟线是否为低,如果为低表示主机禁止外设发送数据;

　　(2)如果时钟线为高,检测数据线是否则为低,如果为低表示主机准备发送数据,外设准备接受主机发送的数据；

（3）如果数据线也为高，则外设将数据线置为低，通知主机准备发送数据，拉低的时间为 $5\sim25\mu s$，然后开始产生时钟信号，进行数据发送，每次要保证时钟的下降沿数据线的数据为稳定数据；

（4）外设在发送数据的过程中，前 10 个时钟周期在时钟高电平时，检测时钟线是否被主机拉低，如果被拉低，则发送过程被终止，否则一直发送数据；

（5）外设在第 10 个时钟周期的上升沿 $5\mu s$ 完成最后一次对时钟线的检测；

（6）主机在时钟下降沿读取数据线上的数据，当一组数据收到后，由主机拉低时钟线，禁止继续传送数据，以便主机对已收到的数据进行处理；

（7）处理完成后，主机释放时钟线，允许外设下一组数据的发送。

主机向外设发送数据时的步骤：

（1）主机检测外设是否发送数据，如果已发送超过 10 个数据，则继续接收，否则可以强行将时钟线拉低以停止外设发送过程；

（2）如果外设未发送或停止发送数据，主机将时钟拉低至少 $60\mu s$，然后拉低数据线，用数据线的低电平通知外设准备接收数据；

（3）主机释放时钟线，等待外设发出时钟信号；

（4）主机在外设的时钟信号为低电平时将数据放到数据线上；

（5）主机等待时钟信号变为高电平，直到下次变为低电平；

（6）重复（4）（5）两个步骤，直到数据全部发送完成；

（7）主机释放数据线，高电平信号表示数据发送结束；

（8）外设将数据线拉低，以示对结束发送的应答；

（9）主机等待外设将时钟线拉低；

（10）主机等待外设释放时钟线和数据线。

除了这个基本顺序外，还需要注意时钟和数据的保持时间和时序关系。时钟的高/低电平维持时间不得少于 $30\mu s$，外设发送数据到下降沿不得小于 $5\mu s$，时钟上升沿到外设开始发送数据到数据线不得小于 $5\mu s$，外设发送一个字节数据的时间不得超过 2ms。PS/2 接口除了规定了物理层的数据传送格式和步骤外，还规定了一系列的上层协议，通过上层协议可以完成相关设备与 PC 机的连接。

无线收发器通过 PS/2 接口与 PC 机连接，传递鼠标移动后的距离、方向等参数，遵循的通信协议就属于 PS/2 的上层协议。该通信协议基本过程如下：首先由 PC 机向鼠标发出初始化命令序列，鼠标对相关命令进行应答，使 PC 确认鼠标的类型、工作参数等信息；然后鼠标进入正常工作状态，通过约定的数据格式向 PC 传送移动信息，PC 机可以随时通过命令的方式对鼠标的工作参数进行调整和修正。PS/2 通信协议的由一系列命令和应答回复过程构成，PC 机发向鼠标的命令共 16 条，其功能和应答过程见表 5-6 所列。

表 5-6　鼠标接口命令及回复方式(十六进制表示)

命令码	功能	应答方式	命令码	功能	应答方式
FF	复位	FA,AA,00	EE	回传模式	FA
FE	重传数据	最后一次数据	EC	复位回传	FA
F6	设置默认值	FA	EB	读取数据	FA,数据
F5	禁止传送	FA	EA	设置流模式	FA
F4	使能传送	FA	E9	状态请求	FA,状态数据
F3,XX	设置采样率	FA,FA	E8,XX	设置分辨率	FA,FA
F2	读设备类型	FA,00	E7	置缩放位	FA
F0	设置远程模式	FA	E6	清缩放位	FA

在 PS/2 鼠标的通信协议中,每一个命令字节都需要进行回复,如命令字"F3,XX"用于设置设备的采样率,XX 表示每秒的数据采样次数,也就是传送次数,可以是 10、20、40、60、80、100、200,不过通常设为 40 或 80。命令传送时,PC 机先发命令 F3,鼠标回复应答 FA,表示收到命令;然后 PC 机再发参数 XX,鼠标回复应答 FA,表示接收到参数。

PC 机在上电后查找鼠标的方式就是通过一系列的命令与鼠标进行交互,了解鼠标的相关状态,并设置鼠标工作参数。在鼠标设计中,需要对所有这些命令进行回复和响应。PS/2 鼠标可以有四种工作模式。

(1)复位模式:这是上电后进行初始复位的模式,该命令将鼠标设为禁止状态。

(2)流模式:这是鼠标正常的工作模式,鼠标反复回传采样数据。

(3)遥控模式:鼠标将等待 PC 机发出 EB 命令才回传采样数据。

(4)回传模式:鼠标将收到的数据回传给 PC,用于检查鼠标是否与 PC 连接。

实际使用中,主要考虑复位模式和流模式即可,另外两种模式可以不予支持,对相关命令只需要进行应答回复。

鼠标向 PC 机发送的移动数据由 4 个字节构成,其内容见表 5-7 所示。

表 5-7　标数据结构

	D7	D6	D5	D4	D3	D2	D1	D0
字节 1	Y 溢出	X 溢出	Y 符号	X 符号	1	中键	右键	左键
字节 2	X 方向位移							
字节 3	Y 方向位移							
字节 4	Z 方向位移(中间滚轮)							

数据中第 1 字节的高两位分别用于表示鼠标移动过程中,Y、X 方向上的溢出情况,当对应值设为 1 时表示有溢出发生,此时的 Y、X 方向的绝对值应加上 256。

次高两位用于表示鼠标在 Y、X 方向上移动数值的符号,以表示其方向。

低 4 位除第 3 位一直为 1 外,另外 3 位分别用于表示鼠标的中间键、右键、左键按下的情况。

数据后 3 个字节用于表示每次检测到的 X 方向、Y 方向,以及中间滚轮的位移大小,X、Y 方向的位移与第 1 字节中的符号共 9 位用于描述鼠标移动的方向及距离。而中间滚轮则只使用了第 4 个字节的低 4 位表示其移动的有效值,高 4 位则为符号扩展,以补码的方式表示滚轮的移动距离和方向。如果鼠标不具有滚轮功能,也可以略去第 4 个字节的内容,只发送前 4 个字节的数据。

由于 PS/2 通信协议具有较为固定的通信过程和命令格式,因此通过对 PS/2 鼠标通信协议的学习,读者可以很容易学习和理解 PS/2 键盘的接口协议和数据格式,并在实际工程中予以应用。

5.3.3 鼠标操作部件硬件结构

鼠标操作部件负责将机械移动转换成对应的计数信号,以达到描述鼠标位移的目的。鼠标操作部件结构如图 5-8 所示。

其电路原理图如图 5-9 所示。

无线鼠标操作部件也使用了一片 89C2051 作为核心控制器件。该装置的 JP1 接口用于连接一个型号号为 nRF2402 的无线通信模块,该模块可以看做是 nRF2401 模块的简化版,它只有 1 个发送通路,也不带有接收功能,因此其接口和配置都更简单。

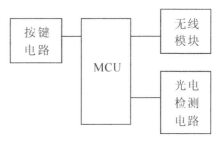

图 5-8　无线鼠标操作部件结构图

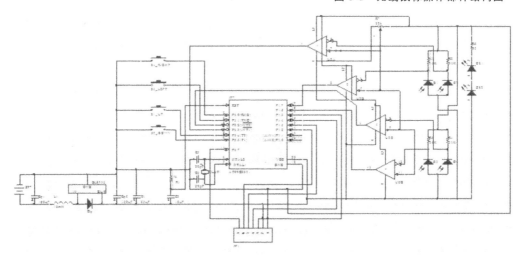

图 5-9　无线鼠标操作部件电路原理图

鼠标采用了机械式位置检测方法来检测鼠标位移的参数,其核心是红外光电管和光电编码盘的机械组合(实验中可利用有线机械鼠标改造)。在 X、Y 两个方向各有两对红外光电管和一个光电编码盘,当鼠标移动时,由于机械滚球带动相应光电编码盘运动,使光电对管中的红外接收管产生电平波动。这个电平波动通过电压比较电路整形后,每一个方向上有一路比较信号(比较器 1 和 3)作为中断源向 MCU 的中断引脚 INT0、INT1 发出中断。相应地,中断处理程序通过判断这时另一光电管的整形输出结果(比较器 2 和 4),即可判断出光电编码盘的转动方向。中断的次数决定了鼠标移动的距离,程序每隔一段时间会将这个移动距离以数值的形式利用无线通信模块发送给 PS/2 接收器,再由接收器转换为 PS/2 信号发给 PC 机。为了能够模拟鼠标的左、右按键和中间滚轮的功能,在鼠标中加入了 4 个微动开关。其中,S3 表示左键,S4 表示右键,S1 用于产生滚轮向上滚动的数据,S2 用于产生滚轮向下滚动的数据。

由于无线鼠标使用电池供电,电池使用一段时间后会产生内阻增大、电压下降的问题,而系统中的两个红外发光二极管对电压的变化十分敏感,电压下降后其发光强度明显下降,这将直接影响光外接收管上的信号波动范围,严重时鼠标将根本无法使用。解决这个问题的方法也很简单,就是使用一个直流升压稳压电路为系统提供稳定电压。在实例中使用的是由上海贝岭公司生产的一种开关式稳压芯片 BL8530,该芯片采用 PFM(Pulse Frequency Modulation)方式进行 DC/DC 变换,转换效率可达 85%,而且其静态功耗也非常小。所需外围元接器件也很简单,只要 1 个电感、1 个输出电容、1 个肖基特二极管即可。在输入电压 0.8~12V 的条件下,能够提供稳定的 2.5~6V 的输出工作电压,其输出电流最大可达 200mA。利用该稳压电路,只要电池能够提供 0.8V 以上电压,就可以使鼠标可靠地工作,从而避免了电压波动对系统产生的影响。

在设计嵌入式系统时,而过是使用电池供电的产品,则需要在设计中考虑电压波动对系统的工作是否产生影响。如果电压波动可能较大,而且会影响到系统的稳定工作,那么就需要考虑使用此类专用电源芯片,从而保证系统不会因电池的原因而造成工作不稳定或频繁更换电池,影响系统的可用性。

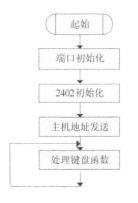

图 5-10 无线鼠标主流程图

5.3.4 无线鼠标操作部件代码

无线鼠标操作部件代码的主要功能包括两部分,一部分是用于处理鼠标移动行为,并将其转换为鼠标移动参数;另一部分是进行无线数据传输的功能。

无线鼠标操作部件的程序总体流程如图 5-10 所示。

为减少设计中不必要的代码,将鼠标的参数设置为固定值且不接收由主机发送来的调整命令,这样鼠标就只需要有发送功能即可。程序中采用以鼠标为主的无线联络机制。当鼠标开机后,将发出与该鼠标配合使用的数据接收机地址,未初始化的收发器收到后,将按新的地址进行初始化,这样就不会因多个鼠标同时工作而产生地址冲突了。鼠标部件的关键功能函数涉及定时器中断处理函数、外部中断处理函数和无线发送函数等。

(1)void timer0() interrupt 1　　//定时器中断处理函数,每 15ms 中断一次,传送位移参数

```
{ EA=0;                 //关闭中断使能
  ShockBurst();         //调用数据发送函数
  TXData[5]=0;          //将鼠标数据清空,为下一次发送做准备
  TXData[6]=0;
  TXData[4]&=0x0f;
  TL0=0X60;             //重置定时器,准备下次数据发送
  TH0=0XC5;
  TR0=0;               //清中断标志位
  nx=0;                //X,Y轴移动参数清零
  ny=0;
  EA=1;                //打开中断使能
}
(2)void xt() interrupt 0    //外部中断处理函数(INT0),用于处理 X 轴位移
{ EA=0;                 //关闭中断使能
  TR0=1;
  if (TEST0==1)         //判断另一个光电接收器的状态为 1 则正向运动 X=X+1
    {
    TXData[5]+=1;
    TXData[4]&=0xef;   //方向标识处理
      }
  Else                   //另一光电接收器为 0 表示负向运动 X=X-1
    {
      nx+=1;
      TXData[5]=0xff-nx;
      TXData[4]|=0x10;  //方向标识处理
      }
    EA=1;               //打开中断使能
}
void yt() interrupt 2      //外部中断处理函数(INT1),用于处理 Y 轴位移
{ EA=0;                 //关闭中断使能
```

```
   TR0=1;
   if (TEST1==1)
     {
     TXData[6]+=1;
     TXData[4]&=0xdf;
       }
   else
       {
       ny+=1;
       TXData[6]=0xff-ny;
       TXData[4]|=0x20;
       }
   EA=1;                       //打开中断使能
   }
(3)void ShockBurst()    //无线数据发送函数
{
   CS=0;                                    //切换到激活模式
   CE=1;
   for(ByteCnt=0;ByteCnt<8;ByteCnt++)    //待传送 8 字节数据
   {
     tempi=TXData[ByteCnt];
     for(BitCnt=0;BitCnt<8;BitCnt++)       //每个字节 8 位逐一传送
     {
       if (bflag==1)
         Data=1;
       else
         Data=0;
       tempi=tempi<<1;
       CLK1=1;                             //时钟高电平
       _nop_();                            //延时
       _nop_();
       CLK1=0;                             //时钟低电平
     }
   }
   CE=0;                                   //切换到 standby 模式,减小功耗
   Data=0;                                 //将数据引脚置低
   }
```

在程序设计中,由于涉及多个中断处理程序,可能会因为中断处理程序优先级问题互相干扰,为避免出现因中断干扰出现错误,在每个中断处理程序中都加入了关闭中断的开关。中断处理程序首先关闭中断,然后进行数据处理,退出前再打开系统中断。这样,对于有互斥访问数据的多个任务程序的稳定性具有重要的意义。另外,在对 X、Y 计数处理时没有考虑数据的溢出问题,而在本设计中,由于每 15m 就会发送一次数据并清除数据,因此不会产生 X、Y 计数溢出的情况。

当然,本设计中未将看门狗电路打开,如果希望确保系统在任何情况下都不会死机,可以将看门狗电路打开。需要注意的是,看门狗的喂狗代码不要放在中断处理函数中,否则可能起不到保证系统不死机的作用。

5.3.5 无线收发器部件代码

无线收发器部件的功能包括两个部分:一部分是用于检测无线鼠标发送鼠标移动参数的功能;另一部分是检测 PS/2 串行接口,并将收到的无线鼠标数据发送到 PC 机的功能。由于需要考虑有线无线两个外接装置的连接,因此在设计时,该部件应具有对 PC 机命令进行响应的功能。不过对于 PC 机发送的参数设置功能,无线收发器仅作响应并不做实质性的调整,而且这些参数调整功能并不是必须的。采用这种方式的主要目的在于,减小系统复杂程序程度,提高系统稳定性和可用性。无线收发器部件的程序流程如图 5-11 所示。

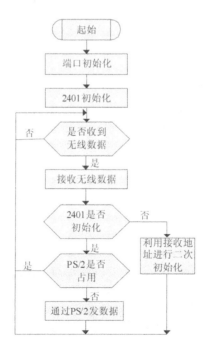

图 5-11 无线收发部件程序流程图

无线收发部件的总体程序流程看上去比较简单。为了处理好 PS/2 鼠标的上电检测和初始化工作,要求 PS/2 鼠标必须连接在无线接收装置上,系统才能工作,否则 PC 可能检测不到鼠标。如果不这样做就需要完成两个工作:一个是检测和接收 PC 机端发来的命令参数,并根据命令参数进行参数回复;二是检测 PS/2 鼠标是否接入无线收发部件,并利用初始化命令序列去初始化该鼠标,否则鼠标不会正确工作。为简化设计和说明,在实例中并没有采用后者,如果读者有兴趣,可以自己完成相关工作。相关函数在程序中处于注释状态。

为保证不同地址的鼠标之间不会因地址重叠而产生干扰,需要在无线鼠标打开后根据无线鼠标发送的地址参数进行二次初始化,以确保与某个鼠标的匹配。

在无线收发部件中,需要说明的功能函数包括:作为从设备向 PC 机 PS/2 口发送函数、无线接收函数、作为主设备向 PS/2 鼠标发送初始化命令函数、作为主设备接收 PS/2 鼠标数据函数等。

(1)unsigned char send_byte (unsigned char x)//PS/2 鼠标的发送数据函数,每次 1 字节

```
{
    unsigned char tmpe,i,char_temp;
    bit flag_check=1;
    tmpe = x;
    if (psclk==1&&psdata==1)          //只有 CLK 和 DATA 都为高时才能发送
    {
        psdata =0;                    //起始位 0 表示准备发出数据
        delay_us(3);
        psclk =0;
        delay_us(7);
        tmpe = x;
        for(i=0;i<8;i++)              //发送 8bit 数据,低位在前发送
        {
            psclk =1;
            delay_us(3);
            char_temp = tmpe & 0x01;
            if (char_temp == 0x01)    //按比特发送数据
            {
                psdata =1;
                flag_check =! flag_check;   //奇校验位获取
            }
            else
```

```
        psdata =0；
    delay_us(3)；
    psclk = 0；
    delay_us(7)；
    tmpe = tmpe>>1；
    }
    psclk = 1；                         //开始发送奇校验位
    delay_us(3)；
    psdata = flag_check；               //奇校验位送到数据引脚
    delay_us(3)；
    psclk = 0；
    delay_us(7)；
    psclk =1；                          //开始发送停止位
    delay_us(3)；
    psdata =1；
    delay_us(3)；
    psclk = 0；
    delay_us(7)；
    psclk =1；
    delay_us(3)；
    psdata=1；
    while (psclk==0&&psdata==1)；    //等待下一次开始发送
delay_us(10)；
return 0；
    }
else                                   //如果 CLK 和 DATA 不同时为高则返回
{delay_us(7)；
return 1；}
}
```

(2)void ReceiveShock()//无线接收数据函数,该函数在前一小节已经作了完整的介绍,这里省略对其代码的分析。

(3)unsigned char mouse_send (unsigned char x)//作为主设备向 PS/2 鼠标发送初始化命令函数

```
{
unsigned char tmpe,i,char_temp,cnt=0；
bit flag_check=1；
```

```
    tmpe＝x；
    mouse_data＝1；                      //保持数据线高电平
    mouse_clk＝0；                       //拉低时钟信号至少25? s
    delay_us(25)；
    mouse_data＝0；                      //拉低数据位,表示准备发送数据
    delay_us(2)；
    mouse_clk＝1；                       //恢复时钟引脚由鼠标控制
    for(i＝0；i＜8；i＋＋)                //发送8 bit数据,低位在前
    {
        while(mouse_clk)                 //如果时钟一直未拉低,说明鼠标工作不正常
        {   cnt＋＋；
        if(cnt＝＝50)
        return 1；                        //返回函数执行错误
        }
        cnt＝0；
        delay_us(1)；
        char_temp ＝ tmpe & 0x01；
        if(char_temp ＝＝ 0x01)           //开始发送数据位
        {
        mouse_data ＝1；
        flag_check＝! flag_check；         //奇校验位统计
        }
        else
        {
        mouse_data ＝0；
        }
    tmpe ＝ tmpe＞＞1；
    while(! mouse_clk)；                  //等时钟由低变高,开始下一个时钟节拍
    }
    while(mouse_clk)；                    //等待下一个开始由高变低
    delay_us(3)；
    mousedata ＝ flag_check；             //发送校验位
    while(! mouse_clk)；                  //等待时钟再次由低变高
    while(mouse_clk)；                    //等待下一时钟准备发结束位
    delay_us(3)；
    mousedata ＝1；                       //发出结束位
```

```
    while(! mouse_clk);                //等待时钟由低变高
    while(mouse_clk);
    while(! mouse_clk);                //等待最后一个时钟,结束1字节发送
    return 0;
  }
```

在对鼠标的操作前必须对鼠标进行初始化设置,这个设置的序列可以自己定义,也可以按照操作系统的一般流程来做。本实例中使用了 Windows 操作系统的默认初始化指令序列来完成对鼠标的初始化操作。该序列可以用一个字符型数据定义:

{0xff,0xf2,0xe8,0x00,0xe6,0xe6,0xe6,0xe9,0xe8,0x03,0xf3,0xc8,0xf3,0x64,0xf3,0x50,0xf3,0xc8,0xf3,0xc8,0xf3,0x50,0xf2,0xf3,0x3c,0xe8,0x03,0xf4} 主要功能有复位、读设备类型、设置分辨率、清缩放位、读取鼠标状态信息、重设分辨率、设置采样率、启动鼠标传送功能。当然也可以不作设置,读取设备类型后直接启动鼠标传送功能。

(4)unsigned char mouse_receive ()//作为主设备接收鼠标数据

```
  {
    unsigned char i,char_temp=0;
    bit flag_check=1,tmpe;
    while(mouseclk)
    delay_us(1);
    if (mousedata==0)                  //如果收到起始位
    {
    while(! mouseclk);                 //等待时钟由低变高
    for(i=0;i<8;i++)                   //准备接收 8 bit 数据,低位在前
    {
      while(mouseclk);                 //等待时钟由高变低
      delay_us(2);
      char_temp = char_temp>>1;        //接收缓冲最高位置 0
      if(mousedata==1)                 //如果收到数据为1,则缓冲最高位置1
      {
      char_temp = char_temp|0x80;
      flag_check =! flag_check;        //校验位计算
      }
    while(! mouseclk);                 //等待时钟由低变高
    }
    while(mouseclk);                   //等待时钟由高变低
    delay_us(2);
```

```
if (mousedata==1)                       //接收奇校验位
tmpe=1;
else
tmpe=0;
while(! mouseclk);
while(mouseclk);                        //等待时钟由高变低
delay_us(2);
if (mousedata==1)                       //停止位为高电平,结束1字节发送
{
while(! mouseclk);
    }
  if (flag_check==tmpe)                 //如果收到校验位与计算的校验位一致
    eturn char_temp ;                   //返回接收到数据
  else
    return 0xce;                        //返回出错码
}
else                                    收到数据起始位,返回出错码
  return 0xce;
}
```

通过本实例的介绍,读者可以实现一个具有完整使用功能的无线鼠标装置,并能够学习无线通信模块使用和 PS/2 接收的编程使用方法。

5.4 基于 AVR 单片机的手持控制器设计实例

在很多工业控制中,需要操作者与操作设备分离,以提供更大的灵活性和独立性。本小节将介绍一个在实际工程项目中得到使用的手持控制装置。该装置可以提供良好的人机交互界面,完成多个参数的输入,并能随时动态显示主机方发来的状态信息,以便操作人随时了解设备的工作状况,是具有良好实用性的一个控制装置。

5.4.1 系统功能总体结构

该设备为行车控制系统的输入控制装置,用于操控人员以手持方式对行车坐标的输入控制,并同步显示相关坐标位置。主要技术要求包括:

(1)在手持部分能够显示 4 个坐标值,分别是 X、Y、Z、α 值,显示共 5 行,第一行为提示信息,表明当前显示值的意义,可由键盘操作在不同显示界面上进行切换;

(2)X 轴坐标范围为 0~XXm,Y 轴坐标范围 1~YYm,Z 轴坐标范围—1~ZZ,α 取

值范围 $0\sim360$；

（3）运行速度取值范围为 V_X、V_Y、V_Z、V_α；

（4）对 X、Y、Z、α 等数据进行输入，输入分为三类，分别是绝对位置、相对位置、最大运行速度；

（5）对所输入的坐标和控制命令能够通过 RS232 接口输出到远端控制机，长度不小于 5M；

（6）输入部分有 20 个按键。包括"$0\sim9$"、"."、"—"、"绝对"、"相对"、"速度"、"←"、"确认"、"取消"、"启动"、"发送"等。

该装置的基本结构如图 5-12 所示。

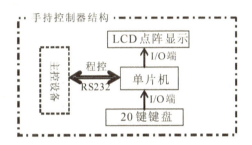

图 5-12　手持控制器基本结构图

根据功能要求，设计中将手持控制器分为 4 个部分，即单片机、LCD 显示器、键盘、RS232 通信接口。单片机负责控制装置的运行和与主控设备之间的交互；LCD 用于显示编辑信息和设备状态的回显信息；键盘用于人工输入参数值；RS232 接口用于处理主控机与单片机之间的通信。其硬件电路图如图 5-13 所示。

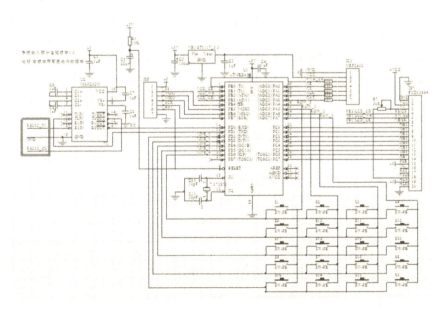

图 5-13　手持控制器的电路原理图

在电路中直接使用 MEGA16 的 AVR 单片机引脚作为控制和接口线,在程序设计和电路设计上都可以做到更加简捷,也可以减少不必要的差错。另外,为了扩展系统功能,在电路中还设计了可以进行无线数据传送的接口,加上相应的无线模块,就可以通过无线方式进行数据交换,使操作的灵活性进一步扩大。

5.4.2 硬件电路设计

1.8 位 AVR 单片机 MEGA16

系统中的单片机选择了具有 40 个引脚的 AVR 单片机 MEGA16,该单片机具有以下特点。

(1)基本性能包括 32 个 8 位全静态工作的通用工作寄存器;最高 16MHz 主频,性能可达 16 MIPS 的运算器;可在两个时钟周期完成乘法运算的硬件乘法器;具有 16K 字节的系统内可编程 Flash,擦写寿命可达 10000 次;具有独立锁定位的可选 Boot 代码区,通过片上 Boot 程序实现系统内编程;具有 512 字节的 EEPROM,擦写寿命可达 100000 次;具有 1K 字节的片内 SRAM;可以对锁定位进行编程以实现用户程序的加密;支持 JTAG 接口(与 IEEE 1149.1 标准兼容)和 JTAG 调试标准。

(2)片内外设功能丰富,包括两个具有独立预分频器和比较器功能的 8 位定时器/计数器;一个具有预分频器、比较功能和捕捉功能的 16 位定时器/计数器;具有独立振荡器的实时计数器 RTC;4 通道 PWM 发生器;8 路 10 位的 ADC,可构成 8 个单端通道或 7 个差分通道,以及 2 个具有可编程增益(1x、10x,或 200x)的差分通道。

(3)通信接口功能强大。内置面向字节的两线接口,两个可编程的串行 USART;可工作于主机/从机模式的 SPI 串行接口;具有独立片内振荡器的可编程看门狗定时器;片内自带模拟比较器。

(4)另外,该 CPU 还支持片内 RC 振荡器和片内/片外的多个中断源;支持 6 种睡眠模式:空闲模式、ADC 噪声抑制模式、省电模式、掉电模式、Standby 模式以及扩展的 Standby 模式;在引脚设计上具有 32 个可编程的 I/O 口;工作电压为 4.5～5.5V。

2.JHD662-12864 点阵式 LCD 显示屏模块

JHD12864 点阵式 LCD 显示模块属于 STN 液晶显示屏,具有 128 列、64 行点阵的显示能力;模块内置 8192 个汉字的 16×16 点阵字库以及 128 个 8×16 符号点阵字库;另外支持 64×256 点阵显示的 2KB 显存功能;工作电压为 3.3～5V。

3.通信接口芯片 MAX232

MAX232 是美信公司出品的 RS232 专用通信芯片,属于 MAX220－249 系列的一个产品,最高可支持 120Kbps 的通信速率,工作电压 5V,需要外接 4 支电容,用于升压电路工作。由于在本次产品设计中连接距离和速率均要求不高,因此使用了 RS232 作为通信接口。这样主控计算机不需要任何转换装置便可以与手持控制器连接。在使用 RS232 时请注意连接速率和距离的限制,而且 232 并不是一种总线结构,因此也不支持多设备的互联。如果互联设备多于两台则需要考虑使用 RS422 或者 485 总线了。

4.按键选择

由于工作环境和装置体积的限制,本装置中采用了印制板上的薄膜式键盘。这种键盘采用薄膜粘贴方式构成,体积小,可靠性高,使用方便。印制板结构如图 5-14 所示。

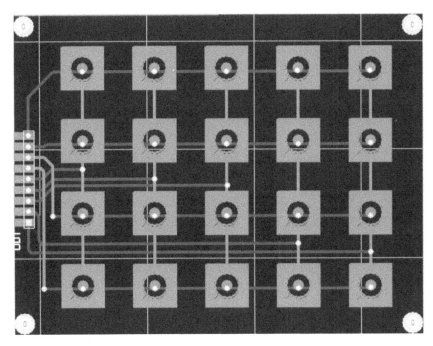

图 5-14 薄膜键盘印制板图

5.4.3 程序流程及主要代码

由于该设计需要完成的工作比较繁琐,任务包括显示当前坐标位置、以绝对值方式输入编辑、以相对值方式输入编辑、设置极限参数的输入编辑、RS232 通讯管理、键盘扫描及键值处理、数据校验及错误处理。如果采用上一例子中的循环程序方式设计,则任务间的调用和操作将变得十分杂乱。因此在系统设计时使用了一个实时的调度程序来完成任务间的切换和操作,以减小开发难度、提高系统的可维护性。系统软件总体分为两部分:一部分是各功能模块部分,按照功能不同实现了 6 个任务模块,每个功能模块完成一定的功能,各模块之间存在同步和协调的关系;另一部分是微型操作系统部分,该部分主要功能包括任务管理、调度、任务间的通信和同步等,也可以在操作系统中实现模块驱动及文件系统等功能。系统的总体构架结构如图 5-15 所示。

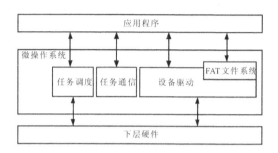

图 5-15　手持控制器软件部分总体框架

这里的应用程序是指完成各具体功能的功能模块,在微操作系统中,这些功能模块以任务的方式进行管理。微操作系统负责管理所有的任务,实现任务的调度,任务间通信、同步等功能。在需要的时候,还可以将所有设备的驱动程序作为微操作系统的一部分,以实现设备的互斥访问、透明使用等功能。

在本实例中,功能模块共需实现 6 个任务,其任务分别是系统初始化任务、系统显示任务、串行口数据处理任务、出错管理任务、编辑界面显示任务、编辑按键处理任务。除系统初始化任务采用了单一流程外(运行后不再重复),其他任务均采用循环程序结构。在本实例中,这 6 个任务相对独立工作,同时又需要相互合作,其工作流程难以顺序化。如果直接采用任务间的调用方式来协同,其调用过程和互斥等问题将变得十分复杂,可能产生大量不确定调用,导致系统复杂性增加,稳定性和可靠性下降,而且也使开发难度变大。使用了微型的操作系统之后,所有任务间的协调和同步不再直接通过调用方式实现,而是通过操作系统的通信机制来完成,并由操作系统调度机制进行任务之间切换,使得系统的调用复杂性被大大减小,更易于理解和排错。因此,本实例中将介绍一个带个微型操作系统的程序设计实例,这对于开发多任务并行的嵌入式系统具有十分重要的意义。

本实例中的微型操作系统功能主要包括任务创建/管理/通信和调度模块、时钟管理模块、LCD 显示屏驱动模块、串行口驱动模块、键盘扫描驱动模块 5 个部分。由于 LCD 的显示驱动、串行口驱动、键盘扫描等功能在前面的仿真实例中都做了介绍,因此本实例就不再详细说明,读者可以通过一些仿真实例进行学习和理解。本节主要介绍操作系统关于任务管理和调度方面的设计思想和代码。

先介绍一下系统 main()函数的结构。这是系统的入口,但是由于使用了操作系统,其流程变得十分简单。首先是对微操作系统的初始化,然后创建各功能对应的任务,起动操作系统的转入操作系统,开始由操作系统负责任务管理、切换、通信、同步等操作。其代码如下:

```
void main()
{
    Wrtos_Init();                //微操作系统初始化
    Task_Create(0,Task0);        //根据功能创建不同的任务
```

```
Task_Create(1,Task1);
Task_Create(2,Task2);
Task_Create(3,Task3);
Task_Create(4,Task4);
Task_Create(5,Task5);
Wrtos_Start();          //将MCU控制权交给操作系统,进入调度程序
}
```

这里实现的操作系统是一个微型的操作系统,其功能比较单一,主要针对具有以下特点的应用系统:一是系统可用程序和数据空间非常有限;二是任务数量较多时,任务间调度关系变得十分复杂;三是任务调度并非按一定顺序和周期进行,需要更为灵活的安排;四是任务间需要有一定的消息传递和同步机制;五是不同任务具有不同的优先级,需要在调度时对优先级高的任务予以照顾;六是任务数量固定,通常不会动态创建或删除任务;七是任务占用内存空间一般为静态分配,通常不会动态申请和释放内存;八是任务的优先级在使用过程中相对固定。

在使用该微型操作系统时,会有以下一些限制:

(1)操作系统与任务作为一个整体打包,下载到目标系统,代码均运行在同一特权级;

(2)所有任务均以静态分配方式进行内存分配,任务代码相对独立,不会存在代码重用等引起系统混乱的问题;

(3)操作系统不为任务提供内存分配和任务加载机制,即任务是静态方式创建的;

(4)操作系统负责任务调度和任务间通信;

(5)设备驱动程序和文件管理作为操作系统的一部分,任务可直接使用;

(6)为保证系统的稳定性,系统中任务总数不超过16个。

该操作系统核心功能编译后,其占用程序存储空间应不超1K字节,占用RAM空间不超256字节。这对于8位单片机而言具有十分重要现实意义,也只有满足了这些要求,才可能在8位单片机上真正运行一个操作系统。下面对该微型操作系统作进一步的介绍和分析。

1.任务控制块 struct TCB

在操作系统中第一个问题,就是要能够通过一定的数据结构描述本系统中的任务。该结构在创建任务时生成,用于在操作系统中对任务进行描述和管理。在这个结构中包括了任务的优先级、消息参数、请求参数、状态标志、等待参数、任务断点指针、邮件指针列表、标识列表等。

本操作系统使用了一种静态优先级的调度算法,每个任务的优先级在创建时就已经确定,该优先级与任务索引号直接相关,任务索引号越小,任务优先级越高。

```
typedef struct TCB{
    uint8 Task_Index;              //任务号,优先级设置
    #if Wrtos_Msg_EN
        uint8 Task_Msg;            //任务私有信箱,接收到的消息
        uint8 Task_Req;            //任务请求信息
    #endif
    uint8 Task_Wait;               //任务有等待请求
    uint8 Task_State;              //任务状态标志
    uint8 Task_PotL;               //任务返回时的地址
    uint8 Task_PotH;
    #if Wrtos_Mail_EN              //任务邮件功能参数定义
        ……
    #endif
    #if Wrtos_Mark_EN              //任务标识定义
        ……
    #endif
}Tcb;
```

通过使用一个静态数组 static Tcb Task_Tcb[Task_Total]来管理所有任务的 TCB 结构,该数组的大小决定了系统可调度的任务数量。为保证系统的资源占用量不会太大,本系统实现时定义为 16 个成员,这样整个系统中可以创建不超过 16 个任务,使用时可以按照实际的任务数来创建数组。如只创建 10 个任务,这个数组也可以只创建 10 个成员即可。

2. 操作系统初始化函数 Wrtos_Init

操作系统初始化函数完成的主要功能包括初始化任务控制块表及相关参数、初始化系统时钟、初始化设备列表、设定系统 TICK 时钟、任务状态及消息列表,其代码如下:

```
void Wrtos_Init()
{ uint8 i;
    for(i=0;i<Task_Total;i++){          //初始化所有任务控制块
    Task_Tcb[i].Task_Index=0;
    Task_Tcb[i].Task_State=0;
    #if Wrtos_Msg_EN                    //任务消息标识初始化
        Task_Tcb[i].Task_Msg=0;
        Task_Tcb[i].Task_Req=0;
    #endif
    Task_Tcb[i].Task_Wait=0;
```

```
    Task_Tcb[i].Task_PotH=0;          //任务返回指针初始化
    Task_Tcb[i].Task_PotL=0;
    #if Wrtos_Mark_EN                  //任务状态标识初始化
        Task_Tcb[i].Task_M=0;
    #endif
    Task_Tid[i]=0;
  }
  Task_Table=0;                        //清零任务就绪表
  Task_Current=0;                      //任务指示器指向最低优先级任务
  Time_Table=0;
  #if Wrtos_Timer_EN                   //初始化系统时钟
    Wrtos_Time.Hou=0;
    Wrtos_Time.Min=0;
    Wrtos_Time.Sec=0;
    Wrtos_Time.Mse=0;
    Wrtos_Time.Stp=0;
  #endif
  #if Wrtos_Device_EN                  //独占设备列表的初始化
    Dev_Table=0;
    for(i=0;i<Device_Total;i++)Dev_Tcb[i]=0;
  #endif
  #if Wrtos_Mark_EN                    //任务标识初始化
    Task_Mark=0;
  #endif
  Wrtos_Clock();                       //初始化系统 TICK 时钟
}
```

3.任务创建函数 Task_Create

该函数用于创建一个任务控制块结构,初始化任务管理、调度及通信的相关参数,并保存该函数对应的任务代码指针。

```
void Task_Create(uint8 index,Func Add)
{
    for(jj=0,ii=0;jj<Task_Total;jj++)     //查找空闲任务块
    if(Task_Tcb[jj].Task_State==0){ii=1;break;} //查询任务控制块 Task_State 状态
    if(ii){                                      //是否已得到空的任务控制块
```

```
Addr＝&Task_Tcb[jj];                //指针地址引用
Addr－>Task_State＝0x01;            //置位任务创建标志
Addr－>Task_Index＝index;           //设置任务索引号(优先级)
＃if Wrtos_Msg_EN                   //初始化任务消息标识
    Addr－>Task_Msg＝0;             //任务消息标识清空
    Addr－>Task_Req＝0;             //任务请求标识清空
＃endif
    Addr－>Task_Wait＝0;            //任务等待标识清空
＃if Wrtos_Mail_EN
    Addr－>MailBox＝0;              //初始化任务邮箱
＃endif

＃if Wrtos_Mark_EN
    Addr－>Task_M＝0;               //初始化任务状态标志变量
＃endif

＃asm                              //保存任务当前指令的地址
    LDD R2，Y＋0                    //从 Y 寄存器读函数入口地址
    LDD R3，Y＋1
＃endasm
Addr－>Task_PotL＝TPL;              //保存函数入口到 TCB 中
Addr－>Task_PotH＝TPH;
Task_Tid[index]＝jj;                //任务控制块号与优先级对照表
ii＝1;ii<<＝index;Task_Table|＝ii;   //更新就绪表
}
```

4.任务调度函数 Task_Switch

该函数完成任务的切换工作,首先从优级列表中读取优先级最高的就绪任务,然后找到与之对应的 TCB 控制块,最后切换到该任务。

```
void Task_Switch()
{
  LOOP：
  if(Task_Table){                    //是否有就绪任务
    ＃if Wrtos_Mark_EN
      Addr＝&Task_Tcb[Task_Tid[Task_Current]];//当前优先级对应的 TCB
      Addr－>Task_M＝Task_Mark;       //设置任务标识
    ＃endif
```

```
ii＝Task_Table；                          //读取就绪表
for(jj＝0；jj＜Task_Total；jj＋＋，ii＞＞＝1)
{if(ii&0x01){Task_Current＝jj；break；}}   //查找第一个就绪优先级
Addr＝&Task_Tcb[Task_Tid[Task_Current]]；//根据优先级查到对应 TCB
#if Wrtos_Mark_EN
  Task_Mark＝Addr－＞Task_M；              //复原任务标识
#endif
#if Wrtos_Mail_EN
  Task_Mail＝Addr－＞MailBox；             //复原任务邮箱标识
#endif
TPL＝Addr－＞Task_PotL；                   //取待转入任务地址指针到 R2,R3
TPH＝Addr－＞Task_PotH；
#asm
  POP   R30                              //将返回指针弹出
  POP   R31
  PUSH  R2                               //将转入任务地址压入堆栈
  PUSH  R3
  RET                                    //利用返回指令转入新任务
 #endasm
}else goto LOOP；                         //无就绪任务,死循环
}
```

5.任务删除函数 Task_Delete(uint8 index)

任务删除函数用于将 index 所标志的任务控制块进行清空操作,一旦某优先级的任务被删除,则对应优先级就可以给另一个任务使用。

```
void Task_Delete(uint8 index){
  DIS_INT                               //关中断
  ii＝1；ii＜＜＝index；Task_Table&＝~ii；  //更新就绪表(原子操作)
  EN_INT                                //开中断
  Task_Tcb[Task_Tid[index]].Task_State＝0；//任务删除,释放任务控制块
  if(index＝＝Task_Current){             //是否删除任务本身
    #asm                                //若是删除任务自身
      POP   R30                         //返回地址出栈丢弃
      POP   R31
      ADIW  R28,1                       //参数指针向后移 1 个地址
    #endasm
```

```
        Task_Switch();                        //删除自身后,进入任务调度
    }                                         //删除其它任务,直接返回
}
```

6.Task_Suspend(uint8 index)

函数用于实现 index 任务的挂起,通常由调用该函数的任务在完成一定工作后将其自身挂起,以等待某事件的发生。当然,也可以是系统在调度时剥夺某任务的处理器使用权,将其挂起。

```
void Task_Suspend(uint8 index)
{
    Addr=&Task_Tcb[Task_Tid[index]];          //查找到该优先级的 TCB
    DIS_INT                                    //关中断
    ii=1;ii<<=index;Task_Table&=~ii;           //从就绪队列删除该任务
    Addr->Task_State|=0x08;                     //将任务状态设为挂起
    EN_INT                                      //打开中断
    if(index==Task_Current){                    //若任务自身挂起
    #asm
      POP   R30                                 //将挂起点从堆栈中读出
      POP   R31
      MOV   R2, R31                            //存入 R2,R3 寄存器
      MOV   R3, R30
    #endasm
    Addr->Task_PotL=TPL;                        //任务中断点地址存入 TCB
    Addr->Task_PotH=TPH;
    #asm("ADIW R28,1")                         //数据堆栈指针指向下一地址
    Task_Switch();                             //调用任务调度
      }                                        //挂起其他任务时不作调度
}
```

7.Task_Resume(uint8 index)

函数用于将 index 任务由挂起状态恢复到就绪状态,并进行任务调度的操作。

```
void Task_Resume(uint8 index)
{
    Addr=&Task_Tcb[Task_Tid[index]];          //找到该优先级的 TCB
    if(Addr->Task_State&0x08){                  //任务状态为挂起
      DIS_INT
      ii=1;ii<<=index;Task_Table|=ii;           //任务退出挂起进入就绪态,修改就
```

绪表

```
    Addr->Task_State&=0xF7;              //清除挂起标志
    EN_INT
    if(index<Task_Current){              //任务自恢复,执行任务切换
    #asm
      POP   R30                          //获取恢复点后面的地址
      POP   R31
      MOV   R2,R31                        //将地址保存到R2,R3
      MOV   R3,R30
    #endasm
    Addr=&Task_Tcb[Task_Tid[Task_Current]];
    Addr->Task_PotL=TPL;                 //保存任务恢复点地址到TCB
    Addr->Task_PotH=TPH;
    #asm("ADIWR28,1")                    //数据堆栈指针指向下一单元
    Task_Switch();                       //开始任务调度
    }                                    //恢复其他任务不需要任务调度
  }
}
```

8.Task_Delay(uint8 index,uint8 Time)

在单片机系统中,常常会有任务运行到某个状态时需要进行一定的延时操作,如果是任务自身用循环方式进行延时,不仅准确性难以保证,还可能导致很大的处理器资源浪费和系统操作时间的不确定。而利用系统中断方式进行延时控制,不但可以实现较高的定时精度,还可以减少不必要的处理器开销,提高系统的稳定性。该函数就是利用系统时钟来进行多任务延时控制。这种延时方式也会受到高优先级任务的影响而产生出入,并且其定时时间 Time 只有 8 位。如果需要更大的延时,则需要对该函数的实现和任务管理结构进行相应的调整。

```
void Task_Delay(uint8 index,uint8 Time)
{
    Addr=&Task_Tcb[Task_Tid[index]];     //引用任务控制块
    DIS_INT                              //关中断
    Addr->Task_Wait=Time;                //记录等待时间长度
    Addr->Task_State|=0x02;              //更新任务状态为延时等待
    ii=1;ii<<=index;
    Time_Table|=ii;
    Task_Table&=~ii;                     //任务退出就绪态
```

```
    EN_INT                              //开中断
    if(index==Task_Current){            //任务将自身延迟
      #asm                              //需要保存断点
      POP   R30
      POP   R31
      MOV   R2,R31
      MOV   R3,R30                       //将断点弹出堆栈,保存到R2、R3
      #endasm
      Addr->Task_PotL=TPL;
      Addr->Task_PotH=TPH;              //将R2、R3存入TCB
      #asm("ADIW R28,2")                //丢掉数据堆栈中两个参数
      Task_Switch();                    //重新进行任务调度
      }
}
```

9.Task_Smsg(uint8 index,uint8 T_msg)

函数向 index 任务发送出消息 T_msg,通过对 index 参数的控制,可以实现向所有可接收消息的任务进行广播操作和向特定编号任务发出消息的操作。

```
    void Task_Smsg(uint8 index,uint8 T_msg)
    { DIS_INT;//关中断
    if(index>=Task_Total)//广播消息
      {ii=0;  //全局所有任务扫描
      for(jj=0;jj<Task_Total;jj++)
        {Addr=&Task_Tcb[jj];                         //遍历任务控制块
          if(Addr->Task_State&0x04)                  //任务状态可接收消息
          {Addr->Task_Msg|=Addr->Task_Req&T_msg;//将消息存入TCB
            if(Addr->Task_Msg==Addr->Task_Req)
            {ii=1;
            ii<<=Addr->Task_Index;
            Task_Table|=ii;                          //任务获得消息就绪
            Addr->Task_Req=0x00;
            Addr->Task_Msg=0x00;
            Addr->Task_State&=0xFB;                   //清除任务状态
          }}}                                        //若接收成功则进入就绪态
    }else{ii=0;                                      //非广播消息
      Addr=&Task_Tcb[Task_Tid[index]];              //查找特定任务TCB
```

```
        if(Addr->Task_State&0x04)
        {Addr->Task_Msg|=Addr->Task_Req&T_msg;        //将消息存入 TCB
            if(Addr->Task_Msg==Addr->Task_Req)
            {ii=1;
            ii<<=index;
            Task_Table|=ii;                            //任务获得消息就绪
            Addr->Task_Req=0x00;
            Addr->Task_Msg=0x00;
            Addr->Task_State&=0xFB;                    //清除本次消息
            }}}
        EN_INT                                         //开中断
    if(ii){                                            //若有任务进入就绪态,任务调度
        #asm                                           //若任务自身等待消息,保存断点
        POP   R30
        POP   R31
        MOV   R2,R31
        MOV   R3,R30                                   //将断点弹出堆栈,保存到 R2、R3
        #endasm
        Addr=&Task_Tcb[Task_Tid[Task_Current]];
        Addr->Task_PotL=TPL;
        Addr->Task_PotH=TPH;                           //将 R2、R3 存入 TCB
        #asm("ADIW R28,2")                             //丢掉数据堆栈中两个参数
        Task_Switch();                                 //重新进行任务调度
        }
}
```

10.Task_Qmsg(uint8 index,uint8 T_msg)

函数向 index 任务请求消息 T_msg,并将调用该函数的任务挂起等待,当消息到来时可以唤醒该消息。

```
void Task_Qmsg(uint8 index,uint8 T_msg)
{ Addr=&Task_Tcb[Task_Tid[index]];
    DIS_INT
    Addr->Task_Req|=T_msg;
    Addr->Task_State|=0x04;                            //修改状态标志,进入消息等待状态
    ii=1;ii<<=index;Task_Table&=~ii;                   //退出就绪态
    EN_INT
```

```
    if(index==Task_Current){                    //等待自身消息
        #asm                                     //保存本任务断点
        POP   R30
        POP   R31
        MOV   R2,R31
        MOV   R3,R30                             //将断点弹出堆栈,保存到 R2、R3
        #endasm
        Addr=&Task_Tcb[Task_Tid[Task_Current]];
        Addr->Task_PotL=TPL;
        Addr->Task_PotH=TPH;                     //将 R2、R3 存入 TCB
        #asm("ADIW R28,2")                       //丢掉数据堆栈中两个参数
        Task_Switch();                           //重新进行任务调度
    }
}
```

这里实现的操作系统只包括基本的静态任务管理、调度、任务间通信和同步,用于实现一些固定任务和简单系统的设计完全可以胜任。读者可以在此基础上加上所需要的硬件驱动和文件系统支持,就可以实现功能较为完整的小型操作系统了。如果需要进行动态任务管理和动态内存管理功能,则需要参考操作系统的相关资料,此内容超出本书的介绍范围。

第六章　高档嵌入式处理器

本章主要介绍嵌入式系统中常见的高档处理器的关键技术和主流产品。主流的高档 32 位嵌入式处理器有以下几个系列：首先，市场占有率最高当属 ARM 内核系列的微处理器，目前 ARM 处理器的应用已经覆盖了从超低功耗、超小体积的低端产品到多核架构的高端产品的整个嵌入式应用领域；其次，一个很重要的系列就是 MIPS 系列微处理器，由于其独特的设计思想，使得一些低功耗高性能产品都采用了其设计思想；最后，将介绍由国际商业机器公司（IBM）、摩托罗拉和 苹果（Apple）三家跨国公司联合开发的 PowerPC 系列嵌入式微处理器，由于这三家公司在应用领域的独特优势，使得该系列的处理器得到较广泛应用。

6.1　高档嵌入式处理器的关键技术

6.1.1　精简指令集技术(Reduced Instruction Set Computer,RISC)

1975 年，IBM 工程师约翰·科克（John Coke）研究 IBM370 系统后发现，20％的简单指令占到 80％的在程序使用时间，而占指令总数 80％的复杂指令却只有 20％的机会被用到。由此，他提出了精简指令集计算机的 RISC 概念，其基本思想主要有以下几点。

(1)指令数量少，指令格式规范。性能的提高依靠更加合理地硬件电路设计和更好地工艺，而复杂指令集（CISC）技术则主要通过增加功能更强大的指令，这些指令利用硬件部件得以高速执行，从而提高系统的运行效率。

(2)利用流水线和超标量技术让处理器在一个时钟周期内可处理多条指令。

(3)寻址方式简化，几乎都使用寄存器寻址，提高寻址效率。

(4)大量利用寄存器间操作，只用 Load、Store 操作访问内存，从而减少指令执行时访存的次数，提高运行效率。

CISC 与 RISC 的技术对照详见表 6-1。

表 6-1　CISC 与 RISC 技术对照表

	CISC	RISC
1	指令执行周期长	指令执行只需一个周期
2	所有指令可以访存	只有 Load/Store 指令访存
3	流水线程度较低	流水线结构
4	指令由微代码翻译执行	指令由硬件执行
5	指令格式可变	指令格式固定
6	指令多,模式多	指令少,模式少
7	微代码翻译模块复杂	软件编译器复杂
8	寄存器少	寄存器多

采用 RISC 技术的微处理器主要优点有以下几点。

（1）对外部中断响应速度的更快。由于每条指令执行时间缩短,使得对中断响应的速度比 CISC 指令更快。

（2）代码执行效率更高。由于指令结构简单,且大量使用寄存器访问方式,使得其执行速度较 CISC 系统大为提高。

（3）系统功耗更低。由于结构的减化和外部访存操作的减少,其功耗相对 CISC 系统有明显减少。

（4）CPU 集成度更高,指令数量较少。指令结构简单,使得芯片上可被用于其他功能的空间有所增加,从而提高系统的总体集成度。

（5）研发时间更短。由于减少了复杂指令部件,使得总体时间得以缩短。

6.1.2　哈佛体系结构

哈佛体系结构是对冯·诺依曼体系结构的一种改进。在冯·诺依曼体系结构中,所有的数据和程序都存储在一个主存储器中,通过不同的地址指针进行来指示为数据还是程序。这使得数据和程序不可能同时被访问,只能分时操作。

在哈佛体系结构中,计算机的存储器被分为两个部分,一部分做为指令存储器,用于存放待执行的程序;另一部分作为数据存储器,用于存放待处理的数据。这两个存储器通过各自的总线与 CPU 相连,从而大大提高处理器的数据吞吐率。

哈佛结构的基本特点包括两方面。

一方面,程序指令存储和数据存储分开的存储器结构,指令和数据可以有不同的数据宽度。如微芯科技公司的 PIC16 芯片的程序指令是 14 位宽度,而数据是 8 位宽度,从而提高了执行效率和数据吞吐率。

另一方面,为了满足哈佛结构中数据存储空间与程序存储空间分离的结构要求,在 CPU 内部将片内 Cache 也分为两类,一种用于存放数据,另一种用于存储程序,以达到分别实现高速缓冲的目的。

6.1.3 桶型移位器

移位操作是计算机中的一个重要运算之一,一般通过硬件实现,由连接在算术逻辑部件内部或外部的移位器执行。传统计算机的 ALU 输出端附加移位控制逻辑的结构属于 ALU 内部移位器结构,这种移位器只能完成直送、左移 1 位和右移 1 位的操作。也就是说,当需要进行多位移位操作时,需要由多个时钟来驱动才能完成。

桶型移位器是具有 n 位数据输入、n 位数据输出和 1 组指令输入的组合逻辑电路,一般位于 ALU 的前面。涉及桶型移位器操作的机器指令需要指出移动方向和位数(1~n)。桶型移位器通过多路开关方式,可以在一个时钟周期内完成任意位数(1~n)的移动。如图 6-1 所示,向左移 3 位(或向右移 1 位),只需要将多路开关切换一次就可以完成。

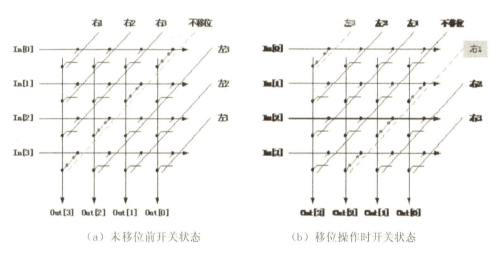

(a) 未移位前开关状态　　　　　(b) 移位操作时开关状态

图 6-1　桶型移位器功能示意图

6.1.4 正交指令集技术

所谓正交指令集,是描述特定处理器指令系统的操作码或者地址码的长度特征,以及操作码与各地址码的取值关联度特征。

一个微处理器的指令是否正交指令集,要看它是否满足以下几个特征:

(1) 指令集中绝大多数指令的长度应相同;

(2) 指令的操作码和操作数寻址字段的长度相对固定;

(3) 在寻址字段中,所有寄存器的寻址可以替换;

(4)在正交指令集中,一条机器指令的操作码、寻址方式、第 1 操作数地址和第 2 操作数地址 4 个字段的取值相互独立。

一些微处理器虽然号称具有正交指令集特性,但并非所有指令都能满足该特性。

6.1.5　双密度指令集技术

所谓指令密集,是指在执行同一机器指令操作步骤的前提下,单位内存空间所容纳的机器指令数。也就是说,为了完成一个特定运算,需要多大内存空间存储其指令。指令密度是衡量一个指令系统的设计是否精巧、是否合理的重要标志。在嵌入式系统中,由于体积、功耗、成本等因素的限制,指令集密度越高,在相同内存中可容量的指令就越多,功能也就可以越多。为了兼顾指令集密度和执行效率,一些微处理器将指令系统设计成双密度的指令集,以满足不同条件下的应用需要。

ARM 微处理器采用的是 32 位系统设计,配有定长 32 位的指令集。但 ARM 微处理器也配备 16 位指令集,称为 Thumb 指令集。它允许软件编码为更短的 16 位机器指令。早期 16 位 Thumb 指令集称为 Thumb-1 指令集,其指令密度远高于 32 位指令集。2003 年 6 月,安谋国际科技公司推出了 Thumb-2 核心指令集技术。利用 Thumb-2 的 16 位指令系统在功能相同的情况下,以 74% 的指令体积达到 32 位系统 98% 的性能。这对于嵌入式系统而言是一件非常有意义的工作。

6.1.6　地址对准技术

边界地址对准是一个十分重要的存储管理方式。一个数据如果采用与数据宽度和寻址相一致的边界地址对准方式来存储数字,则其数据的读取效率要比非边界地址对准方式高出很多。最典型的就是在 X86 的 16 位系统下,如果数据的存储是从 0 号单元开始,按照 2 字节方式进行数据存储,那么在对内存访问时,就只需要进行一次总线操作就可以将 16 位数据读出;而如果未按照 2 字节方式存储,读取 16 位数据时,就需要进行两次总线操作才能将 16 位数据读出,其总线访问效率降低了一半。在 32 位系统中则需要按照 4 字节地址方式进行数据对准存放,也就是所有数据的存放地址都是 4 的整数倍开始。这样在进行数据访问时,读取一个 32 位的数据只需要一次总线操作就可以完成,否则需要两个总线周期。

对于要求地址对准的嵌入式微处理器,如果在运行时发生了指令地址没有对准的情况,或者数据地址没有对准的异常情况,则处理器会采取一些预定的强制性措施执行。例如以忽视末位地址值和强制置位地址为零等方式访问主存。

6.1.7　地址重映射技术

一般而言,计算机的存储单元与分配给它的地址之间具有一一对应的映射关系,而且在系统工作时是固定不变的。如果计算机在运行过程中改变了这种映射关系,就叫做地址重映射。嵌入式系统中常会用到这种技术。

在嵌入式系统中,通常用于存放程序的存储器是 Flash 存储器,系统运行可以从 Flash 存储器上开始运行。系统上电时,处理器将存有引导代码的 Nor Flash 存储器映射到

0x00000000 地址,并开始从 0 号地址引导运行系统。但是在很多情况下,嵌入式系统的中断向量和异常向量表往往会存放在以 0 号地址为起点的存储空间中,这时一方面无法对 Nor Flash 进行相应的中断向量填写工作;另一方面,一旦修改了 Nor Flash 中的内容,可能会对系统程序造成严重的破坏。而且由于 Flash 的读取速度要远远比 SRAM 的读取速度低,这对于系统中断响应是一个极为不利的因素,为提高系统响应速度,需要将系统中断向量表存放在 RAM 中。因此需要在系统运行过程中,改变 Flash 的地址空间、SRAM 或 SDRAM 的地址空间分配。其主要目的是将 SRAM 或 SDRAM 的地址空间迁移到由地址 0 开始的位置,而把 Flash 的地址迁移到相对高端的地址上去。

在 32 位系统中,地址重映射机制可以有两种不同的实现方式。

(1)微处理器内部专门设计重映射寄存器。通过机器指令将重映射寄存器的特定位进行修改,就可以由硬件逻辑来完成地址重映射操作。

(2)微处理器不设专用的重映射寄存器,采用重新改写处理器内部控制内存起止地址的 Bank 寄存器来实现重映射过程。

在地址重映射的过程中,程序员需要仔细考虑程序执行流程,绝对不可以在重映射时被这种变化所打断。

6.2　ARM 体系微处理器

ARM(Advance Risc Machines)是一个公司的名称,同时也是一种处理器架构的名称,该公司 1990 年 11 月由英国剑桥的 Acorn 公司改组成立,投资方包括苹果公司、VLSI 公司以及原 Acorn 公司的知识产权和 12 名工程师。该公司主要研发 32 位 RISC 处理器芯片,但是他们既不生产也不销售芯片,只将研发的芯片设计出售给生产企业,由生产企业进行二次开发和包装,形成各公司自己的芯片产品,再投入市场。可以说,他们是所有生产企业的研发中心,而所有生产企业都是他们的生产厂房。正是这种营销模式,使得 ARM 不但得以生存,而且得以快速发展。正是借助了生产企业的强大市场影响力,ARM 已经成为一种标准,并得到人们的广泛认可和使用。目前,在移动设备上,ARM 已经占到市场份额的 90%。同时,一些软件系统的合作方使得 ARM 技术在第三方工具、软件开发、制造等方面也得到了很好的支持,使得整个系统成本得到很好的控制,这也是得到市场认可的一个重要原因。微软都不得在 2011 年提出,将要在下一版的 Windows 系统上支持 ARM 处理器。估计在不久的将来,ARM 处理器将不单单出现在我们的手机上,还有可能出现在其他的个人电脑产品中。

6.2.1　ARM 体系结构及发展

与 X86 体系结构使用 CISC(Complex Instruction Set Computer)技术不同,ARM 使用的是 RISC(Reduced Instruction Set Computer)技术,RISC 技术与 CISC 技术的关键

不同体现在对芯片设计理念的差异上。计算机是定义在一定指令集(ISA)基础上的一个高速逻辑处理设备,其所有的运算过程都会映射到该指令集的一个指令序列上,并通过这个指令序列形成对运算的分析和执行,从而解决一个计算问题。

ARM 处理器在设计上吸取了 RISC 处理器和 CISC 处理器的长处,在指令格式、访存方式、多寄存器、流水线等结构上采用了 RISC 结构,同时又增加了一定数量的指令,用于提高数据处理效率。因此,我们可以认为 ARM 处理器以 RISC 为主,兼有 CISC 处理器的优点。同时,ARM 处理器的指令系统还增加了以下特点:

(1)所有指令可根据前面指令的执行结果决定是否执行,以提高编程效率;

(2)用加载/存储指令批量在寄存器和内存间传送数据,提高效率;

(3)在指令中可同时完成逻辑和移位操作;

(4)循环处理中可自动进行相关参数的递增或递减操作。

ARM 处理器支持的指令有三类,一类是 32 位的 ARM 指令,该指令提供最高性能的处理;第二类是 16 位的 Thumb 指令,该指令用于减小代码长度,可以实现用 ARM 指令 65% 左右的体积完成相同的工作,但性能只达到 ARM 指令方式的 60%;第三类是 Jazelle 指令,该指令是 Java 的字节码指令,通过对这种指令的支持,提高 Java 虚拟机的执行效率和运行速度。

ARM 处理器的指令集体系结构一共发行过 7 个版本(V1～V7),目前,V1～V3 基本已经废弃,主要使用的是 V4～V7 版。

1.版本 4(V4 结构)

不再强制要求与以前的 26 位体系结构版本兼容,它清楚地指明了哪个指令会引起未定义指令异常发生。版本 4 在版本 3 的基础上增加了如下内容:

(1)半字加载/存储指令;

(2)字节和半字的加载及符号扩展(Sign-Extend)指令;

(3)在 T 变量中,转换到 Thumb 状态的指令;

(4)使用用户(User)模式寄存器的新的特权处理器模式。

属于 V4T(支持 Thumb 指令)体系结构的处理器(核)有 ARM7TDMI、ARM7TDMI-S(ARM7TDMI 可综合版本)、ARM710T(ARM7TDMI 核的处理器)、ARM720T(ARM7TDMI 核的处理器)、ARM740T(ARM7TDMI 核的处理器)、ARM9TDMI、ARM910T(ARM9TDMI 核的处理器)、ARM920T(ARM9TDMI 核的处理器)、ARM940T(ARM9TDMI 核的处理器)和 StrongARM(英特尔公司的产品)。

2.版本 5(V5 结构)

在版本 4 的基础上,对现在指令的定义进行了必要的修正,对版本 4 体系结构进行了扩展,并增加了指令,具体如下:

(1)改进在 T 变量中 ARM/Thumb 状态之间的切换效率;

(2)允许非 T 变量和 T 变量一样,使用相同的代码生成技术;

(3)增加计数前导零(Count Leading Zeros)指令,允许更有效的整数除法和中断优先程序;

(4)对乘法指令如何设置标志进行了严格的定义。

V5结构的ARM处理器提升了ARM和Thumb两种指令的交互工作能力,同时有了DSP指令—V5E结构、Java指令—V5J结构的支持。

属于V5T(支持Thumb指令)体系结构的处理器(核)有ARM10TDMI和ARM1020T(ARM10TDMI核的处理器)。

属于V5TE(支持Thumb、DSP指令)体系结构的处理器(核)有ARM9E、ARM9E-S(ARM9E可综合版本)、ARM946(ARM9E核的处理器)、ARM966(ARM9E核的处理器)、ARM10E、ARM1020E(ARM10E核的处理器)、ARM1022E(ARM10E核的处理器)和Xscale(英特尔公司的产品)。

属于V5TEJ(支持Thumb、DSP、Java指令)体系结构的处理器(核)有ARM9EJ、ARM9EJ-S(ARM9EJ可综合版本)、ARM926EJ(ARM9EJ核的处理器)和ARM10EJ。

3. 版本6(V6结构)

ARM体系结构版本6是2001年发布的,该版本增加了媒体指令。属于V6体系结构的处理器核有ARM11(2002年发布)。V6体系结构包含ARM体系结构中所有的4种特殊指令集,即Thumb指令(T)、DSP指令(E)、Java指令(J)和Media指令。

4. 版本7(V7结构)

ARM体系结构版本7是在版本6的基础上诞生的。V7结构采用了Thumb-2技术,它是在ARM的Thumb代码压缩技术的基础上发展起来的,并且保持了对现存ARM解决方案的完整的代码兼容性。Thumb-2技术比纯32位代码少使用31%的内存,减少了系统开销,同时能够提供比已有的基于Thumb技术的解决方案高出38%的性能。V7结构还采用了NEON技术,将DSP和媒体处理能力提高了近4倍,并支持改良的浮点运算,满足下一代3D图形、游戏以及传统嵌入式控制应用的需求。

Cortex系列处理器是基于ARM V7架构的,分为Cortex-M3、Cortex-R和Cortex-A3。

6.2.2 ARM处理器系列简介

ARM处理器的产品系列非常广,包括ARM7、ARM9、ARM9E、ARM10E、ARM11和SecurCore、Cortex等。SecurCore是单独的一个产品系列,是专门为安全设备而设计的。其他厂商基于ARM体系结构的处理器,除了具有ARM体系结构的共同特点以外,每一个系列的ARM微处理器都有各自的特点和应用领域。

1. ARM7处理器系列

ARM7系列包括ARM7TDMI、ARM7TDMI-S、ARM720T和ARM7EJ-S,其最高主频可以到达130MIPS。该系列处理器提供Thumb16位压缩指令集和Embedded ICE

JTAG 软件调试方式,适合应用于更大规模的 SoC 设计中。其中,ARM720T 高速缓存处理宏单元还提供 8KB 缓存、读缓冲和具有内存管理功能的高性能处理器,支持 Linux、Symbian OS 和 Windows CE 等操作系统。

ARM7 系列处理器主要应用于对功耗和成本要求比较苛刻的消费类产品,主要有:

(1)个人音频设备(MP3 播放器、WMA 播放器、AAC 播放器);

(2)接入级的无线设备;

(3)喷墨式打印机;

(4)数码照相机;

(5) PDA。

2. ARM9 处理器系列

ARM9 系列于 1997 年问世。由于采用了 5 级指令流水线,ARM9 处理器能够运行在比 ARM7 更高的时钟频率上,改善了处理器的整体性能。存储器系统根据哈佛体系结构(程序和数据空间独立的体系结构)重新设计,区分了数据总线和指令总线。

ARM9 系列有 ARM9TDMI、ARM920T 和带有高速缓存处理器宏单元的 ARM940T。所有的 ARM9 系列处理器都具有 Thumb 压缩指令集和基于 Embedded ICE JTAG 的软件调试方式。ARM9 系列兼容 ARM7 系列,而且能够比 ARM7 进行更加灵活的设计。

ARM9 系列处理器主要应用于下面一些场合:

(1)下一代无线设备,包括视频电话和 PDA(个人数字助理)等;

(2)数字消费品,包括机顶盒、家庭网关、MP3 播放器和 MPEG-4 播放器等;

(3)成像设备,包括打印机、数码照相机和数码摄像机等;

(4)汽车、通信和信息系统。

3. ARM9E 处理器系列

ARM9E 系列为综合处理器,包括 ARM926EJ-S、带有高速缓存处理器宏单元的 ARM966E-S 与 ARM946E-S。该系列强化了数字信号处理功能,可应用于需要 DSP 与微控制器结合使用的情况;将 Thumb 技术和 DSP 都扩展到 ARM 指令集中,并具有 Embedded ICE-RT 逻辑(ARM 的基于 Embedded ICE JTAG 软件调式的增强版本),更好地适应了实时系统的开发需要。同时,其内核在 ARM9 处理器内核的基础上使用了 Jazelle 增强技术,该技术支持一种新的 Java 操作状态,允许在硬件中执行 Java 字节码。

ARM9E 系列处理器主要应用于下面一些场合:

(1)下一代无线设备,包括视频电话和 PDA 等;

(2)数字消费品,包括机顶盒、家庭网关、MP3 播放器和 MPEG-4 播放器等;

(3)成像设备,包括打印机、数码照相机和数码摄像机等;

(4)存储设备,包括 DVD(多用途数字光盘,又称数字影碟)或 HDD(硬盘驱动器)等;

（5）工业控制，包括电机控制等；

（6）汽车、通信和信息系统的 ABS（防抱死刹车系统）和车体控制；

（7）网络设备，包括 VoIP（Voice over Internet Protocol）、WirelessLAN（无线局域网）和 xDSL（Digital Subscriber Line，数字用户线路。"x"代表不同种类的数字用户线路技术）等。

4. ARM10E 处理器系列

ARM10 发布于 1999 年，具有高性能、低功耗的特点。ARM10E 系列处理器采用了新的节能模式，提供了 64 位的 Load/Store 体系，支持包括向量操作的满足 IEEE 二进制浮点数算术标准（IEEE 754）的浮点运算协处理器，系统集成更加方便，拥有完整的硬件和软件开发工具。ARM10E 系列包括 ARM1020E、ARM1022E 和 ARM1026EJ-S 这 3 种类型。

ARM10E 系列处理器具体应用于下面一些场合：

（1）下一代无线设备，包括视频电话和 PDA、笔记本式计算机和互联网设备等；

（2）数字消费品，包括机顶盒、家庭网关、MP3 播放器和 MPEG-4 播放器等；

（3）成像设备，包括打印机、数字照相机和数字摄像机等；

（4）汽车、通信和信息系统等；

（5）工业控制，包括马达控制等。

5. ARM11 处理器系列

ARM1136J-S 发布于 2003 年，是针对高性能和高效能的应用而设计的。ARM1136J-S 是第一个执行 ARM V6 架构指令的处理器，它集成了具有独立的 load-store 和算术流水线的 8 级流水线。ARM V6 指令包含了针对媒体处理的单指令多数据流（SIMD）扩展，采用特殊的设计以改善视频处理性能。

ARM1136JF-S 为了进行快速浮点运算，在 ARM1136J-S 增加了向量浮点单元。

6. SecurCore 处理器系列

SecurCore 系列涵盖了 SC100、SC110、SC200 和 SC210 处理器核。该系列处理器主要针对新兴的安全市场，以一种全新的安全处理器设计，为智能卡和其他安全 IC（智能）开发提供独特的 32 位系统设计，并具有特定的反伪造方法，有助于防止对硬件和软件的盗版。

SecureCore 系列处理器主要应用于一些安全产品及应用系统，包括电子商务、电子银行业务、网络、移动媒体和认证系统等。

7. StrongARM 和 Xscale 处理器系列

StrongARM 处理器最初是安谋国际科技公司与 Digital Semiconductor 公司合作开发的，现在由英特尔公司单独许可，在低功耗、高性能的产品中应用很广泛。Strong-ARM 采用哈佛架构，具有独立的数据和指令 Cache，有 MMU。StrongARM 是第一个包含 5 级流水线的高性能 ARM 处理器,但它不支持 Thumb 指令集。

英特尔公司的 Xscale 是 StrongARM 的后续产品,在性能上有显著改善。Xscale 执行 V5TE 架构指令,也采用哈佛结构,类似于 StrongARM,也包含一个 MMU。Xscale 已经被英特尔公司卖给了美满(Marvell)公司。

8.Cortex 处理器系列

基于 ARM V7 版本的 ARM Cortex(醋睿)系列产品由 A(应用处理)、R(实时控制)、M(微控制)3 个系列组成,具体分类延续了一直以来 ARM 面向具体应用设计 CPU 的思路。

Cortex-M3 处理器是基于 ARM V7－M 架构的处理器,采用了纯 Thumb2 指令的执行方式,具有极高的运算能力和中断响应能力。主要应用于汽车车身系统、工业控制系统和无线网络等对功耗和成本敏感的嵌入式应用领域。目前最便宜的基于该内核的 ARM 单片机售价为 1 美元。

Cortex-R4 处理器是首款基于 ARM V7 架构的高级嵌入式处理器,其主要目标为产量巨大的高级嵌入式应用系统,如硬盘、喷墨式打印机以及汽车安全系统等。

Cortex-A8 处理器是安谋国际科技公司所开发的基于 ARM V7 架构的首款应用级处理器,其特色是运用了可增加代码密度和加强性能的技术、可支持多媒体以及信号处理能力的 NEON 技术以及能够支持 Java 和其他文字代码语言的提前和即时编译的 Ja-zelle RTC 技术。众多先进的技术使 Cortex-A8 适用于家电以及电子行业等各种高端的应用领域。

6.2.3　ARM 处理器工作状态

ARM 处理器内核支持 32 位 ARM 指令集和 16 位 Thumb 指令集两种工作状态。这两种工作状态可以在程序中十分方便地进行切换。也就是说,程序可以一部分由 32 位指令编写,而另一部分采用 16 位指令编写。

这两种状态之间的切换只需要在跳转指令中用目标地址的最低来描述即可。无论是 16 指令字还是 32 位指令字,由于边界对准的原因,跳转的目标地址都应该是一个偶数,也就是说其最低位为 0。如果要从 ARM 状态切换到 Thumb 状态,只要使跳转地址的最低位置为 1,就可以使处理器切换到 16 位 Thumb 状态。跳回去时只需要用一个跳转指令加上一个目标地址就可以了,该过程描述如例 6-1 所示。

【例 6-1】　ARM 状态和 Thumb 状态切换示例

程序清单如下:

;从 ARM 状态转变为 Thumb 状态

LDRRO，=Lable+1　　　//将目标地址最低位设为 1

BXRO　　　　　　　　//跳转到目标地址,跳转后自动进入 Thumb 状态

;从 Thumb 状态转变为 ARM 状态

LDRRO，＝Lable   //将目标地址送到 R0 寄存器

BXRO   //跳到目标地址，跳转后自动进入 ARM 状态。

所有的异常处理都在 ARM 状态中执行。如果异常发生在 Thumb 状态中，处理器会切换到 ARM 状态。在异常处理返回时，自动切换回到 Thumb 状态。

6.2.4 ARM 处理器工作模式

ARM 体系结构的微处理器支持 7 种处理器模式，即用户模式、快中断模式、中断模式、管理模式、中止模式、未定义模式和系统模式。这 7 种模式中除用户模式外，其他模式均为特权模式。ARM 内部寄存器和一些片内外设在硬件设计上只允许（或可选为只允许）在特权模式下访问。此外，特权模式下可以自由地切换处理器模式，而用户模式不能直接切换到别的模式。ARM 处理器工作模式详见表 6-2。

表 6-2 ARM 处理器工作模式

处理器模式	说明	备注
用户模式（usr）	正常程序运行的工作模式	不能直接从用户模式切换到其他模式
系统模式（sys）	用于支持操作系统的特权任务等	与用户模式类似，但具有直接切换到其他模式等特权
快中断模式（fiq）	支持高速数据传输及通道处理	只有在 FIQ 异常响应时，才进入此模式
中断模式（irq）	用于通用中断处理	只有在 IRQ 异常响应时，才进入此模式
管理模式（svc）	供操作系统使用的一种保护模式	只有在系统复位和软件中断响应时，才进入此模式
中止模式（abt）	用于支持虚拟内存和（或）存储器保护	在 ARM7 内核中没有多大用处
未定义模式（und）	支持硬件协处理器的软件仿真	只有在未定义指令异常响应时，才进入此模式

其中，快中断模式、中断模式、管理模式、中止模式和未定义模式被称为异常模式。这些异常模式除了可以通过程序切换进入外，也可以由特定的异常进入。当特定的异常出现时，处理器进入相应的模式。每种模式都有某些附加的寄存器，以避免异常退出时，用户模式的状态不可靠。

至于系统模式，它与用户模式一样，不能由异常进入，且使用与用户模式完全相同的寄存器。然而系统模式是特权模式，不受用户模式的限制。有系统模式，操作系统要访问用户模式的寄存器就比较方便。同时，操作系统的一些特权任务可以使用系统模式，以访问一些受控的资源，而不必担心异常出现时的任务状态变得不可靠。

6.2.5 ARM 内部寄存器

在 ARM 处理器内部有 37 个用户可见的 32 位寄存器，其中 31 个通用寄存器、6 个

状态寄存器。这些寄存器并不是全都可以在同一时间被访问的,处理器状态和操作模式决定了程序员可以访问哪些寄存器。但在任何时候,通用寄存器 RO～R14、程序计数器(PC)、一个或两个状态寄存器都是可访问的。

ARM 状态下的寄存器包括通用寄存器和程序状态寄存器。表 6-3 所列为每种模式所能访问的寄存器。

表 6-3 ARM 状态各种模式下的寄存器

寄存器类别	寄存器在汇编中的名称	各种模式下实际访问的寄存器						
		用户	系统	管理	中止	未定义	中断	快中断
通用寄存器和程序寄存器	R0(a1)	R0						
	R1(a2)	R1						
	R2(a3)	R2						
	R3(a4)	R3						
	R4(v1)	R4						
	R5(v2)	R5						
	R6(v3)	R6						
	R7(v4)	R7						
	R8(v5)	R8						R8_fiq
	R9(SB,v6)	R9						R9_fiq
	R10(SL,v7)	R10						R10_fiq
	R11(FP,v8)	R11						R11_fiq
	R12(IP)	R12						R12_fiq
	R13(SP)	R13		R13_svc	R13_abt	R13_und	R13_irq	R13_fiq
	R14(LR)	R14		R14_svc	R14_abt	R14_und	R14_irq	R14_fiq
	R15(PC)	R15						
状态寄存器	CPSR	CPSR						
	SPSR	(无)		SPSR_svc	SPSR_abt	SPSR_und	SPSR_irq	SPSR_fiq

表 6-3 中,括号内为 ATPCS 中寄存器的命名,可以使用 RN 汇编伪指令将寄存器定义多个名字。其中,ADSl.2 的汇编程序直接支持这些名称,但注意 al～a4、vl～v4 必须用小写字母。

1. 通用寄存器

通用寄存器包括 R0～R15,可以分为以下 3 类。

(1)未分组寄存器 R0～R7

在所有运行模式下,未分组寄存器都指向同一个物理寄存器。这些未分组寄存器未被系统用作特殊的用途,因此,在中断或异常处理进行运行模式转换时,由于不同的处理器运行模式均使用相同的物理寄存器,可能会造成寄存器中数据的破坏,这一点在进行程序设计时应引起注意。

(2)分组寄存器 R8~R14

R8~R14 所对应的物理寄存器取决于当前的处理器模式。几乎所有允许使用通用寄存器的指令都允许使用分组寄存器。寄存器 R8~R12 有两个分组的物理寄存器,一个用于除 FIQ 模式之外的所有寄存器模式(R8~R12),另一个用于 FIQ 模式(R8_fiq~R12_fiq)。

寄存器 R13 和 R14 分别有 6 个分组的物理寄存器,其中 1 个用于用户和系统模式,其余 5 个分别用于 5 种异常模式。寄存器 R13 通常作为堆栈指针 SP。在 ARM 指令集中,由于没有以特殊方式使用 R13 的指令或其他功能,只是习惯上都这样使用。

寄存器 R14(也称为链接寄存器或 LR)在结构上有两个特殊功能。

首先,在每种模式下,模式自身的 R14 版本用于保存子程序返回地址。当使用 BL 或 BLX 指令(注意:ARM7TDMI 没有 BLX 指令)调用子程序时,R14 设置为子程序返回地址。子程序返回通过将 R14 复制到 PC 来实现。通常有两种方式。

一是执行下列指令之一:

MOV   PC,LR

BX   LR

二是在子程序入口,使用下列形式的指令将 R14 存入堆栈:

STMFD SP!,{<registers>,LR}

并使用匹配的指令返回,即

LDMFD SP!,{<registers>, PC}

其次,当发生异常时,将寄存器 R14 对应的异常模式版本设置为异常返回地址(有些异常有一个小常量的偏移)。异常返回的执行类似于子程序返回,只是使用稍微不同的指令来确保被异常中断的程序状态能够恢复。

寄存器 R14 在其他任何时刻都可作为一个通用寄存器。

(3)程序计数器 R15

寄存器 R15 用作程序计数器 PC。在 ARM 状态下,位[1:O]为 0,位[31:2]用于保存 PC;

在 Thumb 状态下,位[0]为 O,位[31:1]用于保存 PC。虽然可以用作通用寄存器,但是某些指令在使用 R15 时有一些特殊限制,若不注意,执行的结果将是不可预测的。

对 R15 的使用有一些特殊的限制,当违反了这些限制时,程序的执行结果将是未知的。

这些限制包括两方面的内容。

一方面,读程序计数器的限制。当使用 STR 或 STM 指令保存 R15 时,读取的值是指令的地址加上 8B 或 12B。偏移量是 8 或 12 与芯片有关,故最好避免使用 STR 或 STM 指令保存 R15。

另一方面,写程序计数器的限制。当执行一条写 R15 的指令没有超出任何对它使用的限制时,写入 R15 的正常结果值被当成一个指令地址,程序从这个地址处继续执行(相当于执行一次无条件跳转)。

由于 ARM 指令以字为边界,因此写入 R15 值的 bit[1:0] 通常为 00。具体的规则取决于所使用结构的版本。

6.2.6 ARM 处理器产品

许多半导体公司持有 ARM 授权,如爱特梅尔、博通(Broadcom)、思睿逻辑(Cirrus Logic)、飞思卡尔(于 2004 年从摩托罗拉公司独立出来)、美国高通(Qualcomm)、富士通、英特尔(借由和 Digital 的控诉调停)、IBM,英飞凌科技,任天堂,恩智浦半导体(于 2006 年从飞利浦独立出来)、OKI 电气工业、三星电子、夏普(Sharp)、意法半导体(ST-Microelectronics)、德州仪器和 VLSI 等公司,这些公司均拥有各个不同形式的 ARM 授权。

各个公司的产品都有自己的特点和应用领域,但是基本上都遵循以 ARM 内核来区别其市场定位和应用领域。不同 ARM 内核的产品,其主要市场定位和应用方向描述如下。

1.ARM Cortex 系列

该系列包括 Cortex™-A 系列,开放式操作系统的高性能处理器;Cortex-R 系列,面向实时应用的卓越性能;Cortex-M 系列,面向具有确定性的微控制器应用的成本敏感型解决这三种方案。

Cortex™-A 应用程序处理器在高级工艺节点中可实现高达 2GHz+标准频率的卓越性能,从而可支持下一代的移动 Internet 设备。这些处理器具有单核和多核种类,最多提供 4 个具有可选 NEON™ 多媒体处理模块和高级浮点执行单元的处理单元。应用包括智能手机、平板电脑、上网本、电子书阅读器、数字电视、家用网关和各种其他产品。

Cortex-M 系列处理器主要是针对微控制器领域开发的,在该领域中,既需进行快速且具有高确定性的中断管理,又需将门数和可能功耗控制在最低。应用包括信号设备智能传感器汽车电子和气囊。

而 Cortex-R 系列处理器的开发则面向深层嵌入式实时应用,对低功耗、良好的中断行为、卓越性能以及与现有平台的高兼容性这些需求进行了平衡考虑。应用包括汽车制动系统 动力传动解决方案、大容量存储、控制器联网和打印等。

2.经典的 ARM 处理器系列

该系列包括 ARM11™ 系列,基于 ARMv6 架构的高性能处理器;ARM9™ 系列,基于 ARMv5 架构的常用处理器;ARM7™系列,面向普通应用的经典处理器。

ARM 经典处理器适用于那些希望在新应用中使用经过市场验证技术的组织。这些处理器提供了许多的特性、卓越的功效和范围广泛的操作能力,适用于成本敏感型解决方案。这些处理器每年都有数十亿的发货量,因此可确保设计者获得最广泛的体系和资源,从而最大限度地减少集成过程中出现的问题并缩短上市时间。

3.ARM 专家型处理器系列

该系列包括 SecurCore™,面向高安全性应用的处理器;FPGA Cores,面向 FPGA 的处理器。ARM 专家型处理器旨在满足特定市场的苛刻需求。

SecurCore 处理器在安全市场中用于手机 SIM 卡和识别应用,集成了多种既可为用户提供卓越性能,又能检测和避免安全攻击的技术。

FPGA 构造的处理器,在保持与传统 ARM 设备兼容的同时又方便用户,产品快速上市。此外,这些处理器具有独立于构造的特性,因此开发人员可以根据应用选择相应的目标设备,而不会受制于特定供应商。

6.3　MIPS 体系微处理器

6.3.1　MIPS 微处理器简介

美普思科技公司(MIPS)设计 RISC 处理器始于 1980 年代初,由斯坦福大学轩尼诗(Hennessy)教授领导的研究小组研制出来。1984 年成立美普思技术公司,1992 年美普思公司被美国硅图公司(SGI)收购,1998 年,美普思公司脱离了硅图公司,成为美普思技术公司。该公司是一家设计和制造高性能、高档嵌入式 32 位和 64 位处理器的厂家,在高档嵌入式微处理器领域占有重要地位。

MIPS 为"Micro computer without interlocked pipeline stages"("无互锁流水线微型计算机")的缩写,其最大特点在于通过结构设计上的优化实现无互锁的流水线结构。MIPS 的系统结构及设计理念比较先进。在设计理念上,MIPS 强调软硬件协同提高性能,同时简化硬件设计。其指令系统包括两种类型:一种是通用处理器指令体系 MIPS I、MIPS II、MIPS III、MIPS IV 到 MIPS V;另一种是嵌入式指令体系结构 MIPS16、MIPS32 到 MIPS64。经过几十年的发展,其体系结构均已经十分成熟。

美普思公司于 1986 年推出 R2000 处理器,1988 年推 R3000 处理器,1991 年推出第一款 64 位商用微处理器 R4000。之后又陆续推出 R8000(于 1994 年)、R10000(于 1996 年)和 R12000(于 1997 年)等型号。

随后,美普思公司的战略发生变化,把重点放在嵌入式系统。1999 年,美普思公司发布 MIPS32 和 MIPS64 架构标准,为未来 MIPS 处理器的开发奠定了基础。新的架构集成了所有原来 NIPS 指令集,并且增加了许多更强大的功能。美普思公司陆续开发了高性能、低功耗的 32 位处理器内核(core)MIPS3 24Kc 与高性能 64 位处理器内核 MIPS64 20Kc。2000 年,美普思公司发布了针对 MIPS32 24Kc 的版本以及 64 位 MIPS 64 20Kc 架构的处理器内核。MIPS32 24Kc 架构处理器是采用 MIPS 技术特定为片上系统 SOC(System-On-a-Chip)而设计的高性能、低电压 32 位 MIPS RISC 内核,采用 MIPS32TM 体系结构,并且具有 R4000 存储器管理单元(MMU)以及扩展的优先级模式,使得这个处理器与目前嵌入式领域广泛应用的 R3000 和 R4000 系列(32 位)微处理器完全兼容。新的 64 位 MIPS 处理器是 RM9000x2,从"x2"这个标记判断,它包含了不是一个而是两个均具有集成二级高速缓存的 64 位处理器。RM9000x2 主要针对网络基础设施市场,具有集成的 DDR 内存控制器和超高速的 HyperTransport I/O 链接。64 位处理器 MIPS 64 20Kc 的浮点能力强,可以组成不同的系统,从一个处理器的 Octane 工作站到 64 个处理器的 Origin 2000 服务器。这种 CPU 更适合图形工作站使用。MIPS 最新的 R12000 芯片已经在 SGI 的服务器中得到应用,其主频最大可达 400MHz。

目前,MIPS 处理器已经完全退出了桌面市场,全面转入嵌入式领域,其产品在大数据吞吐量的嵌入式应用中占有重要地位。我国自主研发的龙芯 2 号微处理器和其前代龙芯 1 号,都是采用的 64 位 MIPS 指令架构。

6.3.2 MIPS 架构性能特点

从高端多核解决方案到紧凑型内核,所有 MIPS 处理器内核均基于相同的高性能 MIPS32 基础架构进行设计。

MIPS 内核的主要性能改进来自于内核执行单元的功能增强,通过实现较长的流水线级数、超标量和多线程微架构来提高处理器的最大工作时钟频率,通过在标准架构中加入高速存储器接口、高效缓存控制器、存储器管理单元、大量寄存器组以及浮点加速器等设计功能来获得附加性能。

MIPS32 架构标配 32 个通用寄存器(General Purpose Register,GPR),其中每个寄存器的位宽为 32 位。在芯片设计阶段可以对 MIPS 配置更多的通用寄存器组(每组 32 个),以用作附加数据存储或者分配给专用向量中断控制器逻辑的"影子寄存器",在传统软硬件方法的基础上可显著减少中断延时和现场切换时间。

利用硬件乘除单元(Multiply Divide Unit,MDU)以及多个带符号/无符号乘法、除法和乘加(MAC)指令的软件支持,可有效提高 MIPS32 架构的信号处理性能。MIPS 架构对 MDU 采用独立的流水线,使其可以与整数流水线并行工作。

与 ARM 处理器相比较,MIPS 具有以下特点。

(1)以 RISC 技术为基础,并与可扩展的硬件和软件设计相结合,MIPS 架构比 ARM 架构提供了更高性能、更低功耗和更为紧凑的设计。MIPS 起源于高性能工作站和服务器的设计,而 ARM 的初衷是针对低端移动系统开发的基本内核。MIPS 以其高性能产品的开发经验和设计优势进入主流嵌入式系统市场,而 ARM 传统架构中延续的种种方面限制其所能达到的性能等级,这使其与 MIPS 相比处于不利地位。

(2)MIPS32 4K® 处理器内核(包括 MIPS32 M4K® 内核)比同级的 ARM Cortex-M 系列内核的性能更加优良,应用程序的运行速度更快。一部分原因是其采用了更高效的 MIPS ISA 和经过优化的软件工具,但主要原因是 MIPS 架构优越的设计功能可实现更高的性能和执行效率,包括对单片机设计中实现的典型功能进行加速。

(3)MIPS 内核包含 32 个 GPR,而 ARM 内核只包含 16 个 GPR。这减少了寄存器溢出,从而实现更高的性能。

(4)MIPS 架构主要执行单操作指令,而 ARM 指令在写入 GPR 之前要执行多次操作(例如移位操作数、运算、检查条件位以及其他操作)。这使得 MIPS 可以更容易地达到较高的时钟频率。

(5)与 ARM 相比,MIPS 架构工作时采用的存储器寻址模式更简单,从而更容易达到较高的时钟工作频率。

(6)MIPS 架构的预测执行较少,这最大程度地降低了逻辑复杂性,并使 MIPS 内核可达到较高的频率。M4K 和 M14K 无需分支预测,而 ARM 内核采用了复杂的分支预测逻辑。

(7)MIPS 架构实现了带延迟的分支,而 ARM 架构未实现,因此在短流水线设计时,MIPS 可实现更高的效率。

(8)MIPS 同时提供 32 位和 64 位架构,均可向下兼容并且更高性能的 MIPS64 也提供向下兼容。而 ARM 只提供 32 位架构,并且不是所有版本都支持向下兼容。

6.4 PowerPC 体系微处理器

6.4.1 PowerPC 微处理器简介

PowerPC(Performance Optimization With Enhanced RISC-Performance Computing,有时简称 PPC)是一种精简指令集(RISC)架构的中央处理器(CPU),其基本的设计源自 IBM 公司的 POWER(Performance Optimized With Enhanced RISC,《IBM Connect 电子报》2007 年 8 月号译为"增强 RISC 性能优化")架构。POWER 是苹果公司、IBM 公司、摩托罗拉公司于 1991 年组成的 AIM 联盟所发展出的微处理器架构。PowerPC 是整个 AIM 联盟平台的一部分,并且是到目前为止唯一的一部分。但自 2005 年起,苹果电脑已将旗下电脑产品转用 Intel CPU。

PowerPC 的历史可以追溯到在 1990 年随 RISC System/6000 一起被介绍的 IBM POWER 架构。该设计是从早期的 RISC 架构(比如 IBM 801)与 MIPS 架构的处理器得到灵感的。1990 年代,IBM、Apple 和摩托罗拉开发 PowerPC 芯片成功,并制造出基于 PowerPC 的多处理器计算机。PowerPC 架构的特点是可伸缩性好、方便灵活。第一代

PowerPC 采用 0.6 微米的生产工艺,晶体管的集成度达到单芯片 300 万个。1998 年,铜芯片问世,开创了一个新的历史纪元。2000 年,IBM 开始大批推出采用铜芯片的产品,如 RS/6000 的 X80 系列产品。铜技术取代了沿用了 30 年的铝技术,使硅芯片多 CPU 的生产工艺达到了 0.20 微米的水平,单芯片集成 2 亿个晶体管,大大提高了运算性能;而 1.8V 的低电压操作(原为 2.5V)大大降低了芯片的功耗,容易散热,从而大大提高了系统的稳定性。

PowerPC 处理器的发展可以分为两个阶段,即 AIM(Apple-IBM-Motorola)联盟阶段和 Power.org 阶段,而其指令集直到 2004 年才形成第一个版本 Power ISA 2.01,如今已更新到 Power ISA2.06,加入了虚拟化、多核等功能,并分化出嵌入式(Book-E)和服务器两个分支。PowerPC 处理器因此也可分为经典 PowePC 处理器和 Book-E 处理器。

经典 PowerPC 处理器和 Book-E 处理器的主要区别在于 MMU、启动模式和异常向量地址。

首先,前者支持实地址模式、块模式和页模式三种地址翻译模式,而后者则仅支持增强的可变长度的页地址模式。

其次,前者启动后会立即跳转到复位异常向量(0x100 或者 0xfff00100)执行并进入实地址模式,而后者则直接跳到有效地址空间的最后 4 个字节(0xFFFFFFFC)处执行,并且在处理器默认映射的有效地址最后 4K 地址空间中完成相应的 MMU 配置工作后才能跳出这段地址空间执行。

最后,前者的异常向量地址是固定的,后者则可以通过 IVPR 和 IVORn 寄存器来配置每一个异常向量的地址。

6.4.2 PowerPC 体系结构特点

PowerPC 内核采用 RISC 体系结构,它由一个五级流水线、指令和数据分离的高速缓冲器、存储器管理单元(MMU)、调试和其他功能的接口组成。PowerPC 内核与内核外的各种主从设备通过片上总线连接,详见图 6-2 所示。

PowerPC 采用的双处理器结构既提供了程序运行的通用处理器,又提供了用于通信用处的特殊通信处理器(CPM)。

32 位 PowerPC 的结构特点如下:

(1) 32 个 32 位通用寄存器(GPRs);

(2) 寄存器支持用户级指令集(不包括浮点指令),包括 integer exception register (XER)、condition register(CR)、link register(LR)、counter register (CTR);

(3) 时间加减及寄存器;

(4) 管理级寄存器,与 PowerPC 定义兼容;

(5) Configuration——Machine Status Register(MSR);

(6) Exception model——Save/restore registers 0 and 1 (SRR0 and SRR1),DSI

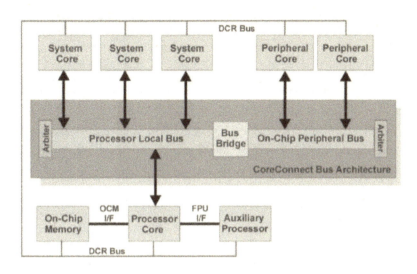

图 6-2　PowerPC 的片上总线示意图

status register（DSISR），data address register（DAR）；

（7）PowerPC 减量器；

（8）PowerPC 时基和实时时钟（RTC）。

PowerPC 处理器寄存器分为两大类：专用寄存器和非专用寄存器。其中，非专用寄存器包括 32 个通用目的寄存器（GPR）、32 个浮点寄存器（FPR）、条件寄存器（CR）、浮点状态和控制寄存器（FPSCR）；专用寄存器主要包括连接寄存器（LR）、计数寄存器（CTR）、机器状态寄存器（MSR）以及时间基准寄存器（TBL/TBU）等。专用寄存器组可控制调试工具、定时器、中断、存储控制属性、其他结构处理器资源。PPC4xx 系列处理器和 DCR 寄存器还需要用专门的指令访问。除此以外，该处理器还有另外两个特点。

第一，PowerPC 处理器可以运行于两个级别，即用户模式和特权模式。用户模式下，仅有 GPR、FPR、CR、FPSCR、LR、CTR、XER 以及 TBL/TBU 可以访问。从 Power ISA 2.05 开始，DCR 寄存器也可以在通过用户模式 DCR 访问指令进行访问。

第二，PowerPC 处理器没有专用的栈指针寄存器和 PC 指针寄存器，也就是说，硬件不负责维护调用栈。

6.4.3　常用 PowerPC 处理器

经典 PowerPC 的代表是 IBM 和 Motorola/Freescale 的 60x 系列处理器，包括 Motorola/Freescale 的 MPC8XX /MPC82XX/MPC83XX/MPC86XX/MPC5XXX 系列和 Motorola/Freescale/IBM 的 74xx/750 系列。Book-E 处理器则包括了 IBM/AMCC（APM）的 PPC4XX、Motorola/Freescale 的 PPC85XX 系列和 QorIQ 系列。尽管它们的产品不一样，但都采用了 PowerPC 的内核。这些产品大都用在嵌入式系统中。

PowerPC 处理器家族包括的一些极为经典的通信处理器。

1.MPC860

MPC860 PowerQUICC 内部集成了微处理器和一些控制领域的常用外围组件,特别适用于通信产品。PowerQUICC 可以被称为 MC68360 在网络和数据通信领域的新一代产品,它提高了器件运行的各方面性能,包括器件的适应性、扩展能力和集成度等。类似于 MC68360 QUICC,MPC860 PowerQUICC 集成了两个处理块,一个处理块是嵌入的 PowerPC 核,另一个是通信处理模块(CPM),与 MC68360 的 CPM 基本类似。由于 CPM 分担了嵌入式 PowerPC 核的外围工作任务,这种双处理器体系结构的功耗要低于传统体系结构的处理器。

2.MPC8245

MPC8245 集成 PowerPC 处理器适用于那些对成本、空间、功耗和性能都有很高要求的应用领域。该器件有较高的集成度,它集 5 个芯片于一体,从而降低了系统的组成开销。高集成度的结果是简化了电路板的设计,降低了功耗和加快了开发调试时间。这种低成本多用途的集成处理器的设计目标是使用 PCI 接口的网络基础结构、电讯和其他嵌入式应用。它可用于路由器、接线器、网络存储应用和图像显示系统。

3.MPC8260

MPC8260 PowerQUICC II 是目前最先进的为电信和网络市场设计的集成通信微处理器。高速的嵌入式 PowerPC 内核,连同极高的网络和通信外围设备集成度,摩托罗拉公司为用户提供了一个全新的整个系统解决方案来建立高端通信系统。MPC8260 PowerQUICC II 可以称作是 MPC860 PowerQUICC 的下一代产品,它在各方面提供更高的性能,包括更大的灵活性、扩展能力和更高的集成度。与 MPC860 相似,MPC8260 也有两个主要的组成部分,即嵌入的 PowerPC 内核和通信处理模块(CPM)。由于 CPM 分担了嵌入式 PowerPC 核的外围工作任务,这种双处理器体系结构功耗要低于传统体系结构的处理器。CPM 同时支持 3 个快速的串行通信控制器(FCC)、两个多通道控制器(MCC)、4 个串行通信控制器(SCC)、两个串行管理控制器(SMC)、1 个串行外围接口(SPI)和 1 个 I2C 接口。PowerPC 内核和 CPM 的组合,加之 MPC8260 的多功能和高性能,为用户在网络和通信产品的开发方面提供了巨大的潜力并缩短了开发周期,加速了产品的上市。

PowerPC 处理器有非常强的嵌入式表现,因为它具有优异的性能、较低的能量损耗以及较低的散热量。除了像串行和以太网控制器那样的集成 I/O,该嵌入式处理器与"台式机"CPU 存在非常显著的区别。例如,4xx 系列 PowerPC 处理器缺乏浮点运算,并且还使用一个受软件控制的 TLB 进行内存管理,而不是像台式机芯片中那样采用反转页表。

第七章 ARM 平台仿真开发实例

ARM 体系结构的处理器是 32 位嵌入式处理器中占有市场份额最大的一个系列,甚至占到了 32 位 RISC 微处理器 75% 以上的市场份额,基于 ARM 内核的芯片已遍及工业控制、消费类电子产品、通信系统、网络系统、无线系统等各类产品。ARM 体系结构的微处理器正在从各个方面渗入到我们的生活中,因此一谈到 32 位嵌入式系统,就不得不提到 ARM 体系结构的微处理器。本章将介绍基于 Proteus 硬件电路仿真和 Realview2.2 集成软件开发工具的 ARM 处理器的仿真实例。

7.1 ARM 平台上的开发工具

Proteus 硬件电路仿真工具的基本使用方法在第四章已经做了介绍,如果有读者还不太熟悉可以参考前面的相关内容,本章不再介绍 Proteus 的相关操作,而是主要介绍 ARM 处理器的集成开发工具 RVDS。

7.1.1 RVDS2.2 简介

Real View Development Suite(RVDS)是安谋国际科技公司继 SDT 与 ADS1.2 之后主推的新一代开发工具。RVDS 集成的 RVCT 是业内公认的能够支持所有 ARM 处理器,并提供最好的执行性能的编译器。RVD 是 ARM 系统调试方案的核心部分,支持含嵌入式操作系统的单核和多核处理器软件开发,可以同时提供相关联的系统级模型构建功能和应用级软件开发功能,为不同用户提供最为合适的调试功效。

RVDS 包含有四个模块。

(1)IDE:RVDS 中集成了 Eclipse IDE,用于代码的编辑和管理。支持语句高亮和多颜色显示,以工程的方式管理代码,支持第三方 Eclipse 功能插件。

(2)RVCT:RVCT 是业界最优秀的编译器,支持全系列的 ARM 和 XSCALE 架构,支持汇编、C 和 C++。

(3)RVD:是 RVDS 中的调试软件,功能强大,支持 Flash 烧写和多核调试,支持多种调试手段和快速错误定位。

(4)RVISS:是指令集仿真器,支持外设虚拟,可以使软件开发和硬件开发同步进行,同时可以分析代码性能,加快软件开发速度。

7.1.2　新建 RVDS 工程步骤

1. 在 RDVS-2.2 下创建工程及设置

（1）在开始菜单下选择 ARM-RealView Developer Suite-V2.2 CodeWarrior for RVDS。

（2）在打开的窗口下选择 File-New 命令，弹出窗口如图 7-1 所示。

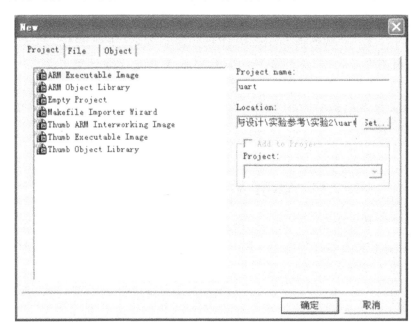

图 7-1　新建工程窗口

（3）在左边选择"ARM Executable Image"，在 Project name 栏下输入 uart 作为工程名，在 Location 栏下输入"实验二"作为路径。

（4）单击"确定"按钮，弹出工程管理窗口，即创建了"uart.mcp"工程，与该工程相关的所有文件都在该工程目录下，见图 7-2。

（5）在工程管理器中更改 Debug 为 Release，如图 7-3 所示。

需要说明的是，Debug 版本是调试版本，生成的目标代码中包含了调试信息。Release 版本是应用程序发行版本，生成代码中不包含调试信息，而且编译器还可以对速度和代码大小进行优化。

（6）在菜单中选择 Edit-Release Settings 命令，弹出如图 7-4 所示窗口，在 Post-Linker 下拉菜单中选择 ARM RealView fromELF。

（7）在左侧表框中选择 Language Settings-RealView Assembler，出现如图 7-5 所示界面，然后进行汇编器设置。这个汇编器是 armasm，ARM 体系结构选择 ARM7TMDI-S，即字节顺序默认为小端模式，其他设置默认即可。

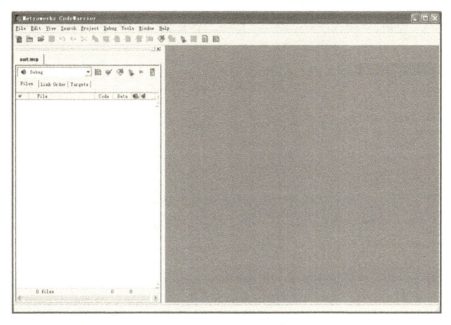

图 7-2 工程编辑窗口

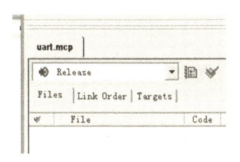

图 7-3 工程类型设置

(8)在左侧列表中选择 Language Compile Realview Compiler 进行编译器设置,体系结构选择 ARM7TDMI-S,字节顺序为小端模式,其他设置不变,如图 7-6 所示。

(9)在左侧列表框中选择 Linker-Realview Linker,然后在 Linktype 中选择 scattered 单选按钮并指定 mem.scf 文件的路径(可指定为……\ UART0\mem.scf,或将该文件拷贝到 UART 文件夹下直接指定为……\UART\mem.scf),如图 7-7 所示。

(10)在右侧窗口中选择 Options 选项卡,出现如图 7-8 所示界面。在 Image entry point 栏中输入 0x00,指定映像文件入口地址,当映像文件被加载时,会跳到该处开始执行。

(11)在左侧列表框中选择 Linker RealView FromELF,在 Output fromat 下拉框中选择 Intel 32 bit hex,在 Output file name 栏中输入完整的输出文件名 uart.hex。

(12)其他选项使用默认选项,单击窗口中的 OK 按钮,保存设置。

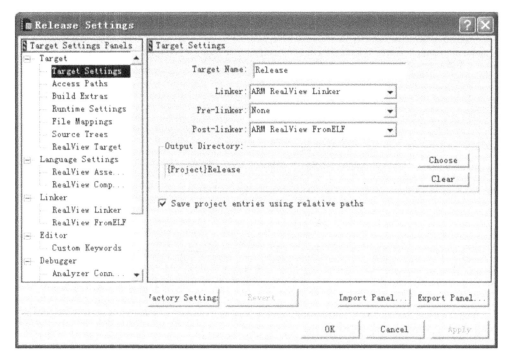

图 7-4　工程输出文件格式设置窗口

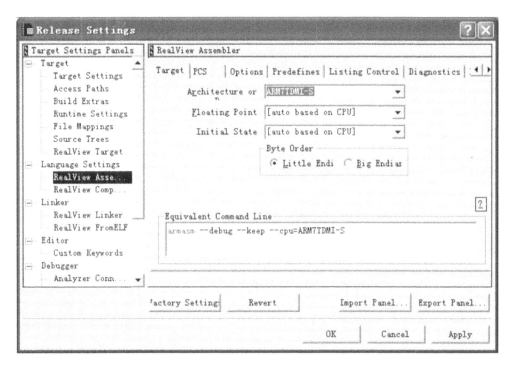

图 7-5　工程目标芯片设置窗口

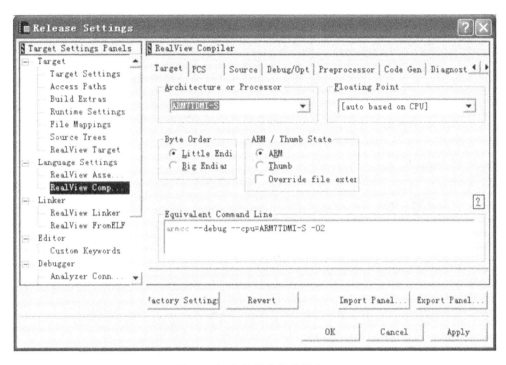

图 7-6　工程编译参数设置窗口

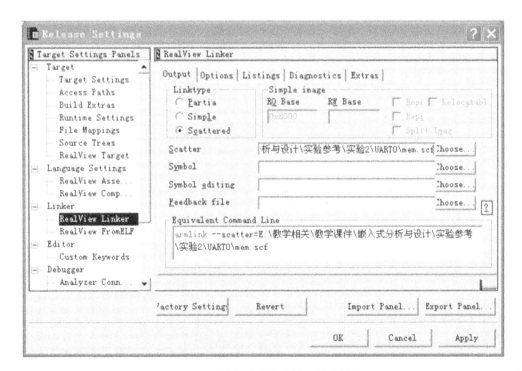

图 7-7　工程编译时内存配置文件设置窗口

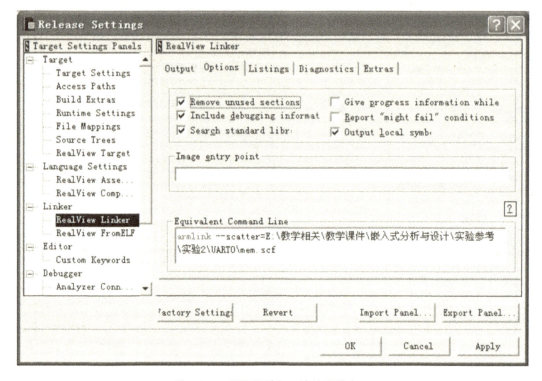

图 7-8 工程运行时入口地址设置窗口

2. 在工程中添加源文件

(1)将 UART0 文件夹下的所有 C 程序、所有头文件 *.h 和 *.s 文件都拷贝到 UART 文件夹下,然后在菜单中的 Project 菜单下选择 Add Files 命令,将.s 和.c 文件都添加到工程中去,添加后的界面如图 7-9 所示。

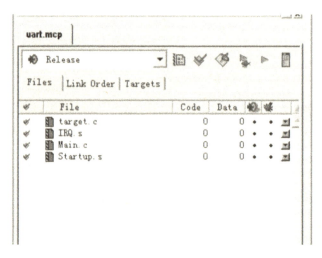

图 7-9 工程文件列表窗口

（2）在菜单中选择 Project Make 命令进行编译和链接，没有出现提示信息则说明没有错误和警告产生。注意到新加入的文件前面有红色的"√"说明文件还没编译过，如果编译了则红色"√"会自动消失。如图 7-10 所示。

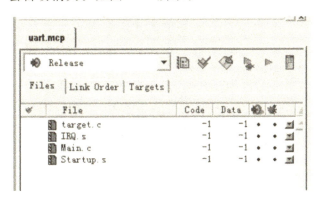

图 7-10　工程文件列表窗口

7.2　ARM 平台仿真开发实例

由于很多 ARM 处理器出于成本和灵活性的考虑，没有在微处理器内部设计存储器，如果采用这种 ARM 处理器搭建一个硬件仿真电路，其电路复杂性将大大提高。本书中为了减小相应的工作量，提高系统的验证性特点，帮助读者学习 ARM 处理器的使用和编程，选择了飞利浦公司生产的 LPC2124 作为实例的核心处理器。该微处理是单片 32 位 ARM 微控制器，片内置有闪存和 RAM，可以直接将程序写到处理器中，并且可以直接在片上运行，这样外围电路可大为减少。实际上，用户使用 ARM 处理器时很多时候并不会自己去设计处理器与存储器之间的接口，因为除了电路本身复杂外，还有电路板的设计困难和加工困难等一系列问题（往往需要 6 层电路板）。因此，很多时候在作系统开发时，往往采用购买核心电路板、自己设计加工外围电路的方式进行系统开发。所谓核心电路板，就是含有微处理器和程序存储器、数据存储器的电路板，该电路板通过一系列接口将用户关心的 I/O 信号接到外围，而不需要考虑微处理器与存储器之间的连接问题。这对于产品开发和设计具有十分现实的意义。

LPC2124 是一个拥有 ARM7TDMI-S 核心的嵌入式微处理器，片内带有 256KB 的高速 Flash 存储器、16KB 静态存储器；采用 LQFP64 封装，其体积仅仅只有 $10 \times 10 \times 1.4$ mm，集成了两个 32 位定时器（可实现 4 路捕捉和 4 路比较通路）、提供 4 路 10 位 ADC 转换速度可达 $2.4 \mu s$、能够支持 6 路 PWM 输出、两路串行通信接口、46 个 GPIO 以及 9 个外部中断引脚，使它十分适用于工业控制、医疗系统、访问控制和电子收款机（POS）等电子产品。该器件在通信网关、协议转换器、嵌入式软件调制解调器等领域中也得到广泛应用。LPC2124 功能引脚详见图 7-11 所示。

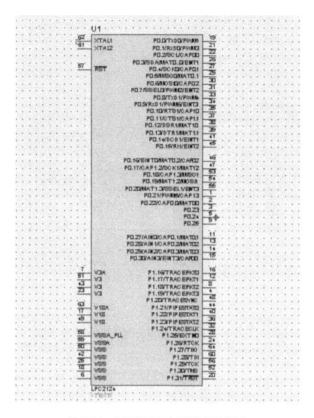

图 7-11 LPC2124 功能引脚示意图

LPC2124 的主要特性包括以下方面。

(1)可加密:全球首个实现可加密的 ARM 微控制器。

(2)通过片内 boot 装载程序实现在系统编程(ISP)和在应用编程(IAP)。

(3)Embedded ICE 可实现断点和观察点。当使用片内 Real Monitor 软件对前台任务进行调试时,中断服务程序可继续运行。

(4)嵌入式跟踪宏单元(ETM)支持对执行代码进行无干扰的高速实时跟踪。

(5)4 路 10 位 A/D 转换器,转换时间低至 2.44μs。

(6)两个 32 位定时器(带 4 路捕获和 4 路比较通道)、PWM 单元(6 路输出)、实时时钟和看门狗;多个串行接口,包括两个 16C550 工业标准 UART、高速 I2C 接口(400 kHz)和两个 SPI 接口;通过片内 PLL 可实现最大为 60MHz 的 CPU 操作频率。

(7)向量中断控制器。可配置优先级和向量地址,多达 46 个通用 I/O 口(可承受 5V 电压)、9 个边沿或电平触发的外部中断引脚。

(8)片内晶振频率范围:10~25MHz。

(9)两种低功耗模式:空闲和掉电。

(10)通过外部中断将处理器从掉电模式中唤醒。

(11)双电源设计:

—CPU 操作电压范围为 $1.65 \sim 1.95V(1.8V \pm 0.15V)$；

—I/O 操作电压范围为 $3.0 \sim 3.6V(3.0V \pm 10\%)$，可承受 5V 电压。（参考 ZLG LPC2114/2124/2212/2214 使用指南）

7.2.1 LPC2124 的中断编程

1.LPC2124 内存空间和引脚配置介绍

LPC2124 的地址空间分布如图 7-12 所示。

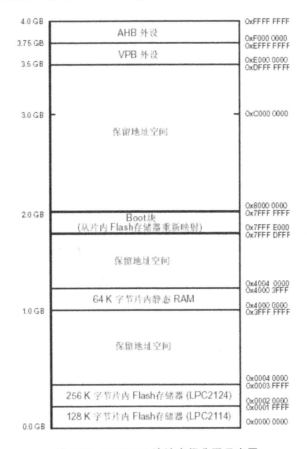

图 7-12 LPC2124 地址空间分配示意图

在这个地址空间中，片内程序存储器占用了最低端的 256KB 空间，RAM 占用了从 1G 地址开始的 16KB 空间，另外，还有一个重映射区位于 2G 地址以下的 16K 地址空间。在我们的实例中，内存配置文件 mem. scf 文件中的地址配置应与该地址空间配置一致。本实例中的地址配置如下：

```
ROM_LOAD   0x00000000
{ ROM_EXEC   0x00000000         //代码存放起始地址
  { Startup. o (vectors,＋First)
```

```
      * (+RO)
    }
    IRAM   0x40000000              //数据空间 RAM 地址
    { Startup. o (MyStacks)
      * (+RW,+ZI)
    }
    HEAP +0 UNINIT                 //堆起始地址
    { Startup. o (Heap)
    }
    STACKS 0x40004000 UNINIT       //堆栈起始地址
    { Startup. o (Stacks)
    }
}
```

LPC2124 可提供的 I/O 引脚由 P0 口和 P1 口组成,每个端口包括 32 位引脚,但在 2124 中,P1 口的 0~15 号引脚并没有开放,在芯片上也没有标出,只能使用 16~31 号引脚。在 P0 口和 P1 口的这 48 个引脚中,P0 口的 32 个引脚均可以通过设置特殊功能寄存器来改变引脚的功能,P1 口的低 16 个引脚也可以设置为通用 I/O 或调试/跟踪引脚使用。配置用的特殊功能寄存器为 PINSEL0~PINSEL2,其配置的基本方式如下:

PINSEL0、PINSEL1 用于对 PORT0 端口的 32 位引脚进行设置,PINSEL0、PINSEL1 寄存器每个寄存器有 32 位,两个寄存器加起来共 64 位。这 64 位由低至高每两位对应 P0 口的一个引脚,这两位的变化将引起 P0 的引脚功能的变化。

寄存器具体对应的引脚功能变化如下:

PINSEL0[31:0]对应 P0.15~P0.0;PINSEL1[31:0]对应 P0.31~P0.16。具体的设置值和引脚的对应关系请参考该芯片的数据手册。

PINSEL2 寄存器则与 P1 口的低 16 位引脚功能设置对应,这 16 位引脚按功能被分为两组,一组是 P1.16~P1.25,可作为通用 I/O 或跟踪端口使用;另一组是 P1.26~P1.31,可作为通用 I/O 或调试端口使用。其设置关系如表 7-1 所示。

表 7-1 PINSEL2 对 P1 端口的设置

PINSEL2 位	功能	复位值
1:0	保留	—
2	=0,P1.26~P1.31 作为通用 I/O;=1,P1.26~P1.31 作调试端口	0
3	=0,P1.16~P1.25 作为通用 I/O;=1,P1.16~P1.25 作跟踪端口	0
31:4	保留	—

LPC2124 的引脚输出值的控制由以下寄存器控制。

(1)GPIO 管脚值寄存器(IO0PIN-0xE0028000,IO1PIN-0xE0028010)。

该寄存器提供 GPIO 管脚的值,它反映了外部环境对管脚的影响。

(2)输出置位寄存器(IO0SET-0xE0028004,IO1SET-0xE0028014)。

当管脚配置为 GPIO 输出模式时,可使用该寄存器从管脚输出高电平。写入 1 使对应管脚输出高电平,写入 0 无效。如果一个管脚被配置为输入或第二功能,写 IO-SET 无效。读 IOSET 寄存器返回 GPIO 输出寄存器中的值。该值由前一次对 IOSET 和 IOCLR(或前面提到的 IOPIN)的写操作决定。该值不反映任何外部环境对管脚的影响。

(3)GPIO 输出清零寄存器(IO0CLR-0xE002800C,IO1CLR-0xE002801C)。

当管脚配置为 GPIO 输出模式时,可使用该寄存器从管脚输出低电平。写入 1 使对应管脚输出低电平并清零 IOSET 寄存器中相应的位,写入 0 无效。如果一个管脚被配置为输入或第二功能,写 IOCLR 无效。

(4)GPIO 方向寄存器(IO0DIR-0xE0028008,IO1DIR-0xE0028018)。

当管脚配置为 GPIO 模式时,可使用该寄存器控制管脚的方向。任意管脚的方向位的设置必须与管脚功能一致。=0 时表示输入,=1 时表示输出。

有一点需要大家注意,在使用带有方向寄存器的单片机中,如果把一个通用 IO 引脚设置为输入,并且需要判断该引脚的状态时,应使用对应的管脚值寄存器,而不是输出寄存器。否则无法正确获取引脚上的状态。

2.LPC2124 中断及相关寄存器

LPC2124 共有 19 个中断源,其中有 4 个是外部中断,对于外部中断的管理主要有 4 个相关的寄存器。EXTINT 寄存器包含中断标志。EXTWAKEUP 寄存器包含使能唤醒位,可使能独立的外部中断输入将处理器从掉电模式唤醒。

EXTMODE 和 EXTPOLAR 寄存器用来指定管脚使用电平或边沿激活方式,具体功能如下。

(1)外部中断标志寄存器(EXTINT-0xE01FC140)

当一个管脚选择使用外部中断功能时,对应在 EXTPOLAR 和 EXTMODE 寄存器中的位选择的电平或边沿信号,将置位 EXTINT 寄存器中的中断标志。这样就对向量中断控制器提出中断请求,如果管脚中断使能,则产生中断。

通过向 EXTINT 寄存器的位 EINT0~位 EINT3 写入 1 来将其清零。电平触发方式下,该操作只有在管脚处于无效状态时才有效。

(2)外部中断唤醒寄存器(EXTWAKE-0xE01FC144)

EXTWAKE 寄存器中的使能位允许外部中断将处理器从掉电模式唤醒。相关的 EINTn 功能必须映射到管脚才能实现掉电唤醒,但中断并不是要为了实现唤醒操作而在向量中断控制器中被使能。这样做的好处是允许外部中断输入将处理器从掉电模式唤醒,但不产生中断(只是简单地恢复操作),或者在掉电模式下使能中断而不会将处理器唤醒(这样,当应用中并不需要唤醒特性时,也不必关闭中断)。

(3)外部中断方式寄存器(EXTMODE-0xE01FC148)

EXTMODE 寄存器中的位用来选择每个 EINT 脚是电平或边沿触发。只有选择用作 EINT 功能并已通过 VICIntEnable 使能的管脚才能产生外部中断功能的中断(当然,如果管脚选择用作其他功能,则产生其它功能的中断)。

当某个中断在 VICIntEnable 中被禁能时,软件应该只改变 EXTMODE 寄存器中相应位的值。中断重新使能前,软件向 EXTINT 写入 1 来清除 EXTINT 位,EXTINT 位可通过改变触发方式来置位。

(4)外部中断极性寄存器(EXTPOLAR-0xE01FC14C)

在电平激活方式中,EXTPOLAR 寄存器用来选择相应管脚是高电平或低电平有效。在边沿触发方式中,EXTPOLAR 寄存器用来选择管脚上升沿或下降沿有效。只有选择用作 EINT 功能并已通过 VICIntEnable 使能的管脚才能产生外部中断功能的中断(当然,如果管脚选择用作其他功能,则产生其它功能的中断)。

中断与其中断处理程序之间的关系通常可以通过中断向量的方式来联系。但是在LPC2124 中,中断与中断向量之间的关系却不是固定的,可以通过用户设定某个中断的中断向量号,以调整其中在向量中的中断优先级。在 LPC2124 中有一个向量中断控制器,可以控制 16 个中断向量与中断处理程序,每个中断向量与哪一个中断相关联可以编程设定。也就是说,每个中断到底使用哪一个中断向量可以由用户自己设定。LPC2124涉及与中断向量相关特殊功能寄存器有以下几种。

(1)软件中断寄存器(VICSoftInt-0xFFFFF018,读/写)。对该寄存器的操作可以用软件产生中断,当某位写为 1 时,将使该位对应中断被触发。

(2)软件中断清零寄存器(VICSoftIntClear-0xFFFFF01C,只写)。通过将某位写入1,清除对应软件中断寄存器的中断标志。

(3)所有中断状态寄存器(VICRawIntr-0xFFFFF008,只读)。每一位用于描述 1 个中断源的中断是否产生,当某变为 1 时,表示对应中断产生。

(4)中断使能寄存器(VICIntEnable-0xFFFFF010,读/写)。当读取该寄存器时,1表示中断请求使能为 FIQ 或 IRQ。当写该寄存器时,1 使能中断请求或软件中断,0无效。

(5)中断使能清零寄存器(VICIntEnClear-0xFFFFF014,只写)。用于清除并禁止某1 个或两个中断。操作方式是将待清除和禁止的中断对应位写入 1。写入 0 的位将不会影响到中断使能寄存器中的状态。

(6)中断选择寄存器(VICIntSelect-0xFFFFF00C,读/写)。该寄存器的每 1 位对应一个中断源的中断方式,当某位设置为 1 时表示其对应的中断为快速中断,设置为 0 时表示该中断处于 IRQ 状态。

(7)IRQ 状态寄存器(VICIRQStatus-0xFFFFF000,只读)。当某位为 1 时,表示哪

些中断源产生中断,为 0 的位表示该中断源未产生 IRQ 中断。

(8)FIQ 状态寄存器(VICFIQStatus-0xFFFFF004,只读)。当某位为 1 时,表示哪些中断源产生 FIQ 中断,为 0 的位表示该中断源未产生 FIQ 中断。

(9)向量控制寄存器 0～15(VICVectCntl0～15-0xFFFFF200-23C,读/写)。该寄存器共有 16 个,分别控制 0～15 的中断向量,当寄存器的第 5 位为 1 时表示该中断向量使能,可以转入中断处理程序。其低 5 位即 0～4 位用于表示与该中断向量相匹配的中断源编号,也就是说,任意一个中断源可以使用任意一个中断向量。但是,应注意不要将一个中断源分配两个中断向量,否则可能产生多次中断处理。

(10)向量地址寄存器 0～15(VICVectAddr0～15-0xFFFFF100-13C,读/写)。该寄存器与向量控制寄存器配套使用,用于存放与中断向量号对应的中断处理程序的入口地址。中断优先级按编号从小到大的顺序排列,即中断向量号越小的优先级越高。

(11)默认向量地址寄存器(VICDefVectAddr-0xFFFFF034,读/写)。该寄存器存放了一个默认的中断处理程序入口地址,当中断向量中没有中断发生,但是又有程序试图读取向量地址寄存器 VICVectAddr 时,将该地址作为默认地址传给读取者。

(12)向量地址寄存器(VICVectAddr-0xFFFFF030,读/写)。该寄存器用于存放当前中断向量中优先级最高的中断处理程序入口地址。该地址通过优先级比较后从 VICVectAddr0～15 中获得。

(13)保护使能寄存器(VICProtection-0xFFFFF020,读/写)。该寄存器的最低位为 1 时,表示中断向量寄存器只能在特权模式下访问。当最低位为 0 时,中断向量寄存器可在用户模式或特权模式下访问。

接下来将介绍一个基于中断编程的实例。在本例中将使用中断向量控制器的向量 IRQ 功能实现 EINT1 的中断处理,利用中断处理程序点亮一个发光二极管。读者可以通过该实例学习 LPC2124 的中断使用和编程方法。

3.硬件电路说明

在 Proteus 下完成以下电路图的设计,如图 7-13 所示。关于 Proteus 的绘制过程可以参考第四章的相关内容,这里就不再重复。电路完成后保存到"EINT1"文件夹下。

4.程序代码分析与介绍

程序的流程图如图 7-14 所示。

程序采用了基于简单循环的设计思想,主程序在初始化端口和中断相关寄存器后,将进入一个死循环,这个死循环中不做任务操作,只用于等待外部中断的发生。

RVDS 中对于中断处理程序向中断向量的注册不是由编译器自动完成的,而是在程序中由程序员编程将中断向量寄存器指向特定中断处理程序的方式来实现的。

读者可以根据前面关于 RVDS 的介绍,创建一个 LPC2124 的工程,并创建对应的内存配置文件 mem. scf 和程序文件 EINT1. C 完成整个实例。完成程序并编译通过后,将程序放到 Proteus 的电路中进行仿真运行,可以看到每按一下开关,将使 LED 状

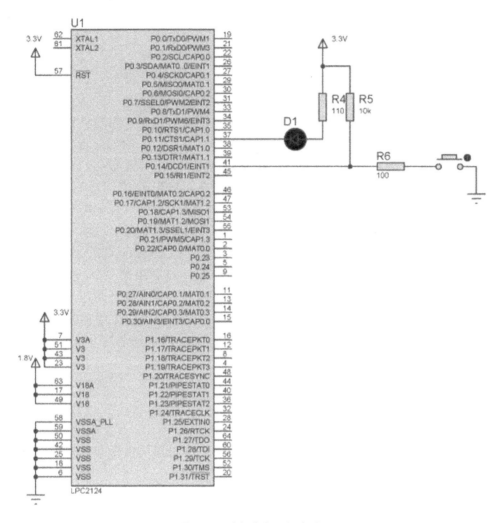

图 7-13　外部中断实例电路图

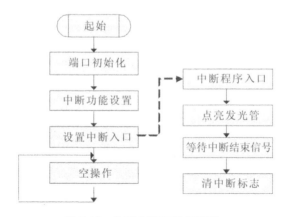

图 7-14　外部中断实例流程图

态发生一次变化。当 LED 被点亮时,按下开关,将关闭该 LED;再次按下开关,又将点亮 LED。

在窗口左边的"Files"栏中双击 main. c,该程序是下载到仿真电路中的软件主程序,理解以下代码功能。

```
#include "config. h"
#define LED 0x00000800
void __irq IRQ_Eint (void)          //声明为中断处理程序
  { uint32 i;
    i=VICIRQStatus;                 //读出 VICIRQStatus 的值
    i=IO0SET;                       //读出当前 LED2 控制值
    if((i&LED)==0)                  /控制 LED 引脚取反
      IO0SET=LED;
    else
      IO0CLR=LED;
while((EXTINT&0x02)! =0)            //外部中断信号恢复为高电平
EXTINT=0x02;                        //清除 INT1 中断标志
VICVectAddr=0x00;                   //写 VICVectAddr,向量中断结束
}

int main(void)
    {
    PINSEL0=0x20000000;             //P0. 14 设置为外部中断模式
    PINSEL1=0x00000000;             //P1 的全部引脚作为 GPIO 模式
    IO0DIR=LED;                     //P0. 11 方向寄存器设置为输出
    IO0SET=LED;                     //P0. 11 输出高电平
    IO0CLR=LED;                     //P0. 11 置 0
    VICIntSelect=0;                 //设置为 IRQ 模式
    VICIntEnable=0x00008000;        //使能第 15 号中断源
    VICVectCntl1=0x2F;              //分配外部中断 1 到向量 1(设置优先级)
    VICVectAddr1=(int)IRQ_Eint;     //设置中断向量 1 的服务程序入口
    EXTINT=0x07;                    //清除中断标志位
    while(1);                       //死循环,等待中断
}
```

通过本实例,读者可以更准确地理解 LPC2124 的中断使用和编程的方法,并在本实例的基础上完成进一步的学习。

7.2.2　异步串口功能实例

1.LPC2124异步串口介绍

串口是单片机与外界交换数据的重要接口,同时也是软件开发重要的调试手段。使用好串口对于嵌入式系统开发具有十分重要的现实意义。

LPC2124可以支持各种串口,包括常用的异步串行口UART、同步串行口I2C、SPI等。作为外部连接的接口,UART是使用最为广泛和频繁的一种接口。在第五章8位单片机开发实例中也有介绍。本实例将介绍在ARM处理器中如何使用异步串行通信口进行通信编程。

在LPC2124中,异步串行通信的主要设置参数包括串口功能与I/O引脚配置、传输速率设置、数据格式设置及其他参数设置等方面。

(1)在使用异步串行通信口时需要将可用作UART的引脚设置为对应的功能。在LPC2124中,如果使用UART0则可以通过设置PINSEL0寄存器,将其1:0,3:2均设置为01。这样就可以将P0口的引脚0和1,分别与UART的TxD和RxD相联。

(2)串口数据格式设置。LPC2124的每个串口都有一个控制寄存器,串口的数据格式由该配置寄存器完成。对于UART0,其控制寄存器是U0LCR各位描述如表7-2所示。

表7-2　UART0 线控制寄存器说明(U0LCR-0xE000C00C)

U0LCR	功能	描述	复位值
1:0	字长选择	00:5位字符长度 01:6位字符长度 10:7位字符长度 11:8位字符长度	00
2	停止位长度	0:1个停止位 1:2个停止位(如果U0LCR[1:0]=00 则为1.5)	0
3	校验使能	0:禁止奇偶校验 1:使能奇偶校验	0
5:4	奇偶校验选择	00:奇校验 01:偶校验 10:强制为1 11:强制为0	0
6	间隔控制	0:禁止间隔发送 1:使能间隔发送 当U0LCR6=1时,输出管脚UART0 TxD强制为逻辑0	0
7	除数锁存访问	0:禁止访问除数锁存 1:使能访问除数锁存	0

(3)波特率设置。LPC2124的串口波特率是由波特率时钟和除数锁存器共同决定的。除数锁存是波特率发生器的一部分,它保存了用于产生波特率时钟的VPB时钟(pclk)分频值,波特率时钟必须是波特率的16倍。U0DLL和U0DLM寄存器一起构成一个16位除数,U0DLL包含除数的低8位,U0DLM包含除数的高8位。值0X00被看做是0X01,因为除数不允许为0。当访问UART0除数锁存器时,除数锁存器访问位(DLAB)必须为1。

波特率计算公式为:波特率=单片机主频/16/分频值。

（4）数据发送与接收设置。U0THR 是 UART0 发送缓冲器的最高字节,它包含了发送缓冲器中最新的字符,可通过总线接口写入。LSB 代表最先发送的位。如果要访问 U0THR,U0LCR 的除数锁存访问位(DLAB)必须为 0,U0THR 为写寄存器。

（5）串口状态寄存器。在使用串口的过程,了解串口状态是最常用的操作之一,单片机中通过一个特定的状态寄存器提供对串口状态的描述。UART0 的状态寄存器是 U0LSR。THRE(发送保持寄存器空)当检测到 UART0 THR 空时,THRE 置位,U0THR 写操作清零该位。TEMT(发送器空)当 U0THR 和 U0thrTSR 都为空时,TEMT 置位。当 U0TSR 或 U0THR 包含有效数据时,TEMT 清零。状态寄存器各位功能详见表 7-3 所示。

表 7-3　状态寄存器各位功能介绍(U0LSR-0xE000C014,只读)

U0LSR	功能	描述	复位值
0	接收数据就绪	0:U0RBR 为空 1:U0RBR 包含有效数据 当 U0RBR 包含未读取的字符时,U0LSR0 置位。	0
1	溢出错误	0:无溢出错误 1:溢出错误状态 溢出错误条件在错误发生后立即设置。U0LSR 读操作清零 U0LSR1。	0
2	奇偶错误	0:无奇偶错误 1:奇偶错误状态 当接收字符的奇偶位处于错误状态时产生一个奇偶错误。U0LSR 读操作清零 U0LSR2 位。	0
3	帧错误	0:无帧错误 1:帧错误状态 当接收字符的停止位为 0 时,产生帧错误。U0LSR 读操作清零 U0LSR3。帧错误检测时间取决于 U0FCR0。	
4	间隔中断	0:无间隔中断 1:间隔中断状态 在发送整个字符(起始位、数据、奇偶位和停止位)过程中 RxD0 如果都保持逻辑 0,则产生间隔中断。当检测到中断条件时,接收器立即进入空闲状态直到 RxD0 变为全 1 状态。	0
5	发送保持寄存器空	0:U0THR 包含有效数据 1:发送寄存器空 当检测到 UART0 THR 空时,THRE 置位,U0THR 写操作清零该位	1
6	发送器空	0:U0THR 和/或 U0TSR 包含有效数据 1:U0THR 和 U0TSR 空 当 U0THR 和 U0TSR 都为空时,TEMT 置位。当 U0TSR 或 U0THR 包含有效数据时,TEMT 清零。	1
7	Rx FIFO 错误	0:U0RBR 中没有 UART0 Rx 错误,或 U0FCR0=0 1:U0RBR 包含至少一个 UART0 Rx 错误 当一个带有 Rx 错误(例如帧错误、奇偶错误或间隔中断)的字符装入 U0RBR 时,U0LSR7 置位。当读取 U0LSR 寄存器并且 UART0 FIFO 中不再有错误时,U0LSR7 清零。	0

接下来的实例将介绍一个简单程序,完成从单片机的 UART0 接口向虚拟终端发送字符串的程序,以帮助读者掌握如何设置和使用 LPC2124 的串行通信端口。

2. 硬件电路说明

本实例的仿真电路如图 7-15 所示。图中仅使用了一个 LPC2124 的单片机和一个 Protues 仿真软件中的一个虚拟终端工具。在放置好 LPC2124 及各电源后,将其工作频率设置为 11.0592MHZ,然后放置虚拟终端。虚拟终端使用的具体操作方法如下:

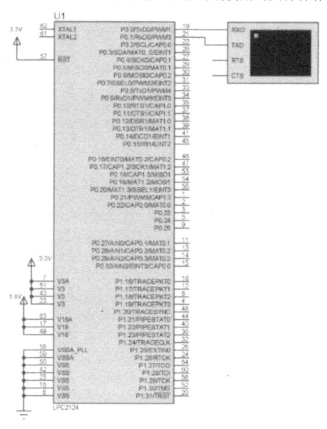

图 7-15　串行通信实例电路图

在 Protues 的 ISIS 软件主界面中选择左侧工具按钮"📺",将弹出可使用的虚拟设备窗口,选择虚拟终端 VIRTUAL TERMINAL 放置到图形设计窗口中,在该终端上单击鼠标左键,打开设置窗口将其速率设为 9600,8 位数据,无奇偶校验,1 位停止。

3.代码分析与介绍

```
#include "config.h"
void UART0_Ini(void)              //串口设置函数
{  U0LCR=0x83;                    //数字长度 8 位,无奇偶校验,1 位停止
   U0DLL=0x48;                    //分频值设定为 72,
```

```
    U0DLM＝0x00；
    U0LCR＝0x03；
}
void UART0_SendByte(uint8 data) //串口发送字符函数
{ U0THR＝data；                    //发送数据送发送寄存器
  while((U0LSR&0x40)＝＝0)；        //等待数据发送完毕
  {
      uint32 i；
      for(i＝0；i＜5；i＋＋)；
  }
}
void UART0_SendStr(uint8 const ＊ str)    //串口发送字符串函数
{ while(1)
  { if( ＊ str＝＝'\0')                    //待发字符串是否结束
    {UART0_SendByte('\r')；               //字符串结束发送回车符
     UART0_SendByte('\n')；               //发送换行符
       break；
    }
    UART0_SendByte( ＊ str＋＋)；          //发送字符
  }
}
char UART0_RecvByte(void)                 //串口接收字符函数
{ while(! (U0LSR&0x01))；                 //等待接收状态置位
  return U0RBR；                          //返回接收值
}
int main(void)                            //主函数，向虚拟终端发送字符串
{ uint8 const SEND_STRING[]＝"HELLO WORLD! \n"；
  PINSEL0＝0x00000005；                   //设置 I/O 连接到 UART0
  PINSEL1＝0x00000000；
  UART0_Ini()；                           //串口初始化
  UART0_SendStr(SEND_STRING)；            //发送字符串
  DelayNS(10)；                           //延时
  while(1)
  {
  UART0_SendByte(UART0_RecvByte())；      //等待从虚拟终端收到数据后回传
  }
}
```

根据波特率的计算方法，可以算得 LPC2124 的通信速率为 11059200/16/72 ＝ 9600。110592 是一个常用的晶振频率，因为它是 9600 波特率的整数倍，这样的频率分频后在串口产生错误的可能性会降低。类似的晶振频率还有 7.3728MHz、14.7456 MHz 等。

7.2.3　同步串口功能实例

1.LPC2124 同步串口介绍

LPC 具有两个完全独立的 SPI 控制器，遵循串行外设接口（SPI）规范，可以实现同步、串行、全双工通信，最大数据位速率可达输入时钟速率的 1/8。

SPI0 和 SPI1 是一个全双工的串行接口。它们设计成可以处理在一个给定总线上多个互连的主机和从机。在一定的数据传输过程中，接口上只能有一个主机和一个从机能够通信。在一次数据传输中，主机总是向从机发送一个字节数据，而从机也总是向主机发送一个字节数据。

SPI 串口需要区分主机和从机。LPC 配置在不同方式下，其引脚功能会有所不同。在 SPI 同步通信方式下，需要由主机提供 SPI 通信双方的同步时钟。所以，当 LPC2124 配置为主机时，需要设置其时钟计时器参数，而作为从机时则不需要设置该值，只需要考虑主机方的时钟是否小于本机主频的 1/8 即可。

另外，在同步传输时还会有一些异常情况的处理，具体包括以下几个方面。

（1）读溢出。当 SPI 模块内部的读缓冲区包含没有读出的数据，而新的传输已经完成，那么这时候就会发生读溢出。SPIF 位置位，表示读缓冲区包含了有效数据。当一次传输结束时，SPI 模块需要将接收到的数据移到读缓冲区。如果 SPIF 位置位（读缓冲区已满），新接收到的数据将会丢失，而状态寄存器的读溢出（ROVR）位将置位。

（2）写冲突。我们在前面提到过，在 SPI 总线接口与内部移位寄存器之间没有写缓冲区。这样，在 SPI 数据传输过程当中不应向 SPI 数据寄存器写入数据。不能向 SPI 数据寄存器写入数据的时间从传输启动时开始，直到 SPIF 置位时读取状态寄存器为止。如果在这段时间内写 SPI 数据寄存器，写入的数据将会丢失，状态寄存器中的写冲突位（WCOL）置位。

（3）模式错误。SSEL 信号在 SPI 模块为主机时必须无效。当 SPI 模块为主机时，如果 SSEL 信号被激活，表示有另外一个主机将该器件选择为从机。这种状态称为模式错误。当检测到一个模式错误时，状态寄存器的模式错误位（MODF）位置位，SPI 信号驱动器关闭，而 SPI 模式转换为从模式。

（4）从机中止。如果 SSEL 信号在传输结束之前变为高电平，从传输将被认为中止。此时，正在处理的发送或接收数据都将丢失，状态寄存器的从机中止（ABRT）位置位。

每个 SPI 接口有 5 个特殊功能寄存器用于控制，这 5 个寄存器长度均为 8 位。各寄存器的功能描述如下。

（1）SPI 控制寄存器（S0SPCR-0xE0020000，S1SPCR-0xE0030000）

SPCR 寄存器根据每个配置位的设定来控制 SPI 的操作。其功能详见表 7-4。

表 7-4 控制寄存器功能描述

SPCR	功能	描述	复位值
2:0	保留		NA
3	时钟向位	决定 SPI 传输时数据和时钟的关系并控制从机传输的起始和结束。该位为 1 时，数据在 SCK 的第二个时钟沿采样。当 SSEL 信号激活时，传输从第一个时钟沿开始并在最后一个采样时钟沿结束。当该位为 0 时，数据在 SCK 的第一个时钟沿采样。传输从 SSEL 信号激活时开始，并在 SSEL 信号无效时结束。	0
4	时钟极性	为 1 时，SCK 为低有效。为 0 时，SCK 为高有效。	0
5	主/从选择	为 1 时，SPI 处于主模式。为 0 时，SPI 处于从模式	0
6	数据方向	为 1 时，SPI 数据传输 LSB（位 0）在先。为 0 时，SPI 数据传输 MSB（位 7）在先	0
7	中断使能位	为 1 时，每次 SPIF 或 MODF 置位时都会产生硬件中断。为 0 时，SPI 中断被禁止。	0

（2）状态寄存器（S0SPSR-0xE0020004，S1SPSR-0xE0030004）

SPSR 寄存器用于描述，当前 SPI 接口的状态，以确定当前的通信是否正确执行。其功能详见表 7-5。

表 7-5 状态寄存器功能描述

SPSR	功能	描述	复位值
2:0	保留		NA
3	从机中止	为 1 时表示发生了从机中止。读取该寄存器时，该位清零。	0
4	模式错误	为 1 时表示发生了模式错误。先通过读取该寄存器清零 MODF 位，再写 SPI 控制寄存器。	0
5	读溢出	为 1 时表示发生了读溢出。当读取该寄存器时，该位清零	0
6	写冲突	为 1 时表示发生了写冲突。先通过读取该寄存器清零 WCOL 位，再访问 SPI 数据寄存器。	0
7	SPI 传输完成标志	为 1 时表示一次 SPI 数据传输完成。当第一次读取该寄存器时，该位清零。然后才能访问 SPI 数据寄存器。	0

（3）SPI 数据寄存器（S0SPDR-0xE0020008，S1SPDR-0xE0030008）

双向数据寄存器为 SPI 提供数据的发送和接收。发送数据通过将数据写入该寄存器来实现，SPI 接收的数据可从该寄存器中读出。处于主模式时，写该寄存器将启动 SPI 数据传输。从数据传输开始到完成标志置位，且还没有读取状态寄存器的这段时间内不能对该寄存器执行写操作。该寄存器只有低 8 位有效。

（4）SPI 时钟计数寄存器（S0SPCCR-0xE002000C，S1SPCCR-0xE003000C）

该寄存器控制主机 SCK 的频率。寄存器的值表示将单片机主频分频的比例，从而提供 SPI 时钟。该寄存器的值必须为偶数，因此 bit0 必须为 0。该寄存器的值还必须大于或等于 8。如果寄存器的值不符合上述条件，可能导致产生不可预测的动作。

（5）SPI 中断寄存器（S0SPINT-0xE002001C，S1SPINT-0xE003001C）

该寄存器包含 SPI 接口的中断标志，SPINT 的最低位为 1 时表示发生 SPI 中断，通过向该位写 1 清除其值。

2.硬件电路说明

本实例中，使用 SPI 接口控制一个移位寄存器，输出一个数值到 8 段数据管上显示。利用 SPI 接口，可以十分方便地实现对多位 8 段数码值的显示等操作。详见图 7-16 所示。

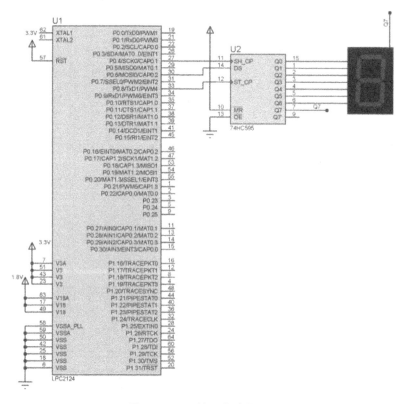

图 7-16　SPI 接口电路原理图

3.代码分析与介绍

```
void MSpiIni(void)                    //SPI初始化函数
{
    S0PCCR=0x52;                      //设置 SPI 时钟分频
    S0PCR=0x30;                       //设置 SPI,主机模式,SCK 低电平有效
                                      //第 1 个时钟开始传数据,低位在前
}
uint8 MSendData(uint8 data)           //SPI 发送函数
{   IO0CLR=HC595_CS;                  //打开 595 片选信号
    S0PDR=data;                       //将数据送到数据寄存器
    while(0==(S0PSR&0x80));           //等待数据发送完毕
    IO0SET=HC595_CS;                  //关闭 595 片选
    return(S0PDR);
}
uint8 const DISP_TAB[16]={0xC0,0xF9,0xA4,0xB0,0x99,0x92,0x82,0xF8,
0x80,0x90,
    0x88,0x83,0xC6,0xA1,0x86,0x8E};   //定义显示字模
int main(void)                        //主函数
{
    uint8 i;
    PINSEL0=0x00005500;               //设置引脚为 SPI 功能
    PINSEL1=0x00000000;
    IO0DIR=HC595_CS;                  //设置片选线引脚为输出
    MSpiIni();                        //初始化 SPI 接口
    while(1)                          //进入循环操作
    {   for (i=0;i<16;i++)            //从 0—F 的数值计数循环
        {
        rcv_data=MSendData(DISP_TAB[i]);   //发送显示数据
        DelayNS(50);                  //延时
        }
    }
}
```

该程序将实现循环往复地在数码管上显示0~F的符号。在实际工程中,这种方式可以方便地对数码进行控制,是一种十分简单的数据通信方法。有兴趣的读者可以将多个595串联起来,实现多个数码管的显示控制。当然,也可以用另一片LPC2124作为

从机进行数据交互操作的实践,以更好地掌握 SPI 接口的功能和使用方法。

7.2.4　定时器控制实例

1.LPC2124 定时器介绍

LPC2124 具有两个 32 位可编程定时/计数器,均具有 4 路捕获、4 路比较匹配并输出电路。定时器对外设时钟(pclk)周期进行计数,可选择产生中断或根据 4 个匹配寄存器的设定,在到达指定的定时值时执行其他动作。其捕获功能,可以在特定引脚信号发生跳变时捕获定时器的定时值。与定时器控制相关的特殊功能寄存器如下。

(1)中断寄存器(IR:定时器 0-T0IR:0xE0004000;定时器 1-T1IR:0xE0008000)

中断寄存器包含 4 个位用于匹配中断、4 个位用于捕获中断。如果有中断产生,IR 中的对应位会置位,否则为 0。向 IR 某位写入 1 可以复位相应中断,写入 0 无效。

(2)定时器控制寄存器(TCR:定时器 0-T0TCR:0xE0004004;定时器 1-T1TCR:0xE0008004)

定时器控制寄存器 TCR 用于控制定时器计数器的操作,只有最低两位有效。当最低位为 0 时表示对应定时/计数器被关闭,为 1 时该定时/计数器使能;次低位为 1 时将定时/计数器复位。

(3)定时器计数器(TC:定时器 0-T0TC:0xE0004008;定时器 1-T1TC:0xE0008008)

当预分频计数器到达计数的上限时,32 位定时器计数器加 1。如果 TC 在到达计数上限之前没有被复位,它将一直计数到 0xFFFFFFFF 然后翻转到 0x00000000。该事件不会产生中断。如果需要,可用匹配寄存器检测溢出。

(4)预分频寄存器(PR:定时器 0-T0PR:0xE000400C;定时器 1-T1PR:0xE000800C)

32 位预分频寄存器指到预分频计数器的最大值,可以设定对单片机主频的预分频值。

(5)预分频计数器寄存器(PC:定时器 0-T0PC:0xE0004010;定时器 1-T1PC:0xE0008010)

该寄存器用于预分频计数,程序设计者一般不需要读取其数值。预分频计数器每个 pclk 周期加 1。当其到达预分频寄存器中保存的值时,定时器计数器加 1,预分频计数器在下个 pclk 周期复位。这样,当 PR＝0 时,定时器计数器每个 pclk 周期加 1;当 PR＝1 时,定时器计数器每 2 个 pclk 周期加 1。

(6)匹配寄存器(MR0-MR3)

匹配寄存器共有 4 个,每个匹配寄存器中设置一个初始,当该值与定时器计数值相同时,自动触发相应动作。这些动作包括产生中断、复位定时器计数器或停止定时器,所执行的动作由 MCR 寄存器控制。

(7)匹配控制寄存器(MCR:定时器 0-T0MCR:0xE0004014;定时器 1-T1MCR:0xE00080014)

匹配控制寄存器用于控制在发生匹配时所执行的操作。每个位的功能见表 7-6 所示。

表 7-6 匹配控制寄存器功能描述

MCR	功能	描述	复位值
0	中断(MR0)	为 1 时,MR0 与 TC 值的匹配将产生中断。为 0 时,中断被禁止。	0
1	复位(MR0)	为 1 时,MR0 与 TC 值的匹配将使 TC 复位。为 0 时,该特性被禁止。	0
2	停止(MR0)	为 1 时,MR0 与 TC 值的匹配将使 TC 和 PC 停止,TCR[0]清零。为 0 时,该特性被禁止。	0
3	中断(MR1)	为 1 时,MR1 与 TC 值的匹配将产生中断。为 0 时,中断被禁止。	0
4	复位(MR1)	为 1 时,MR1 与 TC 值的匹配将使 TC 复位。为 0 时,该特性被禁止。	0
5	停止(MR1)	为 1 时,MR1 与 TC 值的匹配将使 TC 和 PC 停止,TCR[0]清零。为 0 时,该特性被禁止。	0
6	中断(MR2)	为 1 时,MR2 与 TC 值的匹配将产生中断。为 0 时,中断被禁止。	0
7	复位(MR2)	为 1 时,MR2 与 TC 值的匹配将使 TC 复位。为 0 时,该特性被禁止。	0
8	停止(MR2)	为 1 时,MR2 与 TC 值的匹配将使 TC 和 PC 停止,TCR[0]清零。为 0 时,该特性被禁止。	0
9	中断(MR3)	为 1 时,MR3 与 TC 值的匹配将产生中断。为 0 时,中断被禁止。	0
10	复位(MR3)	为 1 时,MR3 与 TC 值的匹配将使 TC 复位。为 0 时,该特性被禁止。	0
11	停止(MR3)	为 1 时,MR3 与 TC 值的匹配将使 TC 和 PC 停止,TCR[0]清零。为 0 时,该特性被禁止。	0

(8)捕获寄存器(CR0-CR3)

捕获寄存器共有 4 个,每个捕获寄存器都与一个器件管脚相关联。当管脚发生特定的事件时,可将定时器计数值装入该寄存器。捕获控制寄存器的设定决定捕获功能是否使能以及捕获事件在管脚的上升沿、下降沿或是双边沿发生。

(9)捕获控制寄存器(CCR:定时器 0-T0CCR:0xE0004028;定时器 1-T1CCR:0xE0008028)

当发生捕获事件时,捕获控制寄存器用于控制将定时器计数值是否装入 4 个捕获寄存器中的一个以及是否产生中断。同时设置上升沿和下降沿位也是有效的配置,这样就会在双边沿触发捕获事件。

(10)外部匹配寄存器(EMR:定时器 0-T0EMR:0xE000403C;定时器 1-T1EMR:0xE0008003C)

外部匹配寄存器提供外部匹配管脚 M(0～3)的控制和状态,每个定时器都可以与 4 个外部状态变化时产生一个匹配动作,决定在匹配时动作的输出行为。该寄存器的描述如表 7-7 和表 7-8 所示。

表 7-7　外部匹配寄存器功能描述

EMR	功能	描述	复位值
0	外部匹配 0	该位都会反映 MAT0.0/MAT1.0 的状态。	0
1	外部匹配 1	该位都会反映 MAT0.0/MAT1.0 的状态。	0
2	外部匹配 2	该位都会反映 MAT0.0/MAT1.0 的状态。	0
3	外部匹配 3	该位都会反映 MAT0.0/MAT1.0 的状态。	0
4,5	外部匹配 0 控制	决定外部匹配 0 的功能。	0
6,7	外部匹配 1 控制	决定外部匹配 1 的功能。	0
8,9	外部匹配 2 控制	决定外部匹配 2 的功能。	0
10,11	外部匹配 3 控制	决定外部匹配 3 的功能。	0

表 7-8　外部匹配控制描述

EMR 匹配控制位	功能
00	不执行任何动作
01	将对应的外部匹配输出设置为 0(如果连接到管脚,则输出低电平)
10	将对应的外部匹配输出设置为 1(如果连接到管脚,则输出高电平)
11	使对应的外部匹配输出翻转

除了定时/计数器以外,LPC 还带有一个实时时钟系统,可以通过对实时时钟系统的操作获取相关的信息和参数。读者有兴趣可以自己查阅相关资料,了解使用细节。

2.硬件电路说明

在 proteus 仿真工具软件下,使用 LPC2124 和二极管、电阻等搭建如图 7-17 所示电路,并设置好相关电源和工作频率等参数。这里的工作频率可设为 11.0592MHz,以确保与程序中的定时/计数器参数一致。

该电路将使用 LPC2124 的 P0.13 作为普通输出引脚,在 0 号定时器的中断处理程序控制下控制发光二极管 D2 以 0.5 秒的周期亮灭;P0.12 作为时间定时器 1 的 0 号匹配输出引脚,在定时器 1 定时作用下控制发光二极管 D1 以 0.1 秒的周期亮灭。

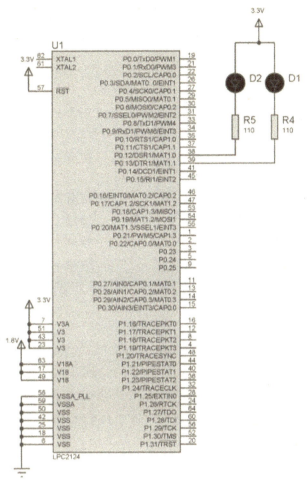

图 7-17　定时器实例电路图

2.代码分析与介绍

```
# include "config. h"
# define LED 0x00002000              //P0.13 引脚控制 LED,低电平点亮
void TargetInit(void)                //定时器初始化函数
{ T0PR=99;                           //设置定时器 0 预分频值为 100,得 110592Hz
    T0MCR=0x03;                       //通道 0 匹配时中断并复位 T0TC
    T0MR0=110592/2;                   //匹配值设置为 0.5 秒
    T0TCR=0x03;                       //启动并复位 T0TC
    T0TCR=0x01;

    T1PR=99;                          //设置定时器 1 预分频值为 100,得 110592Hz
    T1MCR=0x02;                       //复位 T1TC
    T1MR0=110592/10;                  //匹配值为设为 0.1 秒
```

```
        T1EMR＝0x30；              //设置定时器1的T1MR0匹配输出,方式为翻转
        T1TCR＝0x03；              //启动并复位T1TC
        T1TCR＝0x01；
        /＊设置定时器0中断IRQ＊/
        VICIntSelect＝0x00；       //所有中断通道设置为IRQ中断
        VICVectCntl0＝0x24；       //定时器0中断关联0号中断向量
        VICVectAddr0＝(uint32)IRQ_Exception；  //设置中断服务程序入口
        VICIntEnable＝0x00000010；            //使能定时器0中断
    }
    void __irq IRQ_Exception(void)            //定时器0中断服务程序
    { if((IO0SET&LED)==0)IO0SET＝LED；         //控制LED熄灭
        else IO0CLR＝LED；                     //控制LED点亮
        T0IR＝0x01；                           //清除中断标志
        VICVectAddr＝0x00；                    //通知向量中断控制器中断结束
    }
    int main(void)                           //主控制函数
    { PINSEL0＝0x02000000；      //设置Match1.0(Timer 1)连接到P0.12
        PINSEL1＝0x00000000；     //设置P1口为GPIO模式
        IO0DIR＝LED；             //设置LED控制口为输出
        TargetInit()；            //定时器0初始化(Target.c文件)
        while(1)；                //死循环等待定时器0中断或定时器1匹配输出
    }
```

7.2.5 LPC2124 片上 A/D 转换编程实例

1.LPC2124 片上 A/D

A/D转换在控制领域是一个十分重要的功能,因此很多单片机都将A/D转换集成在片上。LPC2124集成了4个位逐次逼近式模数转换器,其电压测量范围为0～3V,每次10位数据转换时间＞＝2.44μs,支持一个或多个输入的突发转换模式。转换器还可选择由输入跳变或定时器匹配信号来触发转换动作。

A/D转换器的基本时钟由系统分频后的时钟提供。可编程分频器可将时钟调整至逐步逼近转换所需的4.5MHz(最大)。每次转换如果要达到10bit的转换精度要求,需要11个转换时钟脉冲。

与A/D转换直接相关的特殊功能寄存器包括A/D转换控制寄存器ADCR和A/D转换数据寄存器ADDR。它们各位功能描述如表7-9和表7-10所示。

表 7-9　A/D 转换控制寄存器 ADCR

ADCR	功能	描述	复位值
7:0	通道选择	Ain3:0 中选择采样和转换输入脚。每位对应一个输入脚,为零时等效于为 0x01。	0X01
15:8	分频值	将 VPB 时钟(PCK)进行(CLKDIV 的值＋1)分频得到 A/D 转换时钟	0
16	转换模式	如果该位为 0,转换由软件控制,需要 11 个时钟方能完成。如果该位为 1,A/D 转换器以 CLKS 字段选择的速率重复执行转换,或逐个引脚进行转换	0
19:17	转换精度	该字段用来选择每次转换使用的时钟数和所得 ADDR 转换结果的 LS 位中可确保精度的位的数目,CLKS 可在 11 个时钟(10 位)～4 个时钟(3 位)之间选择:000＝11 个时钟/10 位,001＝10 个时钟/9 位,…111＝4 个时钟/3 位	000
21	掉电/正常	1:A/D 转换器处于正常工作模式。0:A/D 转换器处于掉电模式	0
23:22	器件测试	些位用于器件测试。00＝正常模式,01＝数字测试模式,10＝DAC 测试模式,11＝一次转换测试模式	00
26:24	启动控制	当转换模式为 0 时,这些位控制着 A/D 转换是否启动和何时启动:000:不启动;001:立即启动转换;010:ADCR 寄存器位 27 选择的边沿出现在 P0.16 脚时启动转换;011:ADCR 寄存器位 27 选择的边沿出现在 P0.22 脚时启动转换 注意:START 选择 100—111 时信号不必输出到管脚上 100:ADCR 寄存器位 27 选择的边沿出现在 MAT0.1 时启动转换 101:ADCR 寄存器位 27 选择的边沿出现在 MAT0.3 时启动转换 110:ADCR 寄存器位 27 选择的边沿出现在 MAT1.0 时启动转换 111:ADCR 寄存器位 27 选择的边沿出现在 MAT1.1 时启动转换	000
27	边沿启动	该位只有在启动控制字段为 010～111 时有效。 0:在所选 CAP/MAT 信号的下降沿启动转换 1:在所选 CAP/MAT 信号的上升沿启动转换	0

表 7-10　A/D 转换数据寄存器功能描述

ADDR	功能	描述	复位值
31	结束标志	完成一次转换该位置位	0
30	覆盖标志	表示已有 1 个以上转换完成,并被覆盖	0
29:27	保留		0
26:24	通道号	转换的通信编号	X
23:16	空	读出为 0,可用于转换结果的累加溢出	0
15:6	转换结果	10 位转换结果,该结果以参考电压为基准	X
5:0	保留		0

转换时,通常将 A/D 转换器与一个基准电压作比较,以得到转换结果。在 LPC2124 中这个基准为片上的 VddA 引脚,其最高电压为 3V。转换结果将以 1023 为最大值,对应 3V 电压;0 为最小值,对应 0V 电压。因此,可以通过简单的转换将 ADDR 的值转换成对应的电压值。

2.硬件电路说明

在本电路中使用了两个 A/D 转换通道,每个通道都使用了一个滑动变阻器提供待转换电压,通过改变滑动点,可以改变输入引脚上的电压。经 LPC2124 完成转换后,转换成数值通过串口送到虚拟终端显示出来。详见图 7-18。

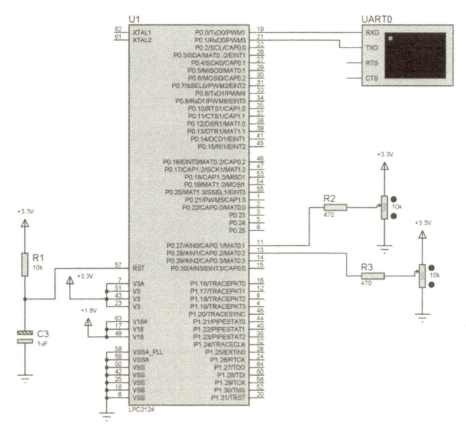

图 7-18 A/D 转换电路原理图

3.代码分析与介绍

void UART0Init(uint32 bps)   //串口初始化函数

{ uint16 Fdiv;

PINSEL0=(PINSEL0 & (~0x0F)) | 0x05;//I/O 连接到 UART0,不改变其他引脚

U0LCR=0x83;   // 8 位数据,无校验,1 位停止位

```
    Fdiv=(Fpclk/16)/bps;              //设置波特率
    U0DLM=Fdiv/256;                   //将分频值写入分频寄存器
    U0DLL=Fdiv%256;
    U0LCR=0x03;                       //禁止操作分频寄存器
}
void UART0SendByte(uint8 data)        //串口发送字符函数
{ U0THR=data;
    while((U0LSR&0x20)==0 );
}
void UART0SendStr(char * str)         //串口发送字符串函数
{
    while(1)
    { if( * str=='\0' ) break;
        UART0SendByte( * str++);
    }
}
int main(void)                        //主函数
{
    uint32 ADC_Data;
    charstr[20];
    UART0Init(9600);                  //初始化 UART0
    PINSEL1=0x01400000;               //设置 P0.27,P0.28 连接到 AIN0、AIN1
    ADCR=(1<<0)|                      //SEL=1,选择通道 0
    ((Fpclk/1000000-1)<<8)|           //转换时钟为 1MHz
        (0<<16) |                     //BURST=0,软件控制转换操作
        (0<<17) |                     //CLKS=0,使用 11clock 转换
        (1<<21) |                     //PDN=1,正常工作模式(非掉电转换模式)
        (0<<22) |                     //TEST1:0=00,正常工作模式(非测试模式)
        (1<<24) |                     //START=1,直接启动 ADC 转换
        (0<<27);
DelayNS(10);                          //延迟等待转换
    ADC_Data=ADDR;                    //清除 DONE 标志位
while(1)                              //程序开始循环操作
{
        ADCR=(ADCR&0x00FFFF00)|0x01|(1<<24);//设置通道 1,并进行第一
次转换
```

大学生嵌入式技术实训教程

```
        while((ADDR&0x80000000)==0 );          // 等待转换结束
        ADCR=ADCR | (1 << 24);                  //再次启运转换
        while((ADDR&0x80000000)==0 );           //等待转换结束
        ADC_Data=(ADDR>>6) & 0x3FF;             //读取 ADC 转换结果
        ADC_Data=ADC_Data * 3300/1024;          //将数值转换为毫伏级电压
        sprintf(str,"VIN1=%dmV ",ADC_Data);     //将数值转换为字符串
        UART0SendStr(str);                      //发送字符串到虚拟终端显示
        DelayNS(100);                           //延时
        ADCR=(ADCR&0x00FFFF00)|0x02|(1<<24);//使用通道 2,进行 A/D
转换
        while((ADDR&0x80000000)==0 );           //等待转换结束
        ADCR=ADCR | (1<<24);                    //再次启运转换
        while((ADDR&0x80000000)==0 );           //等待转换结束
        ADC_Data=(ADDR>>6) & 0x3FF;             //读取 A/D 转换结果
        ADC_Data=ADC_Data * 3300/1024;
        sprintf(str,"VIN2=%dmV \r",ADC_Data);
        UART0SendStr(str);
        DelayNS(100);
    }
}
```

通过该实例,读者可以对 LPC2124 的片上 A/D 转换功能使用和编程有一个比较直接的了解和认识。有兴趣的读者也可以将触发式的 A/D 转换和软件读取式的 A/D 转换功能作一个尝试,以提高实际应用的能力。

第八章 ARM9 硬件平台上的开发实例

本章首先对 ADT 开发工具作了一个粗步介绍,然后介绍了基于 ARM9 嵌入式处理器的一些开发实例。这些实例虽然是基于一款特定的三星 S3C2410 微处理器实验箱,但这些开发过程和对处理器不同功能部件的使用是完全相同的。在不同的开发平台上,只需要对内存配置文件的地址进行修改就可以完成相应的运行验证工作。S3C2410是一款 ARM9 内核的嵌入式微处理器,在国内的 ARM9 嵌入式实验系统中占主导地位。通过本章的学习,可以帮助读者较好地掌握该处理器的应用和编程方法,为进一步进行产品开发打下基础。

实例分为两部分,一部分是针对 S3C2410 处理器片上功能模块的介绍和驱动代码分析,以帮助读者掌握高档嵌入式处理器的一些特殊功能模块的使用和编程;另一部分是利用这些特殊功能模块组合具有完成一定功能的应用系统实例,以帮助读者掌握在高档处理器中多模块协同工作的编程方法。由于操作系统的移植涉及的内容太多,因此在本章中未涉及操作系统的移植和开发工作,有兴趣的读者可以查找相关资料专门进行学习。

8.1 JXARM92410ARM 嵌入式教学实验系统硬件组成

本实验系统以三星公司生产的 S3C2410 处理器为核心部件,通过实验箱的扩展,可以完成嵌入式系统的各类嵌入式软件开发实验。不同厂家生产的实验箱在内存地址分配上可能会与本实验箱有所不同,但是对各功能模块进行初始化设置的方法和代码是相同的。通过本章的学习,可以将其应用到其他厂家生产的基于 S3C2410 处理器的实验箱中,也可以在实际的产品开发、设计中使用和借鉴本章所介绍的实例。本章所使用的实验箱硬件结构如图 8-1 所示。

所有硬件从结构上分成两个部分,一部分是安装于实验箱底板的不可移动资源,包括基本模块、通信模块、人机交互模块、A/D 及 D/A 模块、工业控制模块、IDE/CF/SD/MMC 接口模块等;另一部分是通过一定接口形式,插接在实验箱底板上的可移动资源,包括 ARM 单片机最小系统模块、GPRS 模块、GPS 模块、DSP 模块、100M 以太网、FPGA 等。其中,ARM 单片机最小系统模块是必须的,其他模块可根据需要进行选配,以丰富实验箱的功能。

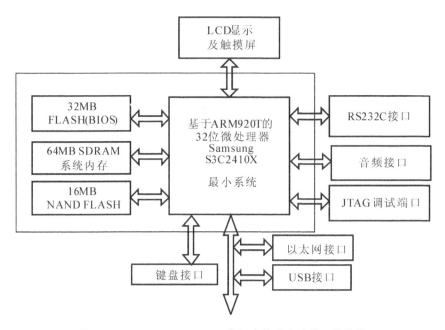

图 8-1 JXARM9-2410ARM 嵌入式教学实验箱总体结构

由于 ARM9 以上的处理器引脚非常多,而且还需要进行存储器扩展,所需的电路较复杂,一般使用 6 层以上电路板设计实现。因此,在很多工程实践中,往往不单独开发设计 ARM9 的核心电路,而是直接购买成熟产品,这样既可以减少产品开发的复杂程度,又可以提高系统的灵活性。当然,如果系统对体积、可靠性、功耗等有特殊要求时,就只能单独开发了。

8.1.1 JXARM9-2410ARM 嵌入式教学实验箱硬件模块

JXARM9-2410 教学实验系统的硬件部分包括基本模块、调试模块、通讯模块、人机交互模块、A/D D/A 模块、工业控制模块、IDE/CF/SD/MMC 接口模块;选配模块包括 GPRS 模块、GPS 模块。

1.基本模块

(1)SDRAM 存储器。主板包含 64MB SDRAM,由两片 16 位数据宽度的 SDRAM 存储器组成,地址从 0x30000000~0x33ffffff。实验过程中编写的代码将存放在该存储空间中,关机后实验代码将丢失。

(2)Flash 存储器。主板包含 32MB NOR Flash 存储器和 8MB NAND Flash。NOR Flash 内部存放启动代码 Bootloader、Linux 内核映象、IIS 测试声音文件等,其数据宽度为 32 位,地址从 0x00000000~0x01ffffff;NAND Flash 中包含一个 cramfs 文件系统,在 Linux 中使用。在实验过程中,由于没有将代码烧写到 Flash 中,因此这个存储器我们没有使用。如果将代码烧写到这个存储器中,则关机后实验代码不会丢失,开机后可自动运行。这也是在真正的嵌入式系统中所采用的代码存放方法。当然,不同的厂家可以根据自己的设计需要设计不同容量和不同形式的存储器。

(3)串行通讯口。本实验箱的主板包含 3 个 UART 接口,即 UART0、UART1、UART2。其中,UART1 用作 RS232 串行接口,UART2 用作 RS485 接口。UART0 在 Bootloader、演示程序、Linux 和多个实验中用于人机交互(通过超级终端)以及文件传输。串行通信由于操作简单,几乎是所有嵌入式开发板的基本配置,它可以完成嵌入式开发板与计算机之间的信息交互,从而了解嵌入式开发板上的工和状况等。

(4)IIS 录放音接口。主板有一个可以基于 DMA 操作的 IIS 总线接口,可进行立体声录放音。

(5)I2C 总线接口,与 24C08 芯片接口,可以存放一些固定的配置数据。

(6)4 个 LED 跑马灯,可独立软件编程。

(7)6 个共阳 7 段数码管。

(8)外部中断测试。两个按键用于外部中断 2、3 的测试。

(9)复位按键,用于 CPU 复位。

(10)两通道通用 DMA。两通道具有外部请求引脚的外设 DMA。

(11)5 个 PWM 定时器和一个内部定时器。PWM0 能够输出到蜂鸣器,使蜂鸣器发声。

(12)看门狗定时器。

(13)8 通道 10-bit ADC。其中,AIN0、AIN1 接板上可调电阻,用于 A/D 转换实验;AIN5、AIN7 可用于电阻式触摸屏读值。

2.调试模块

(1)标准 JTAG 接口。20 针标准 JTAG 接口,该接口用于连接仿真器进行高速调试。该仿真器价格昂贵,并未作为实验基本部件提供。

(2)简易 JTAG 调试接口。直连标准计算机并口,作为调试接口。该接口用于简易仿真调试,主要功能包括程序下载、断点信息交互等,是实验的基本部件。

3.通讯模块

(1)以太网通讯接口。10M 以太网卡,可用于联接嵌入式实验箱与计算机主机系统。

(2)USB 接口。两个 USB HOST 接口,可以挂接 U 盘、USB 鼠标、USB 摄像头等 USB 备,遵循 USB1.1 标准。

(3)标准计算机打印口(并口)。用于模拟计算机的并行口输出数据。

4.人机交互模块

(1)显示器/触摸屏。7 英寸、TFT16 位色 LCD 显示器,分辨率 640×480。

(2)板载按键。4×4 机械按键。

(3)PS/2 键盘和鼠标接口。

(4)USB 鼠标和键盘接口。

5.工业控制模块

(1)两相步进电机驱动电路。

(2)RS485 总线接口电路。

(3)CAN 总线接口电路。

6.IDE/CF/SD/MMC 接口模块

(1)标准 IDE 硬盘 40 针接口电路。

(2)标准 CF 卡接口电路。

(3)SD/MMC 卡接口电路。

7.可选配模块

(1)GPRS 无线通讯模块。

(2)GPS 全球定位系统模块。

JXARM9-2410 教学实验系统的外部结构如图 8-2 所示。

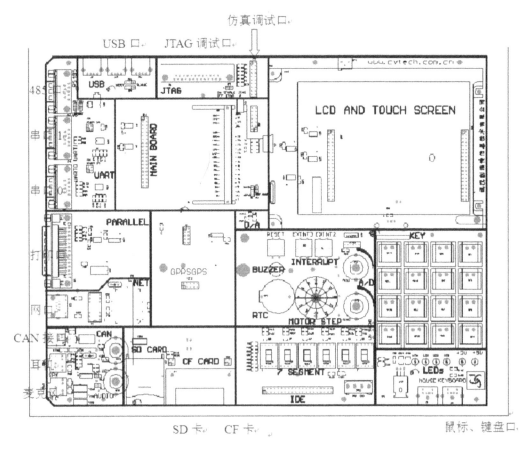

图 8-2 JXARM9-2410ARM 嵌入式教学实验箱外部结构图

8.1.2 JXARM9-2410ARM 嵌入式教学实验箱硬件资源分配

1.地址空间分配以及片选信号定义

JXARM9-2410 地址空间分配详见表 8-1 所示。

表 8-1 JXARM9-2410 地址空间分配表

地址区间	说明	数据宽度（位）	读/写属性
0x00000000～0x001fffff	FLASH 存储器地址： TE28F128；16M 字节×2	32	R/W
0x10000000	控制键盘扫描及跑马灯	8	W
0x10000002	读入键盘扫描值	8	R
0x10000004	数码管数据寄存器	8	W
0x10000006	数码管扫描控制寄存器	8	W
0x10080000～0x100807ff	CF 卡 MEMORY 模式属性寄存器	8/16	R/W
0x10080800～0x100808ff	CF 卡 MEMORY 模式公共寄存器	8/16	R/W
0x100c0000～0x100c07ff	CF 卡 I/O 模式	8/16	R/W
0x100c0000～0x100c00ff	IDE 读写地址空间	8/16	R/W
0x18000300～0x1800031f	网络接口芯片 RTL8019AS 读写	16	R/W
0x28000000	并口控制寄存器	8	W
0x28000000	并口状态寄存器	8	R
0x28000002	并口数据缓存器	8	R/W
0x28000004	控制寄存器 0	8	W
0x28000006	控制寄存器 1	8	W
0x28080000	控制寄存器 2	8	W
0x20000000	读密码	8	R
0x30000000～0x33FFFFFF	SDRAM 存储器地址空间： HY57V561620；32M 字节×2	32	R/W

2.外部中断分配

JXARM9-2410 外部中断分配详见表 8-2 所示。

表 8-2 JXARM9-2410 外部中断分配表

中断口	说明
INT0	IDE 中断
INT1	扩充口中断
INT2	中断测试

续表 8-2

中断口	说明
INT3	中断测试
INT4	网口中断
INT5	CAN 中断
INT7	PS2 键盘中断
INT8	PS2 鼠标中断

3.A/D 端口分配

JXARM9-2410 A/D 端口分配详见表 8-3 所示。

表 8-3 JXARM9-2410 A/D 端口分配表

A/D 口	说明	备注
AIN0	A/D 采集口测试 0	用于 A/D 测试
AIN1	A/D 采集口测试 1	用于 A/D 测试
AIN5	采集触摸屏的 Y 坐标	用于触摸屏
AIN7	采集触摸屏的 X 坐标	用于触摸屏

4.RAM 空间组织

存储空间的定制是嵌入式系统开发的一个特色,我们可以根据自己的需要自行规定内存的使用。在本教学实验系统中,SDRAM 地址范围从 0x30000000～0x33ffffff 共 64Mbytes。在不同的程序中,SDRAM 空间范围被分配成不同的区域用于不同的用途,下表是实验测试程序所用的一个默认分配方式,它的代码空间和数据空间分配如表 8-4 所示。

表 8-4 用户程序 SDRAM 空间分配表

开始地址	结束地址	用途
0x30000000	0x33ff0000	程序区
0x33ff0000	0x33ff8000	栈
0x33ffff00	0x33ffffff	中断向量表

5.Flash 空间组织

在本实验系统的硬件平台上,Flash 地址范围从 0x00000000～0x01ffffff 共 32Mbytes。其空间组织如表 8-5 所示。

表 8-5 Flash 空间分配表

开始地址	结束地址	用途
0x00000000	0x00040000	BOOTLOADER(u-boot)代码
0x00040000	0x00080000	u-boot 环境变量
0x00080000	0x00100000	用户程序区
0x00100000	0x00200000	Linux 内核映象文件 zImage
0x00200000	0x00600000	Linux Ramdisk 映象文件 ramdisk.gz
0x00700000	0x10800000	用户程序/数据区
0x01080000	0x01800000	JFFS2/CRAMFS 文件系统区
0x01800000	0x01ffffff	用户程序/数据区

8.2 ADT IDE 集成开发环境

8.2.1 ADT IDE for ARM 组成

ADT(ARM Development Tools)IDE (Integrated develop environment)for ARM 是一套应用于 ARM 嵌入式软件开发的集成软件开发平台。它为基于 ARM 核的嵌入式应用提供了一整套完备的开发方案,包括程序编辑、工程管理和设置、程序编译、程序调试等。

ADT IDE for ARM 主要包括以下工具:

(1)源码编辑器(editor);

(2)工程管理器(project manager);

(3)工程编译器(builder);

(4)集成调试环境(integrated debug environment)。

由于 ADT IDE 软件是一套基于 GNU GCC 编译系统的 C/汇编程序开发环境,具有良好的开源特性,因此也十分有利于其升级和用户按需修改。

8.2.2 ADT IDE for ARM (简称 ADT IDE)的主要特点

(1)可运行于 Windows98、NT、2000、XP 等平台,可支持 ARM7、ARM9 系列微处理器。

(2)中、英文版本支持,具有英文版和汉化版两个版本,可同时运行。

(3)可视化的源码编辑和工程管理功能。ADT IDE 提供全图形化的用户界面,包括图形化工程管理、源码编辑、辅助编辑等功能,可实现文件级、文件目录级、工程级的多级编译连接选项管理以及工程级的调试参数管理;标准的文本编辑功能,支持 C 语言、汇编语言语法高亮显示;多剪贴板、代码模板、头文件和源文件切换、注释、符号配对书写等辅助编辑工具,可极大地提高程序编写效率。

(4)良好的交叉编译功能。ADT IDE 使用 GNU 的 GCC 交叉编译工具,支持 ANSI C、Embedded C++、嵌入式汇编等程序的交叉编译;提供完全图形化的工程级、文件目录级、文件级编译参数设置。

(5)强大的源代码级调试功能,同时提供了图形和命令行两种调试方式,可支持软件断点和硬件断点的调试,允许程序以单步执行方式运行;对程序中的变量提供监视功能,可随程序运行同步更新变量,可自动/手动刷新变量内容以十进制/十六进制模式显示;可实现 ARM 各模式下寄存器内容与程序运行同步的查看与修改,提供当前模式指示,寄存器值变动时红色突显;可对存储器内容进行查看与修改,可设置自动/手动刷新方式、字节/双字节/四字节显示、大/小端方式显示,存储器内容修改时红色突显;可以完成函数堆栈显示,以自动/手动刷新方式更新、十进制/十六进制显示、参数值显示、参数类型显示等;支持源程序、反汇编程序和混合窗口方式显示,支持 ARM/THUMB 方式显示。

(6)完善的程序下载手段。支持基于并口模拟的简单调试接口方式和基于 JTAG 接口的仿真器调试模式;可将数据/程序在线下载到随机存储或 Flash 存储器上进行运行和调试;能够对 Flash 进行在线编程,支持多种 Flash 芯片的空白检查、擦除、编程、校验等操作,支持 8/16/32 位 Flash 访问宽度,多片 Flash 同时编程,编程速度达 15Kbytes/s;提供统一的 Flash 编程接口,可以方便地添加 Flash 编程方案。

(7)丰富的示例程序。

8.2.3　ADT IDE 安装要求

(1)软件环境:Microsoft Windows98、Windows NT、Windows 2000、Windows XP。
(2)硬件要求:486 以上 CPU,建议采用 Pentium II 及更高级的处理器;64M 以上内存,建议采用 128M 以上;200M 空间的可用硬盘空间;CD-ROM 驱动器;并行打印机端口

8.2.4　ADT IDE 软件安装后的目录结构

ADT IDE For ARM 的所有文件将被安装在一个目录分支下,例如在软件安装过程中,如果用户选择的安装目录为 C:\ADTIDE,安装程序将在该目录下创建各级目录,并且根据模块和功能划分,将 ADT IDE 系统的全部文件拷贝到该目录及其子目录下(如下所示,在 C:\ADTIDE 下创建的目录和文件及功能划分)。

.\Bin　　　　　　　系统运行所需的全部应用程序
.\Plugin　　　　　　系统运行所需要的部分动态链接库

.\Gnutools GNU 交叉编译器目录,包含编译器、汇编器、连接器以及标准 C/C＋＋库。

.\Flash Flash	编程器
.\Doc	系统帮助说明文件目录
.\Examples	所有例程目录
.\Lib	与各种 CPU 或目标版相关的设置文件和函数库
.\License.txt	系统发布时许可协议文件
.\Readme.Txt	系统发布附带信息文件

8.2.5 ADT IDE 的文件类型

ADT IDE 所使用的文件类型说明如下:

.aws	ADT IDE 工作区文件(ADT Workspace Files),打开工程时,默认打开该类型的文件
*.apj	ADT IDE 工程文件(ADT Project Files),该文件不可删除
*.opt	ADT IDE 工作区选项文件,该文件可删除,系统会自动生成
*.c	C 语言源代码文件(小写的'c'是做为 C 源文件的扩展名)
*.C	C++源代码文件(大写的'C'是做为 C＋＋源文件的扩展名)
*.cc	C++源代码文件
*.cp	C++源代码文件
*.cxx	C++源代码文件
*.c++	C++源代码文件
*.cpp	C++源代码文件
*.s	汇编语言源代码文件
*.asm	汇编语言源代码文件
*.h	C/C++头文件
*.inc	汇编头文件
*.mac	汇编宏定义文件
*.csf	命令脚本文件
*.o	编译后的目标文件
*.a	目标文件构成的静态库文件
*.elf	Elf 格式文件
*.bin	Flat binary 格式文件
*.hex	Intel hex 格式文件
*.cfg	Flash 编程器配置文件

8.3　ADT IDE 开发步骤和方法

本节将以一个实验性工程 leddemo 为例,讲述在 ADT IDE 集成开发环境下如何编写、编译、连接和调试程序。

8.3.1　硬件准备

首先,在上电和进行其他设备连接前,应检查实验箱上硬件的连接情况,包括检查实验箱配件是否齐全,包括主板、核心板、LCD、电源等连接是否牢靠。

其次,确认简易调试模块的调试线或仿真器是否正确连接(JXARM9-2410 教学实验系统支持内置的简易调试器下载和仿真器下载调试两种方式,使用内置调试模块时,速度会比使用仿真器慢。不同的实验箱在更换调试器时可能需要改变相应跳线,请注意查阅说明),确认 RS23 串行线或对连式的网线是否已正确连接。使用 RS232 连接时应连接到 UART0 端口,利用串口或网线可以反馈得到程序下载后的运行情况。

8.3.2　工程编辑、编译和调试

(1)建立工程。打开 ADT IDE,点击"File->New 菜单",弹出 New 对话框,如图 8-3 所示,选择 Project 页,在 Project 页中选择调试设备。调试设备分别表示:"SoftSim"软件仿真调试、"ARM7LPT"使用仿真器的并口调试 ARM7 目标系统、"ARM9LPT"使用仿真器的并口调试 ARM9 目标系统、"ARM7Simple"使用简易仿真方式调试 ARM7 目标系统、"AMR9Simple"使用简易侦仿真方式调试 ARM9 目标系统。在本实验中,我们使用实验箱上的简易仿真口进行调试 ARM9 系统,因此选择"ARM9 Simple",在"Project name"和"Location"中输入工程名称和路径,注意路径和工程名中不能包含空格。然后在工程类型中选择"EXEC"。

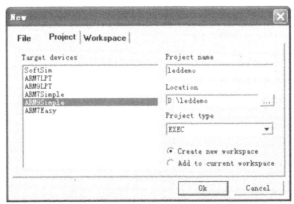

图 8-3　新建工程

（2）新建一个文件并保存为 D:\leddemo\leddemo.c，编辑该文件，添加如下代码：

```
/*************************************************************
*******************************/
/* 文件名称：LEDSEG7.C */
/* 实验现象：数码管依次显示出 0、1、2、……9、a、b、C、d、E、F */
/*************************************************************
*******************************/
#define U8 unsigned char
static int delayLoopCount=1000;
unsigned char seg7table[16] = {
    0xc0, 0xf9, 0xa4, 0xb0, 0x99, 0x92, 0x82, 0xf8,
    0x80, 0x90, 0x88, 0x83, 0xc6, 0xa1, 0x86, 0x8e,
};                                              //8段数码管的显示码
void Delay(int time);
void Test_Seg7(void) {
    int i;
    *((U8*) 0x10000006) = 0x00;                 //8段数码管共阴极全部打
    for(; ; ){
        for(i=0;i<0x10;i++){
            *((U8*) 0x10000004) = seg7table[i];  //逐个显示 0~F
            Delay (1000);
        }
        for(i=0xf;i>=0x0;i—){
            *((U8*) 0x10000004) = seg7table[i];  //逐个显示 F~0 的符号
            Delay (1000);
        }
    }
}
void Delay(int time) {                          //简单循环延时
    int i;
    for(;time>0;time—)
        for(i=0;i<delayLoopCount;i++);
}
```

（3）将 leddemo.c 文件加入到工程 leddemo 中，如图 8-4 所示。

点击右键菜单，将弹出文件选择对话框，选择 D:\leddemo\leddemo.c 文件，并点击"打开"按钮。如图 8-5 所示。

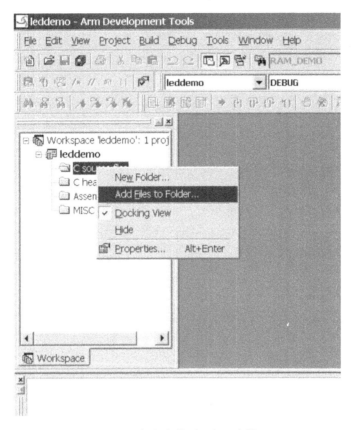

图 8-4　加入文件到工程示意图

图 8-5　文件选择对话框

（4）新建一个文件并保存为 d:\leddemo\ldscript，编辑该文件，添加如下内容：

```
SECTIONS
{
  . = 0x30000000;              //内存起始地址
  .text : { *(.text) }         //各段所在的位置描述
  .data : { *(.data) }
  .rodata : { *(.rodata) }
  .bss : { *(.bss) }
  __EH_FRAME_BEGIN__ = .;
  __EH_FRAME_END__ = .;
PROVIDE (__stack = .);
  .debug_info 0 : { *(.debug_info) }
  .debug_line0 : { *(.debug_line) }
  .debug_abbrev 0 : { *(.debug_abbrev)}
  .debug_frame0 : { *(.debug_frame) }
}
```

该文件为链接脚本文件，其意义和编写方法请参考"附录 A 链接定位脚本"。该文件必须通过第 5 步中的工程设置对话框设置到链接参数中才有效。对于不同地址环境的硬件，只需要改变相应的起始地址就可以了。

（5）如图 8-6 所示，在工作区窗口中的 leddemo 工程名上右键点击并选择"Setting"菜单项。

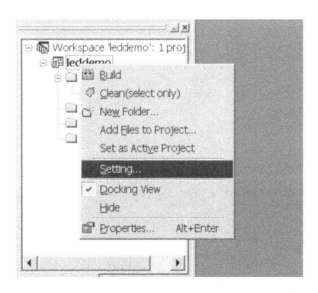

图 8-6　工程设置示意图

弹出工程设置对话框,选择"Link"页,在"Link script"中点击右侧按钮选择该 ld-script 文件,然后点击"OK"按钮,进入下一步。如图 8-7 所示。

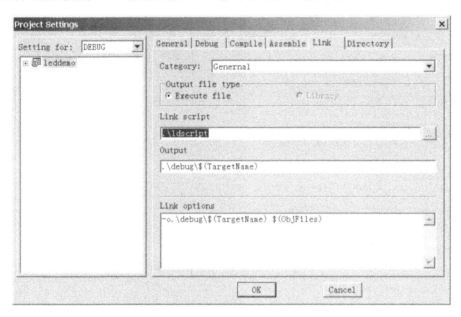

图 8-7　Link 相关选项

(6)完成相关设置工作后,开始编译整个工程,在工作区窗口中的 leddemo 工程名上右键点击并选择"Build"菜单项。如图 8-8 所示。

图 8-8　工程编译示意图

编译成功后的结果如图 8-9 所示。如果编译不成功,将会在最下面的提示窗口提示出错的位置和错误原因,按照提示信息进行相关修改后再次编译,直到编译成功为止。

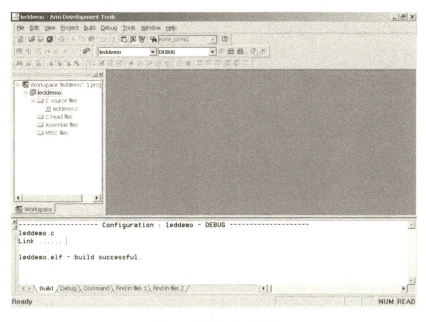

图 8-9 编译结果示意图

（7）编译完成后，需要将编译好的二进制可执行文件通过一定的手段下载到实验箱中运行，将仿真器或调试电缆连接到 JXARM9-2410 JTAG 连接，并将仿真器和 JX-ARM9-2410 上电，然后在 ADT IDE 工具中点击"Debug"菜单的"Remote Connect"进行连接，如图 8-10 所示。

图 8-10 调试菜单连接示意图

如果连接正确,将会在软件最下方提示连接成功的信息,否则将会出现连接错误的提示。如果出现错误,应关闭实验箱和仿真器再次确认硬件是否连接正确,以及板上的选择跳线是否正确。当正常连接时,显示结果如图 8-11 所示。

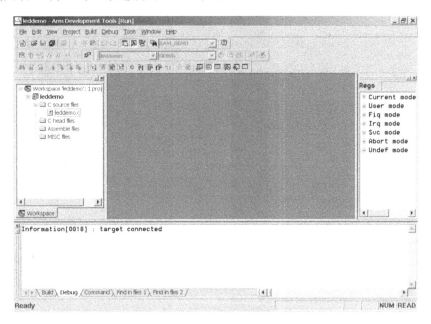

图 8-11　连接结果示意图

　　如果连接正确,集成开发工具的"Debug"菜单项将如图 8-12 所示。

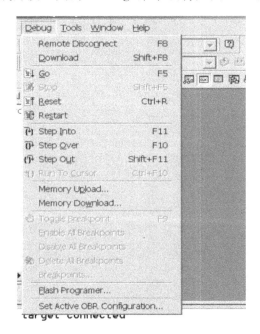

图 8-12　正确连接后的调试菜单示意图

(8)点击 Debug->Download 菜单选项,将编译生成的二进制文件下载程序到实验箱的 SDRAM 中,准备运行测试。如图 8-13 所示。

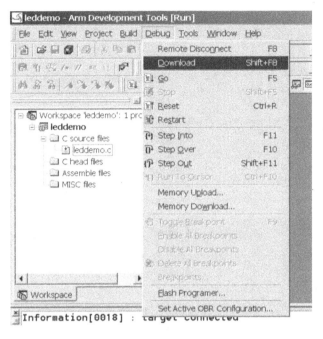

图 8-13 程序下载操作示意图

下载可能会占用一定时间。在开发工具的最下面会有一个进度条,标识下载进度,下载成功后,集成工具上将显示入口点的源代码,如图 8-14 所示。

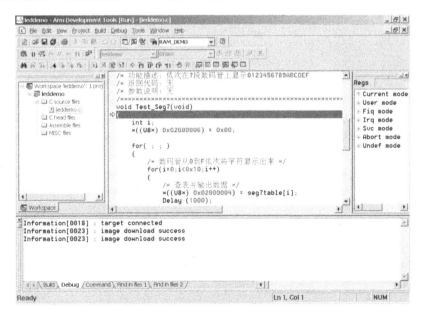

图 8-14 下载成功后的调试窗口示意图

大学生嵌入式技术实训教程

(9)运行程序观察运行结果,点击 Debug->Go 菜单项,运行该程序。如果运行正常,JXARM9-2410 上的 6 个 8 段数码管将循环往复显示 0～F 的字符。如图 8-15 所示。

图 8-15　运行程序

(10)如果要进行其他调试工作,如插入断点、单步执行等,可点击 Debug->Stop 停止程序运行,然后再进行其他相关操作。具体的操作步骤与其他集成开发环境基本相同,只是在错误时需要修改错误代码,然后再次从第 6 步开始执行相关步骤。

8.4　S3C2410 功能模块驱动代码

8.4.1　LCD 驱动控制代码

1.S3C2410LCD 控制器

LCD 显示屏作为一种友好的用户界面设备,在嵌入式系统中得到广泛应用,但是LCD 显示屏的使用却需要一定的技术和方法。

常用的 LCD 接口方式有两种,一种是总线驱动方式,另一种是扫描器控制方式。

(1)总线驱动方式

一般带有驱动模块的 LCD 显示屏会使用总线驱动方式,这种 LCD 可以方便地与各种低档单片机进行接口,如常用的 LM1602、JHD12864 等,都可以与 8051、MEGA8 等 8位单片机连接使用。由于 LCD 已经带有驱动硬件电路,因此模块给出的是总线接口,便于与单片机的总线进行接口。驱动模块具有8位数据总线,外加一些电源接口和控制信号。而且还自带显示缓存,只需要将要显示的内容送到显示缓存中就可以实现内容的显示。由于只有8条数据线,因此常常通过引脚信号来实现地址与数据线的复用,以达到把相应数据送到相应显示缓存的目的。

(2)扫描器控制方式

另外一种LCD显示屏没有驱动电路,需要与驱动电路配合使用。这种LCD体积小,但需要另外的驱动芯片,通常可以使用带有LCD驱动能力的高档MCU驱动,如ARM系列的S3C2410。S3C2410中具有内置的LCD控制器,它具有将显示缓存(在系统存储器中)中的图象数据传输到外部LCD驱动电路的逻辑功能。S3C2410中内置的LCD控制器可支持灰度LCD和彩色LCD。在灰度LCD上,使用基于时间的抖动算法(Time-based Dithering Algorithm)和FRC (Frame Rate Control)方法,可以支持单色、4级灰度和16级灰度模式的灰度LCD;在彩色LCD上,最高可以支持24位真彩。对于不同尺寸的LCD,具有不同数量的垂直和水平象素、数据接口的数据宽度、接口时间及刷新率,而LCD控制器可以进行编程控制相应的寄存器值,以适应不同的LCD显示板。

S3C2410中内置的LCD控制器的逻辑框图如图8-16所示,它用于传输显示数据并产生必要的控制信号,如 VFRAME/VSYNC/STV、VLINE/HSYNC/CPV、VCLK/LCD_HCLK、VM/VDEN/TP、LEND/STH、LCD_PWREN。除了控制信号,还有显示数据的数据端口VD[23:0]。LCD控制器由寄存器组REGBANK,DMA控制器LCDC-DMA、数据接口电路VIDPRCS、时钟发生电路TIMEGEN等组成。REGBANK包括17个可编程的专用寄存器和一个256×16bit的调色板,用于配置LCD控制器。LCDCD-MA为专用DMA,它可以自动地将显示数据从帧内存中传送到LCD驱动器中。通过专用DMA,可以在不需要CPU介入的情况下显示数据。

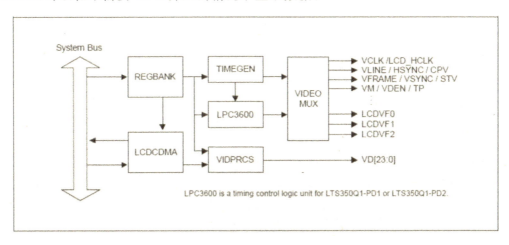

图 8-16 LCD控制器逻辑框图

S3C2410 内置的 LCD 控制器可支持 STN 型的 LCD 显示器和 TFT 型的 LCD 显示器。与不同类型显示器接口时，其信号功能有所区别，具体信号功能描述如表 8-6 所示。

表 8-6 S3C2410 LCD 控制器接口

信号	STN 屏	TFT 屏
VFRAME/VSYNC/STV	帧同步信号	垂直同步信号
VLINE/HSYNC/CPV	行同步信号	水平同步信号
VCLK/LCD_HCLK	同步时钟	同步时钟
VM/VDEN/TP	交流刷新信号	数据使能信号
LEND/STH	——	行结束信号
LCD_PWREN	显示板电源使能信号	
VD[23;0]	数据输入接口	

2.LCD 控制器寄存器

S3C2410 的 LCD 控制器包含 17 个可编程的控制寄存器，表 8-7 中列举了各个显示器的基本含义，更加详细的使用说明请参考 S3C2410 的数据手册。

表 8-7 LCD 控制器寄存器

寄存器名称	地址	读写状态	描述	复位值
LCDCON1	0x4D000000	R/W	LCD 控制寄存器 1 工作信号控制寄存器	0x0
LCDCON2	0x4D000004	R/W	LCD 控制寄存器 2 同步信号设置	0x0
LCDCON3	0x4D000008	R/W	LCD 控制寄存器 3 LCD 水平尺寸及同步定义	0x0
LCDCON4	0x4D00000C	R/W	水平同步信号宽度	0x0
LCDCON5	0x4D000010	R/W	显示格式及状态	0x0
LCDSADDR1	0x4D000014	R/W	帧缓存起始地址寄存器 1	0x0
LCDSADDR2	0x4D000018	R/W	帧缓存起始地址寄存器 2	0x0
LCDSADDR3	0x4D00001C	R/W	虚拟屏地址寄存器 设定虚拟屏偏移和页面宽度	0x0
REDLUT	0x4D000020	R/W	红色查找表寄存器 定义 8 组红色数据查找表	0x0
GREENLUT	0x4D000024	R/W	绿色查找表寄存器 定义 8 组绿色数据查找表	0x0
BLUELUT	0x4D000028	R/W	蓝色查找表寄存器 定义 4 组蓝色数据查找表	0x0

续表 8-7

寄存器名称	地址	读写状态	描述	复位值
DITHMODE	0x4D00004C	R/W	STN屏抖动模式复位值为0x0,用户必须改变为0x12210	0x0
TPAL	0x4D000050	R/W	临时调色板设置	0x0
LCDINTPND	0x4D000054	R/W	中断请求设置	0x0
LCDSRCPND	0x4D000058	R/W	中断源判断及设置	0x0
LCDINTMSK	0x4D00005C	R/W	中断屏蔽字	0x03
LPCSEL	0x4D000060	R/W	LPC3600 使能	0x04

3.LCD 的显示方式和代码分析

(1)基本图形显示函数

JXARM9-2410 的 LCD 显示模块由 S3C2410 的 LCD 控制器和 16 位色的彩色 LCD 显示屏组成。其显示方式以直接操作显示缓冲区的内容进行,LCD 控制器会通过 DMA 从显示缓冲区中获取数据,不需要 CPU 干预。本系统采用的 LCD 分辨率为 640×480,工作在 16 位色显示模式。在该模式下,显示缓冲区中的一个字节数据代表 LCD 上的一个点的颜色信息,因此,所需要的显示缓冲区大小为 640×480×2 字节。其中,VD 输入时各引脚的数据内容与色彩的关系如图 8-17 所示(采用 5∶6∶5 颜色模式)。

VD	23	22	21	20	19	18	17	16	15	14	13	12	11	10	9	8	7	6	5	4	3	2	1	0
RED	4	3	2	1	0		NC									NC								NC
GREEN									5	4	3	2	1	0										
BLUE																	4	3	2	1	0			

图 8-17 彩色数据格式示意图

在 JXARM9-2410 中以图形方式显示之前必须对 LCD 控制器进行初始化,其过程包括:

首先,初始化 LCD 端口,由于 LCD 控制端口与 CPU 的 GPIO 端口是复用的,因此必须设置相应寄存器,将其设置为 LCD 驱动控制端口;

其次,初始化 LCD 控制寄存器,包括设置 LCD 分辨率、扫描频率、显示缓冲区等。

详细的 LCD 初始化代码在程序 LCDLIB. C 的 lcd_init()函数,该函数根据调用的参数进行不同的初始化,本实验的传入参数为"MODE_TFT_16BIT_640480",main. c 程序中对 LCD 初始化相关代码如下:

```
rGPCCON &= ~(3<<8);
rGPCCON |= (2<<8);                           设置 VM 引脚功能
Lcd_Init(MODE_TFT_16BIT_640480);            初始化 LCD 相关寄存器
Glib_Init(MODE_TFT_16BIT_640480);           初始化 PutPixel 函数指针
```

```
Glib_ClearScr(0xffff,MODE_TFT_16BIT_640480);        清屏
Lcd_PowerEnable(0,1);                                开电源
Lcd_EnvidOnOff(1);                                   打开 LCD 显示输出
Lcd_Init(int type)初始化函数的代码分析如下:
void Lcd_Init(int type)
{......
case MODE_TFT_16BIT_640480:
frameBuffer16BitTft640480=(U32 (*)[SCR_XSIZE_TFT_640480/2])LCD-
FRAMEBUFFER;
    rLCDCON1=(CLKVAL_TFT_640480<<8)|(MVAL_USED<<7)|(3<<5)|
             (12<<1)|0;
             // TFT LCD panel,16bpp TFT,ENVID=off
    rLCDCON2=(VBPD_640480<<24)|(LINEVAL_TFT_640480<<14)|(VFPD_
640480<<6)|(VSPW_640480);
    rLCDCON3=(HBPD_640480<<19)|(HOZVAL_TFT_640480<<8)|(HFPD_
640480);
    rLCDCON4=(MVAL<<8)|(HSPW_640480);
    rLCDCON5=(1<<11)|(1<<9)|(1<<8);//FRM5:6:5,HSYNC and VSYNC
are inverted
    rLCDSADDR1=(((U32)frameBuffer16BitTft640480>>22)<<21)|M5D
((U32)frameBuffer16BitTft640480>>1);
    rLCDSADDR2=M5D(((U32)frameBuffer16BitTft640480+(SCR_XSIZE_TFT_
640480*LCD_YSIZE_TFT_640480*2))>>1);
    rLCDSADDR3=(((SCR_XSIZE_TFT_640480-LCD_XSIZE_TFT_640480)/1)<
<11)|(LCD_XSIZE_TFT_640480/1);
    rLCDINTMSK|=(3);          // 关闭 LCD 中断
    rLPCSEL&=(~7);            // 关闭 LPC3600 控制
    rTPAL=0;                  // 关闭 Palette
    break;
    ......
    }
```

从以上代码可以看出,LCD 控制器的初始化是通过对 LCD 控制寄存器的相关参数进行设置来完成的,这些设置值将根据连接的 LCD 显示屏的不同而有所调整。

在 LCD 初始化及相关输出信号使能后,可以向显示缓冲中写入像素点颜色实现显示。主要的显示函数包括:

> 打点函数(* PutPixel)(U32 x,U32 y,U32 c)；
> 画线函数 Glib_Line(int x1,int y1,int x2,int y2,int color)
> 画矩形框函数 Glib_Rectangle(int x1,int y1,int x2,int y2,int color)
> 画矩形块函数 Glib_FilledRectangle(int x1,int y1,int x2,int y2,int color)

最直观的图形显示方式,就是将图形中的颜色信息一个点一个点的输出到 LCD 的相应位置。有了上面的基础,实现整屏图形显示或者部分图形显示就变得非常简单。最关键的打点函数的代码分析如下:

```
void PutPixel (U32 x,U32 y,U32 c)
{
    if(x<SCR_XSIZE_TFT_640480 && y<SCR_YSIZE_TFT_640480)
        frameBuffer16BitTft640480[(y)][(x)/2]=(frameBuffer16BitTft640480[(y)][x/2]
            &~(0xffff0000>>((x)%2)*16) ) | ((c&0x0000ffff)<<((2-1-((x)%2))*16) );
}
```

函数中 x 表示显示屏的水平坐标,y 表示显示展的垂直坐标,c 表示坐标上点的显示颜色值,该值只有低 16 位有效。由于每个像素点需要两个字节来显示正确的颜色值,但是 frameBuffer16BitTft640480 的每个成员变量的大小为 32bit。因此,在对显示像素的颜色赋值时需要做相应处理。当 x 为偶数时,~$(0xffff0000>>((x)\%2)\times16)$)结果为 $0x0000ffff$,而 $((c\&0x0000ffff)<<((2-1-((x)\%2))\times16)$)的结果为 c 的低 16 位。向左移动 16 位,形成 32 位数据的高 16 位,最终颜色值 c,放到对应的显示缓冲区 frameBuffer16BitTft640480[(y)][x/2]中 32 位数据的高 16 位。当 x 为奇数时,~$(0xffff0000>>((x)\%2)\times16)$)结果为 $0xffff0000$,$((c\&0x0000ffff)<<((2-1-((x)\%2))\times16)$)的结果为 c 的低 16 位值,并存放到显示缓冲区地址 frameBuffer16BitTft640480[(y)][x/2]中 32 位数据的低 16 位。

在画点的基础上,画线、面和矩形则变得十分简单了,画线的函数只需要在规定的坐标范围内连续打点就可以连成一条线;画面只需要连续画多根长度相关的线就可以实现。

(2)字符显示函数

LCD 字符显示就是将字库(汉字字库、英文字库或者其他语言字库)中的字模以图形方式显示在 LCD 上,其显示原理和图形显示没有差别,只要把汉字当成一幅画,画在显示屏上就可以了。其关键在于如何取得字符的图形,也就是字符的点阵字模。

常用的汉字点阵字库文件,例如常用的 16×16 点阵 HZK16 文件,按汉字区位码从小到大依次存有国标区位码表中的所有汉字,每个汉字占用 32 个字节,每个区为 94 个汉字。在计算机中,汉字是以机内码的形式存储的,每个汉字占用两个字节:第一个字节为区码(qh),为了与 ASCII 码区别,范围从十六进制的 A1H 开始(小于 80H 的为 ASCII 码字符),对应区位码中区码的第一区;第二个字节为位码(wh),范围也是从 A1H 开始,对应某区中的第一个位码。这样,将汉字机内码减去 A0A0H 就得该汉字的区位码。因此,汉字在汉字库中的具体位置计算公式为:

$$location = [94 \times (qh-1) + wh - 1] \times 一个汉字字模占用字节数$$

一个汉字字模占用的字节数根据汉字库汉字的大小不同而不同。以 HZK16 点阵字库为例,字模中每一点使用一个二进制位(Bit)表示,如果是 1 则说明此处有点,若是 0 则说明没有。这样,一个 16×16 点阵的汉字总共需要 $16 \times 16/8 = 32$ 个字节表示。字模的表示顺序为:先从左到右,再从上到下,也就是先画第 1 行左上方的 8 个点,再画右上方的 8 个点,然后是第 2 行左边 8 个点,右边 8 个点,依此类推,画满 16×16 个点。因此在 HZK16 中,汉字在汉字库中具体位置的计算公式为:$[94 \times (qh-1) + (wh-1)] \times 32$。例如汉字"房"的机内码为十六进制的"B7BF",其中"B7"表示区码,"BF"表示位码,所以"房"的区位码为 0B7BFH$-$0A0A0H $=$ 171FH。将区码和位码分别转换为十进制得汉字"房"的区位码为"2331",即"房"的点阵位于第 23 区的第 31 个字的位置,相当于在文件 HZK16 中的位置为第 $32 \times [(23-1) \times 94 + (31-1)] = 67136B$ 以后的 32 个字节为"房"的显示点阵。

相关定义在 glib.c 文件中的主要函数包括:

(1)ASCII 码字符显示函数 Glib_disp_ascii16x8(int x,int y,char * s,int colour);

(2)汉字显示函数 Glib_disp_hzk16(int x,int y,char * s,int colour)。

ASCII 码字模通过 ascii.h 文件定义,汉字字模通过 hzk16.h 文件定义。显示汉字或字符时需要将这两个文件包含在程序中。这两个函数的代码分析如下:

```
void Glib_disp_hzk16(int x,int y,char * s,int colour)//16×16 点阵汉字显示函数
{ char buffer[32];                                    //申请 32 字节的字模缓冲区
  int i,j,k;
  unsigned char qh,wh;
  unsigned long location;
  while( * s)
  {
    qh= * s-0xa0;                                      //计算汉字区码
    wh= * (s+1)-0xa0;                                  //计算汉字位码
    location=(94 * (qh-1)+(wh-1)) * 32L;              // 计算字模在相对地置
    memcpy(buffer,&__HZK16X16__[location],32);        // 获取汉字字模
    for(i=0;i<16;i++)                                 //逐行显示共 16 行
    {for(j=0;j<2;j++)                                 //每行 16 个点占两个字节
      {
        for(k=0;k<8;k++)                              //读取每个待显示点
```

```
            {
                if((((buffer[i*2+j]>>(7-k)) & 0x1)！＝0)
                PutPixel(x+8*(j)+k,y+i,colour);    //在屏幕上逐点显示
                }
            }
        }
        s+＝2；                                    //准备读取下一个汉字
        x+＝16；                                   //调整汉字间距
    }
}
    void Glib_disp_ascii16x8(int x,int y,char * s,int colour)//16×8ASCII 码显示
函数
    {
        char buffer[16]；                          //准备 16 字节的字模缓冲区
        int i,k；
        unsigned char qh；
        unsigned long location；
        while( * s)
    qh＝ * s；
        location＝(qh*16)；                         //计算字模在文件中的位置
        memcpy(buffer,&__ASCII8X16__[location],16);// 获取 ASCII 字模
        for(i=0;i<16;i++)                          //共 16 行,每行一字节字模
        {
            for(k=0;k<8;k++)                       //逐位读取
            {
                if((((buffer[i]>>(7-k)) & 0x1)！＝0)
                PutPixel(x+k,y+i,colour)；          //逐位显示
            }
            }
        s+＝1；                                     //准备读取下一个 ASCII 码
        x+＝8；                                     //调整字符间距
        }
    }
```

8.4.2 触摸屏驱动控制代码

1.S3C2410 触摸屏控制器

S3C2410 微处理器的触摸屏控制电路如图 8-18 所示。该触摸屏为 4 线电阻式触摸屏,可以支持中断模式、自动读取模式、"X,Y"坐标分离获取模式。在中断模式下,每次触摸会产生一个 ADC 中断,由中断处理程序对该触摸进行坐标读取等操作;自动读取模式可以与中断模式配合,在中断处理程序中自动获取触摸屏的坐标值;"X,Y"坐标分离获取模式,由程序控制过程分别读取 X 坐标和 Y 坐标。

S3C2410 提供专用触摸屏接口,可以在专用接口的支持下通过 ADC 端口获得触摸屏坐标值。触摸屏的 X、Y 方向读取点分别与 AIN5、AIN7 连接,X、Y 值的数据采集过程就是通过两个 A/D 通道来完成。

采集 X 方向的数据:将 XP(EINT21 输出低电平)接外部电源,XM(EINT20 输出高电平)接地,YP 接 A[5](EINT23 输出高电平),YM 悬空(EINT22 输出低电平),通过采集通道 AIN5 可读到 X 的坐标电压值(存放于 ADCDAT0 寄存器)。

采集 Y 方向的数据:将 YP(EINT23 输出低电平)接外部电源,YM(EINT22 输出高电平)接地,XP 接 A[7](EINT21 输出高电平),XM 悬空(EINT20 输出低电平),通过采集通道 AIN7 可读到 Y 的坐标电压值(存放于 ADCDAT1 寄存器)。

取得的电压值为 10 位,即 ADCDAT0。ADCDAT1 的低 10 位为读出的 X、Y 有效值。为了保证准确性,通常采集 5 次以上数据,并通过求平均值的方式减小读取误差。

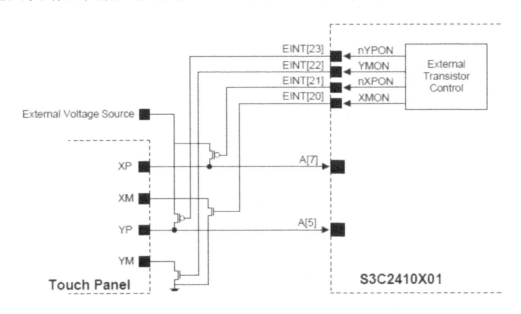

图 8-18 JXARM9-2410 教学实验系统的的触摸屏电路图

表 8-7　S3C2410 的 ADC 控制器寄存器 ADCCON

寄存器名称	比特位	描述	复位值
ECFLG	[15]	结束转换标志 0:A/D 转换中;1:结束转换	0x0
PRSCEN	[14]	A/D 转换预分频使能 0:Disable;1:Enable	0x0
PRSCVL	[13:6]	转换预分频值 1~255	0XFF
SEL_MUX	[5:3]	模拟量输入通路选择 000＝AIN0001＝AIN1 010＝AIN2011＝AIN3 100＝AIN4101＝AIN5 110＝AIN6111＝AIN7	0x0
STDBM	[2]	旁路模式选择 0:正常操作 1:旁路方式	0x1
READ_START	[1]	A/D 转换由读操作触发 0:Disable 1:Enable	0x0
ENABLE_START	[0]	A/D 转换使能 1:启动,启动后该位自动清零	0x0

表 8-8　S3C2410 的 ADC 触摸控制器寄存器 ADCTSC

寄存器名称	比特位	描述	复位值
Reserved	[8]	保留位,值为 0	0x0
YM_SEN	[8]	设置 YMON 值 0:YM＝高阻;1:YM＝GND	0x0
YP_SEN	[6]	设置 YPON 值 0:YP＝外部电压;1:YP 接入 AIN5	1
XM_SEN	[5]	设置 XMON 值 0:XM＝高阻;1:XM＝GND	0
XP_SEN	[4]	设置 XPON 值 0:XPM＝外部电压;1:XP 接入 AIN7	1
PULL_UP	[3]	上拉使能 0:XP 上拉使能 1:XP 上拉 Disable	1
AUTO_PST	[2]	自动转换开关 0:普通模式;1:自动 X/Y 转换	0
XY_PST	[1:0]	手动测试模式 00:无操作 01:X 坐标测量 10:Y 坐标测量 11:等待中断模式	0

2.数据采集口初始化

S3C2410X 带有专用的触摸屏控制口,可以通过对相关专用寄存器的设置实现 X、Y 方向电压的设置和读取,不需要对引脚作设置。主要的特殊功能寄存器包括 ADC 转换控制寄存器 rADCCON、触摸屏控制寄存器 rADCTSC,详见表 8-8 和表 8-8 所示。寄存器初始化方式如下:

```
rADCDLY = (50000);                          // 设置触摸屏读取间隔
rADCCON=(1<<14)|(ADCPRS<<6)|(0<<3)|(0<<2)|(0<<1)|(0);
    // 设置 ADC 控制参数
rADCTSC=(0<<8)|(1<<7)|(1<<6)|(0<<5)|(1<<4)|(0<<3)|(0<<
2)|(3);
    //设置触摸屏控制参数
    //将触摸屏设置为等待中断模式
pISR_ADC=(unsigned)Adc_or_TsSep;            //初始化触摸屏中断处理向量
rINTMSK&.=~(BIT_ADC);                       //设置中断掩码
rINTSUBMSK =~(BIT_SUB_TC);                  //设置子中断掩码
```

3.等待触摸事件

本实验通过中断方式响应触摸屏事件,触摸屏处理函数指针为 pISR_ADC。当触摸屏被点击后将产生 ADC 中断,程序将转入对应的中断处理程序函数 Adc_or_TsSep()。该函数首先完成对触摸屏坐标位置的左上角和右下角相对参数的读取,以确定后续触摸点的坐标。

4.采集数据

数据采集通过 A/D 转换来实现。为了保证准确性,我们通常采集 5 次数据,并采用求平均值的方式来减小读取误差。首先采集 Y 方向的数据,这时需要将 X+输出高电平,X-输出低电平;其次采集 X 方向的数据,这时需要将 Y+输出高电平,Y-输出低电平。由于转换值以 10 位二进制方式表示,因此,转换后的 X、Y 取值范围为均为(0~1023),转换后对应的"X、Y"坐标需要进行一定的变换。

(1)中断处理程序中采集 X 方向数据的代码

```
rADCTSC=(0<<8)|(0<<7)|(1<<6)|(1<<5)|(0<<4)|(1<<3)|(0<<
2)|(1);
                                            // 手动读取 X 坐标值
    for(i=0;i<LOOP;i++);                     //延迟一段时间后开始读取转换值
    for(i=0;i<5;i++)                         //进行 5 次读取
    {
        rADCCON|=0x1;                        //开始 X 方向转换值读取
        while(rADCCON &.0x1);                //等待转换开始
```

```
    while(! (0x8000&rADCCON));          //等待转换完成
    Ptx[i]=(0x3ff&rADCDAT0);           //读取转换值到数组
  }
  Ptx[5]=(Ptx[0]+Ptx[1]+Ptx[2]+Ptx[3]+Ptx[4])/5;  //对五次读取值进
行平均
```

（2）中断处理程序中采集 Y 方向数据的代码

```
rADCTSC=(0<<8)|(1<<7)|(0<<6)|(0<<5)|(1<<4)|(1<<3)|(0<<
2)|(2);
                                       // 切换到 Y 坐标值进行读取
  for(i=0;i<LOOP;i++);                 //延迟一段时间后开始读取转换值
  for(i=0;i<5;i++)                     //读取 5 次
  {
    rADCCON|=0x1;                      // 开始 Y 方向的转换
    while(rADCCON & 0x1);              // 等待转换开始
    while(! (0x8000&rADCCON));         // 等待转换完成
    Pty[i]=(0x3ff&rADCDAT1);
  }
  Pty[5]=(Pty[0]+Pty[1]+Pty[2]+Pty[3]+Pty[4])/5;  //取 5 次的平均值
```

通过两次转换后,X、Y 值被读出,再通过与显示屏的相对位置校正,就可以和显示屏联合到一起作为交互式图形界面的开发和使用了。

8.4.3　PWM 波控制代码

1.脉宽调制(PWM)的基本原理

模拟电压和电流可直接用来进行控制,如汽车收音机音量的控制、电机转速的调整等。尽管模拟控制看起来直观而简单,但它并不总是经济或可行的。其中重要的一个原因就是,模拟电路容易随时间漂移,因而难以调节。能够解决这个问题的精密模拟电路可能非常庞大、笨重和昂贵,而且模拟控制电路有可能产生严重发热,还可能对噪声敏感,任何扰动或噪声都可能会改变控制系统中电流值的大小。

如果通过数字方式来控制模拟电路,则可以大幅度降低系统的成本和功耗。最常使用的一种数字控制方式就是脉冲宽调制技术。脉宽调制(PWM)是利用微处理器,以数字量输出的方式来实现对模拟电路控制的一种技术,被广泛应用于测量、通信、功率控制、转速控制等许多领域。PWM 的一个优点是从处理器到被控系统信号都是数字式的,无需进行数模转换。信号以数字形式传递可将噪声对系统的影响降到最低,噪声信号只有强到足以将逻辑 1 改变为逻辑 0 或将逻辑 0 改变为逻辑 1 时,才能对数字信号产生影响。

PWM是通过对模拟信号电平进行数字编码的方法来实现控制的一种技术方法。将模拟信号用数字方式进行编码,如果需要输出一定的模拟量,则以一个数字值来表示,该数字值可以控制计数器按一定占空比开关电路,让电流以通、断、通、断的形式输出,从而达到调整输出模拟信号的目的。PWM控制输出的是一个方波形式,其任何时刻,满幅值的直流供电要么完全有(ON),要么完全无(OFF)。电压或电流源是以一种通(ON)或断(OFF)的重复脉冲序列被加到模拟负载上去的。通的时候即是直流供电被加到负载上的时候,断的时候即是供电被断开的时候。只要带宽足够,任何模拟值都可以使用PWM进行编码。

图8-19显示了三种不同的PWM信号。一个是占空比为10%的PWM输出,即在信号周期中,10%的时间通,其余90%的时间断。另外两个显示的分别是占空比为50%和70%的PWM输出。这三种PWM输出编码的区别是强度为满度值的10%、50%和70%的三种不同模拟信号值。例如,假设供电电源为9V,占空比为10%,则对应的是一个幅度为0.9V的模拟信号。

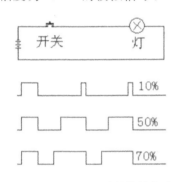

图 8-19　PWM 驱动的简单电路

图8-19还画出了一个可以使用PWM进行驱动的简单电路。图中使用9V电池来给一个白炽灯泡供电。如果将连接电池和灯泡的开关闭合50ms,灯泡在这段时间中将得到9V供电。如果在下一个50ms中将开关断开,灯泡得到的供电将为0V。如果在1秒钟内将此过程重复10次,灯泡将会点亮并像是连接到了一个4.5V电池(9V的50%)上一样。这种情况下,占空比为50%,调制频率为10Hz。

大多数负载(无论是电感性负载还是电容性负载)需要的调制频率高于10Hz。设想一下,如果灯泡先接通5秒再断开5秒,然后再接通、再断开……占空比仍然是50%,但灯泡在头5秒钟内将点亮,在下一个5秒钟内将熄灭。要让灯泡取得4.5V电压的供电效果,通断循环周期与负载对开关状态变化的响应相比,时间必须要足够短。要想取得调光灯(保持点亮)的效果,必须提高调制频率。在其他PWM应用场合也有同样的要求,通常调制频率为1kHz~200kHz之间。

2.PWM 硬件控制器

许多微控制器内部都包含PWM控制器。一般都可以选择接通时间和周期。占空比是接通时间与周期之比;调制频率为周期的倒数。具体的PWM控制器在编程细节上会有所不同,但它们的基本思想通常是相同的。执行PWM操作之前,微处理器要求在软件中完成以下工作:

(1)设置提供调制方波的片上定时器/计数器的周期;

(2)在PWM控制寄存器中设置接通时间;

(3)启动定时器。

3.S3C2410X 的 PWM 控制器

S3C2410X 处理器有 5 个 16 位定时器，其中定时器 0/1/2/3 有 PWM 脉冲输出功能。图 8-20 描述了 S3C2410X 定时器的结构框，定时器 0 和定时器 1 使用相同的分频器，但它们的计数器以及控制器是各自独立的，定时器 2/3/4、各定时器的精度见表 8-9。

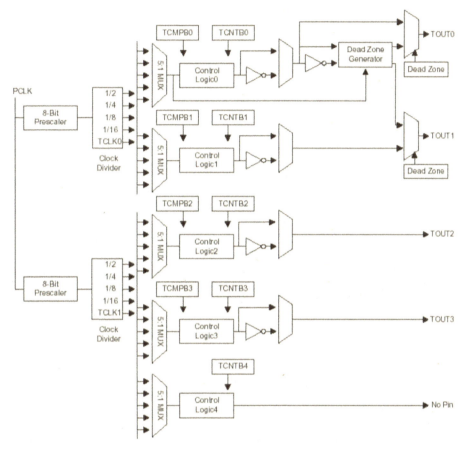

图 8-20 S3C2410X 定时器结构图

表 8-9 定时器精度

四位分频因子设置	最小解析度 （prescaler＝0）	最大解析度 （prescaler＝255）	最大间隔时间 （TCNTBn＝65535）
1/2(PCLK＝50MHz)	0.04us(25.0MHz)	10.2400us(97.6562KHz)	0.6710sec
1/4(PCLK＝50MHz)	0.08us(12.5MHz)	20.4800us(48.8281KHz)	1.3421sec
1/8(PCLK＝50MHz)	0.16us(6.25MHz)	40.9601us(24.4140KHz)	2.6843sec
1/16(PCLK＝50MHz)	0.32us(3.125MHz)	81.9188us(12.2070KHz)	5.3686sec

另外，S3C2410X 的定时器还有一个特殊的功能，即双缓冲功能，使用该功能可以在不停止本次操作的情况下改变下一个周期值。比如当前的周期为 1 秒，在运行过程中，我们可以更改周期值，而不会影响当前的这个周期，新的周期值直到本次定时结束后才被更新到寄存器中。

4.S3C2410X 定时器有关的寄存器

（1）PWM 定时器配置寄存器

用于设置定时器的分频值以及工作模式。对分频值的设定共有两个特殊功能寄存器管理，其中一个管理预分频值，另一个管理定时器工作模式。见表 8-10、表 8-11、表 8-12 所示。

表 8-10　定时器配置寄存器

寄存器名称	地址	读写状态	描述	复位值
TCFG0	0x51000000	R/W	配置两个 8 位预分频器	0x0
TCFG1	0x51000004	R/W	5-MUX 和 DMA 模式寄存器	0x0

表 8-11　TCFG0 寄存器功能描述

TCFG0	位	描述	初始值
保留	[31:24]		00
死区长度	[23:16]	死区长度，该长度一个单元对应定时器 0 的 1 个单元时间	00
预分频器 1	[15:8]	这 8 位决定定时器 2、3 和 4 的预分频值	00
预分频器 0	[7:0]	这 8 位决定定时器 0 和 1 的预分频值	00

表 8-12　TCFG1 寄存器功能描述

TCFG1	位	描述	初始值
DMA 模式	[23:20]	选择 DMA 请求模式 0000：无选择(所有定时器均使用中断)0001：定时器 0 0010：定时器 1 0011：定时器 2 0100：定时器 3 0101：定时器 4 0110；0111：保留	00
MUX 4	[19:16]	选择 PWM 定时器 4 的 MUX 输入 0000：1/2 0001：1/4 0010：1/8 0011：1/16 01xx：外部 TCK1	000
MUX 3	[15:12]	选择 PWM 定时器 3 的 MUX 输入 0000：1/2 0001：1/4 0010：1/8 0011：1/16 01xx：外部 TCK1	000

续表 8-12

TCFG1	位	描述	初始值
MUX 2	[11:8]	选择 PWM 定时器 2 的 MUX 输入 0000:1/20001:1/40010:1/8 0011:1/16 01xx:外部 TCK1	000
MUX 1	[7:4]	选择 PWM 定时器 1 的 MUX 输入 0000:1/20001:1/40010:1/8 0011:1/16 01xx:外部 TCK0	000
MUX 0	[3:0]	选择 PWM 定时器 0 的 MUX 输入 0000:1/20001:1/40010:1/8 0011:1/16 01xx:外部 TCK0	000

(2)PWM 定时器初值计数器以及比较计数器

在 PWM 信号中除了需要设置 PWM 波的输出频率外,还有一个十分重要的内容就是要控制其输出信号的占空比。占空比也是通过设置相应计数寄存器来实现的。在 S3C2410 中,每一路 PWM 波设置两个寄存器用于控制其 PWM 波的占空比输出,一个是计数缓冲寄存器 TCNTB,用于描述每个 PWM 所占的定时长度;另一个是比较缓冲寄存器 TCMPB,用于描述每个 PWM 波中高电平所用的定时长度。TCMPB 的值必须小于 TCNTB 的值。

(3) PWM 定时器控制寄存器

对于定时器的工作模式,还设置了另一个寄存器 TCON,该寄存器用于设置 5 个定时器的工作模式。该寄存器功能描述见表 8-13 所示。

表 8-13 TCONP 定时器控制寄存器功能

TCON	位	描述	初始值
定时器 4 自动 reload 开关	[3]	定时器 0 自动 reload 开关 0:不自动 reload1:自动 reload	0
定时器 4 手动更新	[1]	定时器 0 手动更新 0:无操作 1:更新 TCNTB0 TCMPB0	0
定时器 4 启动/停止	[0]	定时器 0 启动/停止 0:停止 1:启动	0
定时器 3 自动 reload 开关	[3]	定时器 0 自动 reload 开关 0:不自动 reload1:自动 reload	0
定时器 3 输出反转开关	[2]	定时器 0 输出反转开关 0:反转关 1:反转 TOUT0	0
定时器 3 手动更新	[1]	定时器 0 手动更新 0:无操作 1:更新 TCNTB0 TCMPB0	0
定时器 3 启动/停止	[0]	定时器 0 启动/停止 0:停止 1:启动	0

续表 8-13

TCON	位	描述	初始值
定时器 2 自动 reload 开关	[3]	定时器 0 自动 reload 开关 0:不自动 reload1:自动 reload	0
定时器 2 输出反转开关	[2]	定时器 0 输出反转开关 0:反转关 1:反转 TOUT0	0
定时器 2 手动更新	[1]	定时器 0 手动更新 0:无操作 1:更新 TCNTB0 TCMPB0	0
定时器 2 启动/停止	[0]	定时器 0 启动/停止 0:停止 1:启动	0
定时器 1 自动 reload 开关	[3]	定时器 0 自动 reload 开关 0:不自动 reload1:自动 reload	0
定时器 1 输出反转开关	[2]	定时器 0 输出反转开关 0:反转关 1:反转 TOUT0	0
定时器 1 手动更新	[1]	定时器 0 手动更新 0:无操作 1:更新 TCNTB0 TCMPB0	0
定时器 1 启动/停止	[0]	定时器 0 启动/停止 0:停止 1:启动	0
保留位	[7:5]	保留	
死区使能位	[4]	=0,死区关闭,=1 死区功能打开	0
定时器 0 自动 reload 开关	[3]	定时器 0 自动 reload 开关 0:不自动 reload1:自动 reload	0
定时器 0 输出反转开关	[2]	定时器 0 输出反转开关 0:反转关 1:反转 TOUT0	0
定时器 0 手动更新	[1]	定时器 0 手动更新 0:无操作 1:更新 TCNTB0 TCMPB0	0
定时器 0 启动/停止	[0]	定时器 0 启动/停止 0:停止 1:启动	0

5.S3C2410XPWM 波驱动代码分析

PWM 驱动控制代码主要包括两部分内容:一个是对输出 PWM 波频率的控制,另一个是对 PWM 输出占空比的控制。代码分析如下。

(1)编程改变 PWM 输出的频率

```
rTCFG0=0xFF;    //设置定时器的预分频率值:TIME0/1=255,TIME2/3/4=0
rTCFG1=0x1;     //设置定时器的工作模式:中断模式
for(freq=4000;freq<14000;freq+=1000)  {  //改变 PWM 波输出频率从
4000Hz—14000Hz 可变
    div=(PCLK/256/4)/freq;          //根据主频和预分频值求出某个频的计数值
```

```
    rTCON＝0x0；                                    //关闭定时器
    rTCNTB0＝ div；                                 //设置 PWM 波计数缓冲寄存器
      rTCMPB0＝（2＊div）/3；                        //设置占空比为 2/3
    rTCON＝0xa；                                    //手工装载定时器的计数值
      rTCON＝0x9；                                   //启动定时器 0
      for(index ＝ 0；index ＜ 100000；index＋＋)；    //简单延时
      rTCON＝0x0；                                    //停止定时器
}
```

（2）编程改变输出的占空比

div＝(PCLK/256/4)/8000；　//固定输出频率为 8000HZ,使用 1/100—95/100 的占空比 ＊/

```
    for(rate＝1；rate＜50；rate＋＝5)　{
      rTCNTB0＝ div；
      rTCMPB0＝（rate＊div）/50；                      //修改占空比
      rTCON＝0xa；                                    //手工装载定时器的计数值
      rTCON＝0x9；                                    //启动定时器 0
      for(index ＝ 0；index＜100000；index＋＋)；        //简单延时
      rTCON＝0x0；                                    //停止定时器
      for(index ＝ 0；index＜10000；index＋＋)；
}
```

8.5　ARM9 硬件平台上的综合应用开发实例

本节将围绕 ARM9 硬件平台上的资源,通过合理组织和管理,实现具有一定现实功能的综合应用装置。通过本节的介绍,读者可以了解 ARM9 系统的综合开发过程和编程思想,为进一步实践打下基础。

8.5.1　简单电子琴系统设计及分析

本实例将利用实验箱上的 4×4 键盘和 PWM 波功能控制蜂鸣器发声,根据不同的按键输出不同的声音频率,并在 LCD 上显示出对应的频率示意图。由于代码较简单,书中给出整个系统的流程图,及部分功能函数代码,读者可以根据流程图自己完成相关验证工作。

系统工作原理如下:在完成初始化工作后,读取按键的键值,根据键值的不同,查表求得对应音符的频率值,并利用该值控制 PWM 波输出一定时间的该频率,可以通过调整占空比来调整音色。简谱中各个音的频率值数组为{523,578,659,698,784,880,

988}。

键盘描述部分函数的代码：

```
char Key_GetKeyPoll()
{
    int row;
    unsigned char ascii_key,input_key,input_key1,key_mask = 0x0F;
    for(row = 0; row < 4; row++)
    {
        keyboard_port_scan = output_0x10000000 & ( ~ (0x00000001<<row));
                                                  //将 row 列置低电平
        Delay(3);                                 //延时
        input_key = ( * keyboard_port_value) & key_mask;   //获取第一次扫描值
        if(input_key == key_mask)continue;        //没有按键
            Delay(3);  //延时,再次获取扫描值,如果两次的值不等,则认为是一个干扰
            if((( * keyboard_port_value) & key_mask) ! = input_key) continue;
            while(1)                              // 等待按键松开
            {
                * keyboard_port_scan = output_0x10000000 & (~(0x00000001<<row));
                                                  //将 row 列置低电平
                Delay(3);
                input_key1 = ( * keyboard_port_value) & key_mask;//获取第扫描值
                if(input_key1 == key_mask)break;   // 没有按键
            }
            ascii_key = key_get_char(row,input_key);//查表获取按键对应符号值
            return ascii_key;                     //返回按键结果
    }
    return 0;
}
```

在 LCD 显示屏上显示输出 PWM 波形的函数分析

```
void Lcd_Disp_pwm(int freq,int comp)          //freq 频率,comp 占空比(0~100)
{
    int i,up,down;
    Glib_FilledRectangle(0,200,640,250,0x0);//清除显示区域
    up=(freq * comp)/5000;                    //以 5000Hz 为标准长度
    down=((freq * 100)/5000)—up;              //确定待描述信号所绘宽度
    for(i=0;i<640;i+=((freq * 100)/5000))     //按一个波为单位绘制波形
```

```
    {
    Glib_Line(i,200,i,250,0xf800);              //下降沿描述(红色线条)
    Glib_Line(i,200,i+up,200,0xf800);           //低电平描述
    Glib_Line(i+up,200,i+up,250,0xf800);        //上升沿描述
    Glib_Line(i+up,250,i+up+down,250,0xf800);   //高电平描述
    }
}
```

系统总体流程图如图8-21所示。

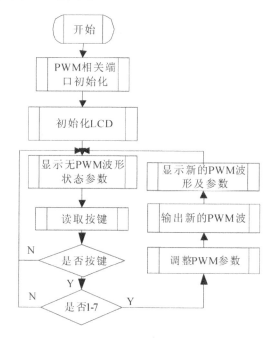

图8-21 简单电子琴程序流程图

8.5.2 简易电子画笔设计与分析

本实例将利用实验箱的触摸屏和LCD显示屏,设计一个简易的电子画笔系统。其基本思想是反复采集触摸屏上的触摸信息,转换为与显示屏对应的位置信息,在显示屏上进行图像绘制。本书将给出主要的坐标校正的函数代码分析和系统实现流程图,读者可以自己根据流程图完成相关验证工作。

1.触摸屏坐标与LCD显示屏坐标的校正函数分析

坐标校正分两步进行,首先初始化触摸屏相关寄存器后,提示开始校正,并显示一个十字作为校正标志;其次在触摸屏中断处理程序中完成第一次校正操作的读取,并提示第二个校正点的坐标和标志,启动相应中断。第二次校正操作读取后将进行校正计算处理,校正处理完成后,还应继续打开触摸屏中断。这时系统处于正常工作状态,如果

有触摸动作,中断处理程序将读取相应的触摸点,并根据读取坐标经校正后,调用显示函数显示到 LCD 上。

```
void Ts_Sep(void)                      //触摸屏初始化设置
{
    Glib_FilledRectangle(30,100,640,120,0x0);//在 LCD 显示提示信息
    Glib_disp_hzk16(30,100,"触摸屏校准,请触摸屏幕左上角位置!",0xf800);
    Glib_Line(1,1,1,15,0x001f);          //在待校准点显示一个十字
    Glib_Line(1,1,15,1,0x001f);
    ts_status=TS_JUSTIFY_LEFTTOP;
    rADCDLY=(50000);                     //设置间隔周期
rADCCON=(1<<14)|(ADCPRS<<6)|(0<<3)|(0<<2)|(0<<1)|(0);
                                         //工作模式和参数
    rADCTSC=(0<<8)|(1<<7)|(1<<6)|(0<<5)|(1<<4)|(0<<3)|(0<<
2)|(3);
    pISR_ADC=(unsigned)Adc_or_TsSep;
    rINTMSK&=~(BIT_ADC);                 //中断功能打开
    rINTSUBMSK =~(BIT_SUB_TC);
    while(1);                            //等待测试中断和触摸定位
    rINTSUBMSK |= BIT_SUB_TC;
    rINTMSK|= BIT_ADC;
}
void Adc_or_TsSep() __attribute__ ((interrupt("IRQ")));//中断处理函数声明
void Adc_or_TsSep(void)                  //触摸屏中断处理函数
{
    int i;
    U32 Ptx[6],Pty[6],lcdx,lcdy;
    rINTSUBMSK |= (BIT_SUB_ADC|BIT_SUB_TC); //关闭子中断
    if(rADCTSC & 0x100)                  //是否触摸屏中断
    {
        rADCTSC &= 0xff;// Set stylus down interrupt
    }
    else
    {                                    //设置为 X 坐标读取
    rADCTSC=(0<<8)|(0<<7)|(1<<6)|(1<<5)|(0<<4)|(1<<3)|(0<
<2)|(1);
        for(i=0;i<LOOP;i++);             //简单延时
```

```
for(i=0;i<5;i++)
{
    rADCCON|=0x1;                    //启动对 X 方向读取
    while(rADCCON & 0x1);            //等待启动
    while(!(0x8000&rADCCON));        //等待结束
    Ptx[i]=(0x3ff&rADCDAT0);         //获取转换值
}
Ptx[5]=(Ptx[0]+Ptx[1]+Ptx[2]+Ptx[3]+Ptx[4])/5;//读取 5 次后取均值
                                    //设置为 Y 坐标读取
rADCTSC=(0<<8)|(1<<7)|(0<<6)|(0<<5)|(1<<4)|(1<<3)|(0<<2)|(2);
for(i=0;i<LOOP;i++);                 //简单延时
for(i=0;i<5;i++)
{
    rADCCON|=0x1;                    //启动对 Y 方向读取
    while(rADCCON & 0x1);            //等待开始转换
    while(!(0x8000&rADCCON));        //等待结束
    Pty[i]=(0x3ff&rADCDAT1);         //获取转换值
}
Pty[5]=(Pty[0]+Pty[1]+Pty[2]+Pty[3]+Pty[4])/5;
rADCTSC=(1<<8)|(1<<7)|(1<<6)|(0<<5)|(1<<4)|(0<<3)|(0<<2)|(3);
if(ts_status == TS_JUSTIFY_LEFTTOP)
{
    ts_lefttop_x = Pty[5];
    ts_lefttop_y = Ptx[5];
    ts_status = TS_JUSTIFY_RIGHTBOT;//切换到右下角校正标识
Glib_FilledRectangle(30,100,640,120,0x0);
Glib_disp_hzk16(30,100,"触摸屏校准,请触摸屏幕右下角位",0xf800);
Glib_Line(638,462,638,477,0x001f);
Glib_Line(623,477,638,477,0x001f);
}else if(ts_status == TS_JUSTIFY_RIGHTBOT)
{
    ts_rightbot_x = Pty[5];
    ts_rightbot_y = Ptx[5];
    ts_status = TS_START;
```

```
    Glib_disp_hzk16(30,100,"完成校正,请触摸屏幕!",0xf800);
}else                          //完成校正后,读取值根据校正结果调到 LCD
{
lcdx = (Pty[5] − ts_rightbot_x);
lcdy= (Ptx[5] − ts_rightbot_y );
if (lcdx>1000)lcdx=1;
if (lcdy>1000)lcdy=1;
ts_lcd_x = 640 − (lcdx * 640)/ (ts_lefttop_x − ts_rightbot_x);
ts_lcd_y =480− (lcdy * 480)/ (ts_lefttop_y− ts_rightbot_y);
if(ts_lcd_x > 639) ts_lcd_x = 639;
if(ts_lcd_x < 0) ts_lcd_x = 0;
if(ts_lcd_y > 479) ts_lcd_y = 479;
if(ts_lcd_y < 0) ts_lcd_y = 0;
Glib_FilledRectangle(ts_lcd_x,ts_lcd_y,ts_lcd_x+1,ts_lcd_y+1,0xf800);
                         //画出与触摸屏相应的点,大小为 2×2
    }
 }
 rSUBSRCPND |= BIT_SUB_TC;
 rINTSUBMSK =~ (BIT_SUB_TC);     //打开中断屏蔽,允许触摸中断
 ClearPending(BIT_ADC);          //清中断悬置位
}
```

2.简易画笔系统流程图

在本流程图中,并没有设计不同颜色和粗细的画笔选择功能,读者可以自己在流程图中加入相关动作,并编程实现,以使得该简易画笔功能更为完整。详见图 8-22。

8.5.3　简易连连看游戏设计与分析

本实例将介绍一个基于实验箱的交互式连连看游戏的设计与分析,该系统设计的关键点包括:(1)如何利用工具将位图信息转换成对应的图形数组信息;(2)如何将图形数组放到 LCD 上显示;(3)如何分布各图片,得到不同的游戏界面;(4)如何确定坐标后的消除算法。接下来将分别介绍各个相关函数的实现。

我们通常取得的图片文件为 JPG、BMP 等,但是在无法读取外部文件的情况下,函数如何获得图片的相关信息呢? 在嵌入式系统设计中,最常采用的方法就是将这些图片文件通过工具转换成一个数组,并将这个数组作为程序的静态数据放入可执行代码。虽然采用这种方式可能会增加可执行代码的长度,但是却十分简单高效。当然,我们也可以直接将图片文件作为静态数据放入执行代码,但是这些图片文件却包含有格式信

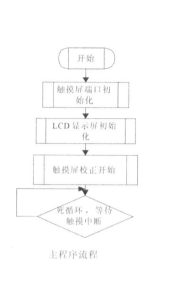

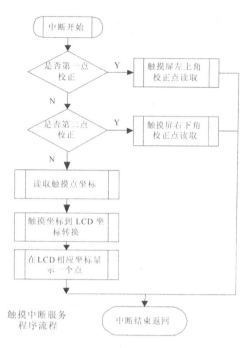

图 8-22 简易电子画笔系统流程图

息,在使用时还需要进行格式分析。因此,直接将图片文件放入程序的做法并不多见。这样的转换工具很多,如 BMP2C、BMP2H 等,当然也可以自己编程实现。转换后,每个像素点用两个字节描述,只要按图片大小正确显示到 LCD 上就可以了。

将图片数组显示到 LCD 的函数分析如下:X、Y 为待显示图片的起点位置,bmp[]为待显示图片的数组指针,该函数将一个 40×40 像素的图片数组显示到 LCD 的指定坐标。

```
void Paint_Bmp(int x,int y,const unsigned char bmp[])   //绘制图片到指定坐标
{
int i=0,j=0,p=0;
int colour;
for(j=BASE_Y+(y-1)*40;j<BASE_Y+y*40;++j) //图片大小的 40×40
{
for(i=BASE_X+(x-1)*40;i<BASE_X+x*40;++i) //计算待显示点位置
{
  colour=(unsigned short)(bmp[p+1]<<8)|bmp[p];//读取对应点颜色
  lcd_PutPixel(i,j,colour);                   //在 LCD 上画出一个点
  p=p+2;
}
}
}
```

将若干图片随机布局到游戏界面的函数分析如下。

连连看游戏需要使每次图像的布局有所不同才具有可玩性。该函数通过调用一个随机函数的方式得到一个随机分布图来完成这个功能。数组arr[NSIZE+2][NSIZE+2]的大小可以根据图片大小和显示屏大小确定。随机分布采取两步随机方式获得不同游戏界面，第一步是随机获取待显示的图片，并保证游戏界面中有偶数个该图片；第二步是随机获取位置坐标，并通过随机交换位置的方式来实现游戏界面的变化，同时保证图片数量和比例不变。

```
void Layout(int arr[NSIZE+2][NSIZE+2])  //
{
  int i,j,ai,aj,bi,bj,temp,_sec,_min;
  srand(100+timesrand);
  for(i=1;i<=NSIZE;++i)
  {
    for(j=1;j<=NSIZE;j=j+2)
    {
      ai=rand()%PICSIZE+1;        //产生不大于图片个数的随机数
      ai=ARROPENSIZE[ai];
      arr[i][j]=ai;               //将连续两个位置放置一个图片
      arr[i][j+1]=ai;             //保证放入的图片是双数
    }
  }
  for(i=0;i<NSIZE * NSIZE * PICSIZE;++i) //所有可能的布局数
  {
    ai=rand()%NSIZE+1;            //产生不大于显示位置的随机数
    aj=rand()%NSIZE+1;
    bi=rand()%NSIZE+1;
    bj=rand()%NSIZE+1;
    temp=arr[ai][aj];             //利用随机方式对图片进行重排
    arr[ai][aj]=arr[bi][bj];
    arr[bi][bj]=temp;
  }
}
```

由于不同连通状态的游戏计分值有所不同，所以在保证连通消除的同时，还需要对连通行为进行判断和计分。这里的基本算法如下。

(1)对于直连型关系而言，由于两者处于一个一维关系下，直接判断一维关系下的连通即可。

（2）对需要有一个转折的情况，相当于以两个被选点为对角顶点，划一个矩形，通过对该矩形边的判断来判断是否连通。如图 8-23 所示红色棋子的连通情况，右上角打叉的位置就是折点。

（3）具有二次转折的连通情况。这种情况更具有普遍性。判断是否具有二次转换连通性需要做两个方向的扫描，即水平扫描和垂直扫描。可以先看水平方向，首先，要找到被选点左右可延伸范围，也就是空缺位置；其次，计算水平坐

图 8-23 有一次转折的连通情况示意图

标上两个被选点延伸后是否具有公共水平坐标；最后，判断水平坐标是否可以垂直连通（没有隔断点），如图 8-24（a）、8-24（b）所示。

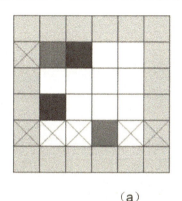

（a）　　　　　　（b）

图 8-24 具有二次转折的连通示意图 1

由图 8-24（b）可以看出，左边缘有一对叉可以直连，所以红色棋子是可以"二次转折连通"的。垂直方向也同样可以采用这种方式进行判断，如图 8-25（a）、8-25（b）所示。

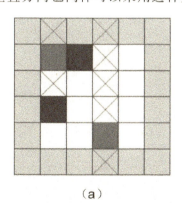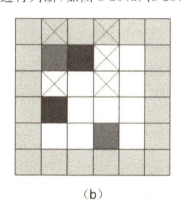

（a）　　　　　　（b）

图 8-25 具有二次转折的连通示意图 2

8-25（b）可以看出，上边缘有一对叉可以直连，第 2 行也有一对，所以红色棋子是可以"二次转折连通"的。

其代码实现和分析如下。通过上面的分析不难发现,对于二次转折连通的判断,实际也可以用于判断"直连型"和"一次转折型"的连通性,它们都是"二转折型"的特例。所以在代码实现时只需要在一个具有通用的"二次转折型"连通算法就够了。函数中的 arr[NSIZE+2][NSIZE+2]表示游戏中的布局情况,ai、aj 表示第一个被选点的坐标,bi、bj 表示第二个被选点的坐标。

```
int SolveArr(int arr[NSIZE+2][NSIZE+2],int ai,int aj,int bi,int bj)
{
    int i,j,a,b,c,d,e,f,flag=1;
    int vecH1[NSIZE+2],vecH2[NSIZE+2],vecS1[NSIZE+2],vecS2[NSIZE+2];
    for(i=0;i<NSIZE+2;i++)              //定义辅助参数,并初始化
    {
        vecH1[i]=-1;
        vecH2[i]=-1;
        vecS1[i]=-1;
        vecS2[i]=-1;
    }
    a=arr[ai][aj];                      //读取两个被选点的图片编号
    b=arr[bi][bj];
    c=ai<bi? ai:bi;                     //取两个被选点中 X 坐标最大和最小值
    d=ai>bi? ai:bi;
    e=aj<bj? aj:bj;                     //取两个被选点中 Y 坐标最大和最小值
    f=aj>bj? aj:bj;
    if(a! =b)return 0;                  //如果被选点图片不同,返回 0
    else                                //否则清空两个被选点中的图片信息
    {
        arr[ai][aj]=0;
        arr[bi][bj]=0;
    }
    for(i=ai;i>=0;--i)          //第一个点向左检查连通性,标识到 vecH1[]数组
    {
        if(arr[i][aj]==0)
            vecH1[i]=1;
        else
            break;
    }
    for(i=ai;i<NSIZE+2;++i)     //第一个点向右检查连通性,标识到 vecH1[]数组
```

```
{
    if(arr[i][aj]==0)
        vecH1[i]=1;
    else
        break;
}
for(j=aj;j>=0;--j)      //第一个点向上检查连通性,标识到 vecS1[]数组
{
    if(arr[ai][j]==0)
        vecS1[j]=1;
    else
        break;
}
for(j=aj;j<NSIZE+2;++j) //第一个点向下检查连通性,标识到 vecS1[]数组
{
    if(arr[ai][j]==0)
        vecS1[j]=1;
    else
        break;
}
for(i=bi;i>=0;--i)      //第二个点向左检查连通性,标识到 vecH2[]数组
{
    if(arr[i][bj]==0)
        vecH2[i]=1;
    else
        break;
}
for(i=bi;i<NSIZE+2;++i)   //第二个点向右检查连通性,标识到 vecH2[]数组
{
    if(arr[i][bj]==0)
        vecH2[i]=1;
    else
        break;
}
for(j=bj;j>=0;--j)        //第二个点向上检查连通性,标识到 vecS2[]数组
{
```

```
            if(arr[bi][j]==0)
                vecS2[j]=1;
            else
                break;
        }
        for(j=bj;j<NSIZE+2;++j)//第二个点向上检查连通性,标识到 vecS2[]数组
        {
            if(arr[bi][j]==0)
                vecS2[j]=1;
            else
                break;
        }
        for(i=0;i<NSIZE+2;++i)              //水平方向进行判断
        {
            flag=1;
            if((vecH1[i]==vecH2[i])&&vecH1[i]==1&&vecH2[i]==1) //有水平
相通点
            {
                for(j=e;j<=f;++j)             //检查是否垂直可连通
                { if(arr[i][j]!=0)            //不可连通标志为 0
                    {
                    flag=0;
                    break;
                    }
                }
                if(flag==1)                   //可连通返回 1
                {
                    return 1;
                }
            }
        }
        for(i=0;i<NSIZE+2;++i)              //垂直方向判断
        { flag=1;
            if((vecS1[i]==vecS2[i])&&vecS1[i]==1&&vecS2[i]==1)//有垂直相同点
            {for(j=c;j<=d;++j)                //检查是否水平可连通
                {if(arr[j][i]!=0)             //不可连通标志为 0
```

```
            {
                flag＝0；
                break；
            }
        }
        if(flag＝＝1)                      //可连通返回 1
        {
            return 1；
        }
    }
}
arr[ai][aj]＝a；                          //连通如果不成功,还原被选点图片
arr[bi][bj]＝b；
return 0；                                //返回 0,表示失败
}
```

  本章介绍的几个实例都具有一定的趣味性,有兴趣的读者可以在本章的指导下,利用类似的硬件实验平台完成相关的系统实现和验证工作。

附录 A　ADT IDE 中的链接定位脚本说明

链接定位是系统级软件开发过程中必不可少的一部分。嵌入式软件开发均属于系统级开发,绝大部分嵌入式软件都涉及到链接定位脚本文件。链接定位脚本使得我们的目标代码组织更加灵活。

1. 链接定位脚本文件说明

链接定位过程一般由链接器根据链接定位脚本完成,比较简单的系统可以通过设置链接器开关选项取代链接定位脚本。链接定位的关键是链接定位脚本的编写。我们从典型的目标文件结构开始,来介绍链接定位脚本文件的编写。下面是该系统一个目标文件的典型组织,见图 A-1。

```
Section Headers:
  [Nr] Name            Type       Addr      Off    Size   ES Flg Lk Inf Al
  [ 0]                 NULL       00000000 000000 000000 00      0   0  0
  [ 1] .text           PROGBITS   0c700000 008000 00d950 00  AX  0   0  4
  [ 2] .glue_7         PROGBITS   0c70d950 015950 000000 00  AX  0   0  4
  [ 3] .glue_7t        PROGBITS   0c70d950 015950 000000 00  AX  0   0  4
  [ 4] .data           PROGBITS   0c70d950 015950 000790 00  WA  0   0  4
  [ 5] .rodata         PROGBITS   0c70e0e0 0160e0 000f5c 00   A  0   0  4
  [ 6] .bss            NOBITS     0c70f040 017040 002798 00  WA  0   0 16
  [ 7] .debug_info     PROGBITS   00000000 017040 02db29 00      0   0  1
  [ 8] .debug_line     PROGBITS   00000000 044b69 00c92a 00      0   0  1
  [ 9] .debug_abbrev   PROGBITS   00000000 051493 0048c 00      0   0  1
  [10] .debug_frame    PROGBITS   00000000 056320 002928 00      0   0  4
  [11] .debug_aranges  PROGBITS   00000000 058c48 000a20 00      0   0  8
  [12] .debug_pubnames PROGBITS   00000000 059668 0013ce 00      0   0  1
  [13] .shstrtab       STRTAB     00000000 05aa36 000097 00      0   0  1
  [14] .symtab         SYMTAB     00000000 05ad50 002290 10     15 127 4
  [15] .strtab         STRTAB     00000000 05cfe0 0012d5 00      0   0  1
Key to Flags:
  W (write), A (alloc), X (execute), M (merge), S (strings)
  I (info), L (link order), G (group), x (unknown)
  O (extra OS processing required) o (OS specific), p (processor specific)
```

图 A-1　目标文件典型组织图

图 A-1 中从第二栏开始,分别展示了该文件各个段(Sections)的属性:名称(Name)、类型(Type)、地址(Addr)、偏移(Offs)、大小(Size)、固定单元大小(Es)、标志(Flg)、连接依赖(Lk)、附加属性(Inf)、字节对其宽度(Al)。

地址部分(Addr)描述了这一段在目标系统中的地址,而偏移(Offs)则记载了该段在目标文件中的偏移,大小(Size)表示该段的实际长度。比如图 A-1 中.Text 段的地址为 0x0c700000、偏移为 0x008000、大小为 0x00d950,这说明该段位于文件的偏移 0x008000 处,它将被下载到目标板 0x0c700000 处。

从段的分类来看,第 7 段以后的内容仅仅与调试有关,涉及到定位的也就是前面几段,即. text、. data、. rodata、. bss。下面是一个具体的链接定位脚本文件:

```
SECTIONS
{
    . = 0x30000000; /*赋当前地址,后续的代码将从该地址开始存放 */
    .text : { (.text) } /*.text 段表示代码段,从 0x30000000 开始放置代码 */

Image_RW_Base = .; /* RW(可写数据)基址,实际上是在这里声明了一个全局符
号,我们可以在程序中使用该符号,它等同于在代码中声明一个全局变量,但它的值由
链接器指定,在这里"=."表示该符号的值等于当前地址;下面的定义类似 */

    .data : { (.data) } /*数据段,保存已经初始化的全局数据 */
. rodata : { *(.rodata) }/*只读数据段,保存已经初始化的全局只读数据 */

    Image_ZI_Base = .; /* ZI 基地址,需要清零的区域 zero init */
    .bss : { *(.bss) } /*堆栈段,未初始化的全局变量也保存在此 */

    __bss_start__ = .; /* bss 的基地址 */
    __bss_end__ = .;/* bss 的结束地址 */

    __EH_FRAME_BEGIN__ = .;/* FRAME 开始地址(基地址)*/
    __EH_FRAME_END__ = .; /* FRAME 结束地址,gcc 编译器使用 */
    PROVIDE (__stack = .); /* 当前地址赋给栈,栈地址一般是可读写区最高处 */

    end = .;/* 结束地址 */
    _end = .; /* 结束地址 */

    .debug_info 0 : { *(.debug_info) } /*调试信息 */
    .debug_line 0 : { *(.debug_line) } /* 调试信息 */
    .debug_abbrev 0 : { *(.debug_abbrev)} /* 调试信息 */
    .debug_frame0 : { *(.debug_frame) } /* 调试信息 */
}
```

　　text 段是程序代码段,紧随其后的是几个符号定义,它们是由编译器在编译连接时自动计算的。当我们在链接定位文件中申明这些符号后,编译连接时,该符号的值会自动代入到源程序的引用中。如果想进一步了解连接定位的一些含义,可以参考编程手册中的 ld 一章。

　　data 段的起始位置是由连接定位文件所确定,大小在编译连接时自动分配,它和我们的程序大小没有关系,但和程序使用到的全局变量、常量数量相关。

　　bss 的初始值也是由我们自己定义的连接定位文件所确定,我们应该将它定义在可

读写的 RAM 区内。stack 的顶部在可读写的 RAM 区的最后,我们可以非常灵活的定义其起点和大小,但对大部分情况来说,程序区在 ROM 或 Flash 中,可读写区域在 SRAM 或 DRAM 中,我们可以考虑一下自己的程序规模、函数调用规模、存储器组织,然后参照一个连接定位文件稍加修改就可以了。

2.链接定位脚本修改实例

```
SECTIONS
{
  . = 0x00000000;  /* 将代码段起始地址修改到 0 */
  .text : { *(.text) }
  Image_RW_Base = .;
  . = 0xc0000000  /* 设置数据段从 0xc0000000 开始存放 */
  .data : { *(.data) }

. = 0xd0000000  /* 设置只读数据段从 0xd0000000 开始存放 */
. rodata : { *(.rodata) }

  Image_ZI_Base = .;
  .bss : { *(.bss) }
  Image_ZI_Limit = .;

  /* 申明一个符号 download_size */
  download_size = SIZEOF(.text)+SIZEOF(.data)+SIZEOF(.rodata)+SIZEOF
(.bss);

  __bss_start__ = .;
  __bss_end__ = .;

  __EH_FRAME_BEGIN__ = .;
  __EH_FRAME_END__ = .;
PROVIDE (__stack = .);

  end = .;
  _end = .;

  .debug_info 0 : { *(.debug_info) }
  .debug_line 0 : { *(.debug_line) }
  .debug_abbrev 0 : { *(.debug_abbrev)}
  .debug_frame0 : { *(.debug_frame) }
}
```

参考文献

[1] 桑楠等.嵌入式系统原理及应用开发技术(第2版)[M].高等教育出版社.2008年1月

[2] 俞建新,王健,宋健建.嵌入式系统基础教程[M].机械工业出版社.2008年3月

[3] 探矽工作室,胡继阳,李维仁等.嵌入式系统导论[M].中国铁道出版社.2005年6月

[4] 范立南 谢子殿.单片机原理及应用教程[M].北京大学出版社.2006年1月

[5] 张毅刚,彭喜元,彭宇.单片机原理及应用(第二版)[M].高等教育出版社.2010年5月

[7] 马潮.AVR单片机嵌入式系统原理与应用实践(第2版)[M].北京航空航天大学出版社.2011年8月

[8] 杨宗德.嵌入式ARM系统原理与实例开发(第2版)[M].北京大学出版.2007年9月

[9] 周润景,袁伟亭.基于PROTEUS的ARM虚拟开发技术[M].北京航空航天大学出版社.2012年7月

[10] 陈赜.ARM嵌入式技术实践教程[M]北京航空航天大学出版社.2005年2月

[11] 张崙.32位嵌入式系统硬件设计与调试[M]机械工业出版社.2006年6月

[12] MIPS®——适用于MCU的处理器.http://forum.eepw.com.cn/thread/199078/1[EB/OL].2011年4月

[13] ARM 与 MIPS 的 比 较. http://www.elecfans.com/zhuanti/ARM%20or%20MIPS.html[EB/OL]

[14] ARM.http://baike.baidu.com/view/11200.htm[DB/OL]

[15] PowerPC 处理器.http://baike.baidu.com/view/74776.htm[DB/OL]

[16] PowerPC.http://wiki.dzsc.com/info/6194.html[EB/OL]

[17]常用 ARM 处理器 http://blog.csdn.net/zhbsniper/article/details/6896606[EB/OL].2011年10月

[18]AT 89C51 参数手册.http://www.atmel.com/devices.[DB/OL]

[19]AT Mega8 参数手册.http://www.atmel.com/devices.[DB/OL]

[20]AT Mega16 参数手册.http://www.atmel.com/devicess.[DB/OL]

[21]S3C2410 参数手册.http://www.samsung.com/global/business/semiconductor/product/application.[DB/OL]